水体污染控制与治理科技重大专项"十一五"成果系列丛书
湖泊富营养化控制与治理技术及综合示范主题
当代中国资源环境实地调查研究系列丛书

洱海流域产业结构调整控污减排规划
与综合保障体系建设研究

董利民　著

科学出版社
北京

内 容 简 介

　　本书以洱海全流域作为研究对象，重点开展了洱海流域生态农业问题、洱海流域生态工业问题、洱海流域生态旅游及配套服务业问题、洱海流域治理综合保障体系建设等研究，集成了服务于生态文明流域发展的社会经济结构调整控污减排方案。研究成果支撑了《云南洱海绿色流域建设与水污染防治规划》的编制及实施。无疑，本书在为地方政府的生态环境保护与湖泊治理提供科技支撑、丰富湖泊绿色流域建设理念和思路的同时，也为我国类似湖泊水污染综合防治提供了参考。

　　本书可供水利、环保、城建、农业、国土资源等相关部门的决策者和管理人员、科技工作者，以及大专院校相关专业师生等读者参考。

图书在版编目(CIP)数据

　洱海流域产业结构调整控污减排规划与综合保障体系建设研究／董利民著．—北京：科学出版社，2015.6

　（水体污染控制与治理科技重大专项"十一五"成果系列丛书　当代中国资源环境实地调查研究系列丛书）

　ISBN 978-7-03-044654-1

　Ⅰ.①洱… Ⅱ.①董… Ⅲ.①流域污染–污染控制–研究–大理白族自治州 Ⅳ.①X522.06

　中国版本图书馆 CIP 数据核字（2015）第 123068 号

责任编辑：林　剑　刘　超／责任校对：彭　涛
责任印制：徐晓晨／封面设计：王　浩

科 学 出 版 社 出版

北京东黄城根北街 16 号
邮政编码：100717
http://www.sciencep.com

北京京华虎彩印刷有限公司 印刷

科学出版社发行　各地新华书店经销

*

2015 年 6 月第 一 版　　开本：720×1000　1/16
2017 年 4 月第二次印刷　　印张：18 1/5

字数：409 000

定价：138.00 元

（如有印装质量问题，我社负责调换）

水专项"十一五"成果系列丛书
指导委员会成员名单

环境保护部水专项"十一五"成果系列丛书
编著委员会成员名单

主　编：周生贤

副主编：吴晓青

成　员：（按姓氏笔画排序）

马　中　　王子健　　王业耀　　王明良　　王凯军

王金南　　王　桥　　王　毅　　孔海南　　孔繁翔

毕　军　　朱昌雄　　朱　琳　　任　勇　　刘永定

刘志全　　许振成　　苏　明　　李安定　　杨汝均

张世秋　　张永春　　金相灿　　周怀东　　周　维

郑　正　　孟　伟　　赵英民　　胡洪营　　柯　兵

柏仇勇　　俞汉青　　姜　琦　　徐　成　　梅旭荣

彭文启　　熊跃辉

总　序

　　我国作为一个发展中的人口大国，资源环境问题是长期制约经济社会可持续发展的重大问题。在经济快速增长、资源能源消耗大幅度增加的情况下，我国污染物排放强度大、负荷高，主要污染物排放量超过受纳水体的环境容量。同时，我国人均拥有水资源量远低于国际平均水平，水资源短缺导致水污染加重，水污染又进一步加剧水资源供需矛盾。长期严重的水污染问题影响着水资源利用和水生态系统的完整性，影响着人民群众的身体健康，已经成为制约我国经济社会可持续发展的重大瓶颈。

　　水体污染控制与治理科技重大专项（以下简称"水专项"）是《国家中长期科学和技术发展规划纲要（2006—2020年）》确定的16个重大专项之一，旨在集中攻克一批节能减排迫切需要解决的水污染防治关键技术、构建我国流域水污染治理技术体系和水环境管理技术体系，为重点流域污染物减排、水质改善和饮用水安全保障提供强有力的科技支撑，是新中国成立以来投资最大的水污染治理科技项目。

　　"十一五"期间，在国务院的统一领导下，在科技部、国家发展和改革委员会（简称"发改委"）和财政部的精心指导下，在领导小组各成员单位、各有关地方政府的积极支持和有力配合下，水专项领导小组围绕主题主线新要求，动员和组织全国数百家科研单位、上万名科技工作者，启动了34个项目、241个课题，按照"一河一策"、"一湖一策"的战略部署，在重点流域开展大攻关、大示范，突破1000余项关键技术，完成229项技术标准规范，申请1733项专利，初步构建了水污染治理和管理技术体系，基本实现了"控源减排"阶段目标，取得了阶段性成果。

　　一是突破了化工、轻工、冶金、纺织印染、制药等重点行业"控源减排"关键技术200余项，有力地支撑了主要污染物减排任务的完成；突破了城市污水处理厂提标改造和深度脱氮除磷关键技术，为城市水环境质量改善提供了支撑；研发了受污染原水净化处理、管网安全输配等40多项饮用水安全保障关键技术，为城市实现从源头到龙头的供水安全保障奠定了科技基础。

　　二是紧密结合重点流域污染防治规划的实施，选择太湖、辽河、松花江等重点流域开展大兵团联合攻关，综合集成示范多项流域水质改善和生态修复关键技术，为重点流域水质改善提供了技术支持，环境监测结果显示，辽河、淮河干流化学需氧量消除劣Ⅴ类；松花江流域水生态逐步恢复，重现大麻哈鱼；太湖富营养化状态由中度变为轻度，劣Ⅴ类入湖河流由 8 条减少为 1 条；洱海水质连续稳定并保持良好状态，2012 年有 7 个月维持在 II 类水质。

三是针对水污染治理设备及装备国产化率低等问题，研发了 60 余类关键设备和成套装备，扶持一批环保企业成功上市，建立一批号召力和公信力强的水专项产业技术创新战略联盟，培育环保产业产值近百亿元，带动节能环保战略性新兴产业加快发展，其中杭州聚光科技股份有限公司研发的重金属在线监测产品被评为 2012 年度国家战略产品。

四是逐步形成了国家重点实验室、工程中心－流域地方重点实验室和工程中心－流域野外观测台站－企业试验基地平台等为一体的水专项创新平台与基地系统，逐步构建了以科研为龙头，以野外观测为手段，以综合管理为最终目标的公共共享平台。目前，通过水专项的技术支持，我国第一个大型河流保护机构——辽河保护区管理局已正式成立。

五是加强队伍建设，培养了一大批科技攻关团队和领军人才，采用地方推荐、部门筛选、公开择优等多种方式遴选出近 300 个水专项科技攻关团队，引进多名海外高层次人才，培养上百名学科带头人、中青年科技骨干和 5000 多名博士、硕士，建立人才凝聚、使用、培养的良性机制，形成大联合、大攻关、大创新的良好格局。

在 2011 年"十一五"国家重大科技成就展、"十一五"环保成就展、全国科技成果巡回展等一系列展览中以及 2012 年全国科技工作会议和今年初的国务院重大专项实施推进会上，党和国家领导人对水专项取得的积极进展都给予了充分肯定。这些成果为重点流域水质改善、地方治污规划、水环境管理等提供了技术和决策支持。

在看到成绩的同时，我们也清醒地看到存在的突出问题和矛盾。水专项离国务院的要求和广大人民群众的期待还有较大差距，仍存在一些不足和薄弱环节。2011 年专项审计中指出水专项"十一五"在课题立项、成果转化和资金使用等方面不够规范。"十二五"我们需要进一步完善立项机制，提高立项质量；进一步提高项目管理水平，确保专项实施进度；进一步严格成果和经费管理，发挥专项最大效益；在调结构、转方式、惠民生、促发展中发挥更大的科技支撑和引领作用。

我们也要科学认识解决我国水环境问题的复杂性、艰巨性和长期性，水专项亦是如此。刘延东副总理指出，水专项因素特别复杂、实施难度很大、周期很长、反复也比较多，要探索符合中国特色的水污染治理成套技术和科学管理模式。水专项无法解决所有的水环境问题，不可能一天出现一个一鸣惊人的大成果。与其他重大专项相比，水专项也不会通过单一关键技术的重大突破，实现整体的技术水平提升。在水专项实施过程中，妥善处理好当前与长远、手段与目标、中央与地方等各个方面的关系，既要通过技术研发实现核心关键技术的突破，探索出符合国情、成本低、效果好、易推广的整装成套技术，又要综合运用法律、经济、技术和必要的行政手段来实现水环境质量的改善，积极探索符合代价小、效益好、排放低、可持续的中国水污染治理新路。

党的十八大报告强调，要实施国家科技重大专项，大力推进生态文明建设，努力建设美丽中国，实现中华民族永续发展。水专项作为一项重大的科技工程和民生工程，具有很强的社会公益性，将水专项的研究成果及时推广并为社会经济发展服务是贯彻创新驱动发展战略的具体表现，是推进生态文明建设的有力措施。为广泛共享水专项"十一五"取得的研究成果，水专项管理办公室组织出版水专项"十一五"成果系列丛书。该丛书汇集了一批专项研究的代表性成果，具有较强的学术性和实用性，可以说是水环境领域不可多得的资料文献。丛书的组织出版，有利于坚定水专项科技工作者专项攻关的信心和决心；有利于增强社会各界对水专项的了解和认同；有利于促进环保公众参与，树立水专项的良好社会形象；有利于促进专项成果的转化与应用，为探索中国水污染治理新路提供有力的科技支撑。

　　我坚信在国务院的正确领导和有关部门的大力支持下，水专项一定能够百尺竿头，更进一步。我们一定要以党的十八大精神为指导，高擎生态文明建设的大旗，团结协作、协同创新、强化管理，扎实推进水专项，务求取得更大的成效，把建设美丽中国的伟大事业持续向前推进，努力走向社会主义生态文明新时代！

周生贤

2013 年 7 月 25 日

前　　言

　　近二十年来，随着洱海流域人口增加和经济快速发展，人们对自然资源的开发不断加剧，洱海流域生态环境逐渐恶化，洱海水质日益下降，逐步由贫营养过渡到中营养，目前正处于中营养向富营养湖泊的过渡阶段，水质已由20世纪90年代的Ⅱ类到Ⅲ类发展到2006年的Ⅲ类水临界状态。近五年来，随着洱海治理力度的加大，取得了一定成果，但洱海整体上仍属于富营养化初期湖泊，仍处在富营养化和中营养化的选择路口，水污染形势依然严峻，直接影响社会经济的可持续发展。洱海流域的三次产业结构，经过几十年的努力，已经扭转了以农业为主体、工业十分落后的局面，基本形成了以加工业、商业为主的产业结构。但从总体上看，其产业结构还不合理，尤其农业面源污染形势严峻，洱海流域资源环境优势尚未得到充分发挥。从洱海水污染现状与发展形势来看，如果不立即采取措施进行控制，则洱海的水污染与富营养化发展趋势难以遏制，社会经济发展将面临着严峻挑战，以后将付出成倍或几十倍的代价。因此，开发基于洱海流域环境承载力约束的区域划分和洱海绿色流域构建技术，制定洱海绿色流域社会经济结构调整中长期规划及实现这一规划目标的细致调整方案（主要包括实施方法、步骤与考评措施等），是最终实现洱海富营养化防治的根本途径。为此，国家科技重大专项"十一五"洱海项目设立了"洱海全流域清水方案与社会经济发展友好模式研究"课题（编号：2009ZX07105-001），以洱海全流域作为研究对象，解析洱海流域入湖主要污染物负荷与洱海水质的响应关系，测算洱海流域水环境承载力，确定洱海流域社会经济发展与水环境污染的相互作用，制定洱海流域主要污染物容量总量控制方案和洱海全流域水污染控制与清水方案，集成和应用洱海流域生态文明评价技术与服务于生态文明流域发展的社会经济结构体系构建技术，并建设大理市生态农业综合政策示范区，旨在为地方政府的生态环境保护与湖泊治理提供科技支撑，也为类似湖泊污染控制及经济社会可持续发展提供参照。

　　国家科技重大专项"十一五"洱海项目"洱海全流域清水方案与社会经济发展友好模式研究"课题的组织与协调结构如下。

课题负责人：董利民（华中师范大学）

子课题1：洱海全流域污染源、入湖污染负荷与社会经济现状调查与解析

子课题组负责人：程凯（华中师范大学）

子课题组成员：程凯、吴宜进、叶桦、许敏、卫志宏等

子课题2：洱海湖泊水环境承载力与主要污染物总量控制研究

子课题组负责人：吕云波（云南省环境科学研究院）

子课题组成员：吕云波、朱翔、赵磊、冯健、马杏等

子课题3：洱海流域社会经济发展友好模式研究

子课题组负责人：董利民（华中师范大学）

子课题组成员：董利民、李桂娥、项继权、梅德平、王雅鹏、刘圣欢、杨海、胡义、龚琦等

子课题4：洱海全流域水污染控制与清水方案

子课题组负责人：孔海南（上海交通大学）

子课题组成员：孔海南、王欣泽、李春杰、李亚红等

该课题的主要创新点如下。

1）制定了洱海流域污染物容量总量控制方案，研发了洱海流域社会经济结构、发展速度与污染物排放量关系量化模拟和社会经济结构体系构建等关键技术，集成了服务于生态文明流域发展的社会经济结构调整控污减排规划。

根据洱海高原湖泊流域水环境污染的系统调查并针对实际情况，以自然条件、社会经济、水污染源和控制措施等为主要指标，以土地利用、污染类别和控制方向等为主要属性，建立了流域定性与定量相结合的三级水污染控制分区划分方法。基于洱海流域水污染控制区划分，以洱海北部水域控制点的水环境容量作为流域陆源入湖污染负荷量限制指标，以II类水质标准作为水环境保护目标，分别针对不同水文年型条件，制定了"流域-控制区"尺度和"流域-污染源"尺度的TN、TP污染物总量削减控制方案。

在判别社会经济结构发展阶段的基础上，结合《洱海保护治理规划》的水质目标（近期III类，远期II类），依据社会经济发展的圈层理论，在全流域水污染综合防治四片七区基础上，采用红线、黄线、蓝线和绿线，划分全流域产业发展四类功能控制亚区。即红色区域的禁止发展亚区、黄色区域的限制发展亚区、蓝色区域的优化发展亚区和绿色区域的综合发展亚区。针对全流域生态农业、环保工业、生态旅游及配套服务业进行问题探讨，在取得丰硕成果的基础上，集成了洱海流域社会经济结构、发展速度与污染物排放关系量化模拟和社会经济结构体系构建等关键技术，制定了基于湖泊水环境承载力的重点产业、产业下行业及经济部类的调整初步规划和建设方案。

2）研究和编制洱海流域治理综合保障体系、洱海流域生态补偿机制、洱海保护及洱源生态文明试点县建设评价体系的实施意见（含考核办法），初步探索和实践了洱海流域社会经济发展友好模式。

自 2010 年 3 月起，课题组依托地方政府在大理白族自治州环洱海 9 镇 2 区开展的"大理市 3000 亩稻田养鱼项目"、"大理市 40 000 亩生物菌肥和有机肥推广使用项目"和"大理市高效农业示范基地项目"，协同大理市供销合作社联合社，积极创建农民合作经济组织，系统研发洱海流域治理综合保障体系，形成"土地流转方式创新"、"农民合作经济组织创建"、"产业结构调整控污减排规划"和"洱海流域的生态补偿量化"等系列成果。课题组在取得《洱海流域治理综合保障体系研究》成果的基础上，先后执笔起草《洱海流域生态补偿机制实施方案（意见）》和《洱海保护及洱源生态文明试点县建设评价体系的实施意见》（含考核办法），并针对洱海流域源头县——洱源县，提出了有别于洱海流域其他县市政府相关党政主要领导及其班子成员的考核指标和考核办法，以上文本经地方政府行文得到具体应用实施。

课题组结合大理市生态农业综合政策示范区建设，创新土地流转方式，运用"公司+合作社+农户"和"农民合作经济组织+基地+农户"等模式，初步探索和实践了洱海流域社会经济发展友好模式。国务院农村综合改革工作小组办公室、云南省供销合作社联合社、大理州洱海保护治理领导组办公室、大理州农村综合改革领导组办公室、大理白族自治州人民代表大会常务委员会办公室、大理白族自治州人民政府研究室、大理白族自治州财政局等，先后为课题研究成果应用，出具了成果应用证明。

3）制定富营养化初期湖泊——洱海全流域水污染与富营养化控制中长期规划，为类似湖泊污染控制及经济可持续发展提供了参照。

课题作为项目总体技术的集成总结，课题组基于富营养化初期湖泊特征，编制了洱海全流域的清水方案，包括村落污水-畜禽-垃圾治理工程方案、城镇污染治理工程方案、农田面源污染治理工程方案、旅游污染治理工程方案、河流源头涵养林建设规划方案、流域水土流失防治规划方案、流域库塘与湿地系统保护规划方案、入湖河道生态修复规划方案、湖滨带缓冲带生态修复规划方案和流域管理与能力建设规划方案等。其中，课题"洱海全流域污染源调查"、"洱海流域产业结构现状、特征及 SWOT 分析"、"洱海流域产业污染源分布、特征及问题诊断"、"洱海流域社会经济发展功能控制区划"、"洱海流域主要产业宏观调整规划"等研究成果已经编入《云南洱海绿色流域建设与水污染防治规划》。该规划 2010 年 5 月通过专家评审，且经云南省人民政府批复采纳应用，并报国家发展和改革委员会备案，应用推广潜力巨大。

4）课题大部分研究成果得到应用示范且效果明显，取得了预期的环境效益、经济效益和社会效益。

课题组参与编制的《大理市万亩稻田养鱼项目实施方案》，建议恢复举办"薅秧节"、"栽秧会"等传统农耕节庆活动，利用"公司+合作社+农户"等形式，实施洱海绿色流域建设控污减排规划和生态补偿机制等科研成果，积极推行现代农业发展模式，建成以昆明好宝菁生态农业有限责任公司为龙头企业，在大理市银桥镇上波棚村流转土地 150 亩，在洱海流域产业"限制发展亚区"和"优化发展亚区"，形成集中连片开发 1000 亩、面上推广 2000 亩的"3000 亩稻田养鱼"生态农业示范区。成果应用效果显示：3000 亩"稻田养鱼"削减肥料使用量（以折纯量计）氮 34.98t，磷 2.91t，削减入湖量总氮 1.85t，总磷 0.298t；新增产值 336 万元，亩增纯收入 1068 元。

课题组协同大理市供销合作社联合社，依托地方政府开展的"大理市 40 000 亩生物菌肥和有机肥推广使用项目"和"大理市高效农业示范基地项目"，创新运用"农民合作经济组织+基地+农户"等模式，在兼顾农民实际经济利益的同时，集成应用"农民合作经济组织创建"、"生态补偿量化技术"等成果，编撰了《农民专业合作社操作指南》，指导建设了 500 亩大理市高效农业示范基地——"大理市银顺蔬菜专业合作社"，推广使用生物菌肥和有机肥料，推进生态农业建设。该基地主要从事无公害蔬菜生产、加工、销售，每亩每年可实现纯收入近 2.5 万元，是传统粮食生产经济效益的 8 倍左右，同时每年减少氮、磷施肥量约 40%，辐射带动周边无公害蔬菜种植 1000 亩，年转移农村剩余劳动力 5 万人次以上。

本书是国家科技重大专项"十一五"洱海项目"洱海全流域清水方案与社会经济发展友好模式研究"课题研究成果的结晶，它汇集了子课题 1、2、3 大部分研究成果。同时，本书又是一个集体撰写和集体研究的结果。董利民对全书（三分册）的结构和章节进行了系统的构思和设计，经课题组集体讨论，确定了各章节内容及撰写人。其中，第一分册《洱海全流域水资源环境调查与社会经济发展友好模式研究》，第 1、2、3、5 章由程凯、吴宜进、许敏、卫志宏主撰，第 4 章由叶桦主撰，第 6、7 章由李桂娥主撰，第 8 章和附录由董利民、项继权主撰。第二分册《洱海流域水环境承载力计算与社会经济结构优化布局研究》，第 1、2、3、5 章由吕云波、朱翔、赵磊、马杏主撰，第 4 章由冯健主撰，第 6 章由董利民、杨柯玲主撰，第 7 章由梅德平、龚琦主撰，第 8 章由董利民、杨海主撰，附录由董利民、胡义主撰。第三分册《洱海流域产业结构调整控污减排规划与综合保障体系建设研究》，各章节由董利民主撰，其指导的研究生李国君、任雪琴、邹云龙、罗勋、邓琛对全书进行了校对。这里需要特别说明的是，这样按章划定撰写人的做法可能并不完全正确，主要是因为个别章、个别节有可能就是课题组其他成员的论文或调研报告，在此，务请课题组研究人员能够予以谅解。

在本书付梓之际，特别感谢在 2011 年"十一五"国家重大科技成就展、"十一五"环保成就展，以及 2012 年全国科技工作会议和 2013 年初的国务院重大专项实施推进会等多种场合，国务院刘延东副总理、环境保护部周生贤部长和国家水专项技术总师孟伟院士对本课题取得的积极进展给予的充分肯定。特别感谢国家科技重大专项"十一五"洱海项目负责人孔海南教授，云南大理白族自治州原人大副主任尚榆民先生，大理市供销合作社联合社副主任周汝波先生，国家水专项管理办公室姜琦主任、韩巍先生和王素霞女士对本书编写工作给予的热情指导。另外，华中师范大学科研部曹青林部长和王海处长对本书的出版提供了资助，在此一并致谢！

在本书撰写的过程中，著者阅读、参考了大量国内外文献，在此，对文献的作者表示感谢。

由于作者水平有限，书中难免存在不足之处，敬请读者不吝指正。

董利民

2014 年 11 月 16 日

目　录

问 题 篇

| 1 | 洱海流域生态农业问题研究

1.1 基于环境承载力的流域主要农产品
生产发展排序研究

1.1.1 洱海流域农业污染分布与特征

课题组对全流域各乡镇农业产业污染进行了农户实地抽样调查。调查基本涵盖了流域所有的农业产业，其中，种植产业包括水稻、蚕豆、玉米、大麦、土豆、小麦、油料、烤烟、蔬菜（不含大蒜）、大蒜、茶果；养殖产业包括肉牛、奶牛、生猪、羊、肉禽、蛋禽。流域林业和渔业规模小、产值比重很低、污染很少，所以没有纳入调查范围。由于流域水污染主要的污染物为总氮（TN）和总磷（TP），所以调查的污染源对象为化肥和畜禽粪尿。在调查的同时，实地测量了各农业产业污染的流失系数。根据调查结果和流失系数，结合农业统计年鉴的数据，我们计算得到了各乡镇农业产业的污染排放量、单位面积（数量）的污染排放量和单位产值的污染排放量。因茶果多种植于水土流失率低的山地，污染流失很少，因此没有在结果中列出。

1.1.1.1 洱海流域各农业产业污染分布与特征

图1-1是流域农业产业 TN 排放量排序。流域农业产业 TN 排放量最多的是奶牛，其后依次是猪、肉牛、大蒜、水稻、蔬菜、玉米、烤烟、羊、大麦、蚕豆、土豆、肉禽、蛋禽、油料、小麦。可以发现，流域 TN 排放的主要农业产业为奶牛、猪、肉牛、大蒜4个产业，其排放量占全流域的74%，是流域农业 TN 污染的主要来源。

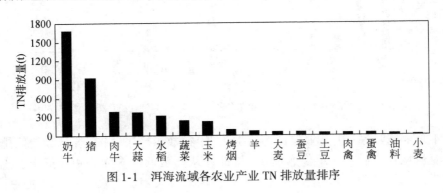

图1-1 洱海流域各农业产业 TN 排放量排序

图 1-2 是流域农业产业 TP 排放量排序。流域农业产业 TP 排放量最多的也是奶牛，其后依次是猪、肉牛、大蒜、水稻、蚕豆、肉禽、蛋禽、蔬菜、羊、玉米、烤烟、大麦、土豆、油料、小麦。可以发现，流域 TP 排放的主要农业产业同 TN 一样为奶牛、猪、肉牛、大蒜 4 个产业，其 TP 排放量占全流域的 87%，是流域农业 TP 污染的主要来源。

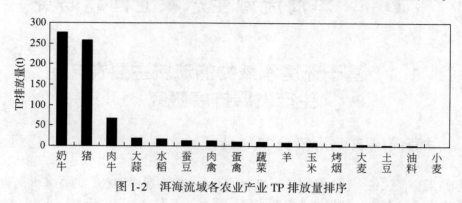

图 1-2　洱海流域各农业产业 TP 排放量排序

总体来看，流域农业各产业中经济作物种植和大牲畜养殖对农业 TN、TP 污染的贡献最高，尤其是奶牛、猪、肉牛、大蒜在带来大量经济产出的同时，也产生了大量的农业污染。

图 1-3 是全流域各农业产业单位面积（数量）的 TN、TP 排放量排序（按 TN 从高至低排序）。如图所示，全流域各农业产业单位面积（数量）TN 排放量从高至低依次为奶牛、肉牛、大蒜、蔬菜、玉米、烤烟、土豆、猪、水稻、小麦、油料、大麦、羊、蚕豆、蛋禽、肉禽。可以发现，牲畜中的奶牛、肉牛的排序和经济作物中大蒜、蔬菜最靠前，说明大牲畜和经济作物的单位面积（数量）TN 排放量最大，而粮食作物、小牲畜和家禽的单位面积（数量）TN 排放量相对较小。

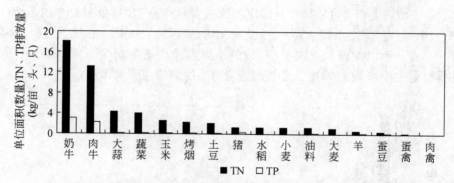

图 1-3　洱海流域各农业产业单位面积（数量）TN、TP 排放量排序

图 1-4 是全流域各农业产业单位产值 TN、TP 排放量排序（按 TN 从高至低排序）。如图所示，全流域各农业产业单位产值 TN 排放量从高至低依次为奶牛、玉米、土豆、羊、小麦、肉牛、猪、油料、水稻、烤烟、大蒜、蔬菜、大麦、肉禽、蛋禽、蚕豆。可以发

现，由于各农业产业单位产值大小存在差异，与单位面积（数量）TN 排放量排序情况相比，单位产值 TN 排放量排序靠前的农业产业既有牲畜养殖、经济作物，也有粮食作物。粮食作物中的玉米和土豆排序最前，经济作物中油料、烤烟靠前，畜禽中奶牛排序仍然最前。

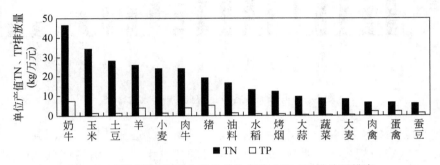

图 1-4　洱海流域各农业产业单位产值 TN、TP 排放量排序

1.1.1.2　洱海流域各乡镇农业污染分布与特征

图 1-5 是流域各乡镇农业 TN 污染排放量排序。流域内各乡镇农业 TN 污染排放量最高的右所镇达到 583.8t、最低的海东镇为 92.7t，其余乡镇中，TN 污染排放量处于 300t 以上的乡镇有三营镇、茈碧湖镇、上关镇、喜洲镇、大理镇；处于 100~300t 的乡镇有凤仪镇、凤羽镇、牛街乡、下关镇、湾桥镇、银桥镇、邓川镇、开发区；低于 100t 的乡镇有双廊镇、挖色镇。

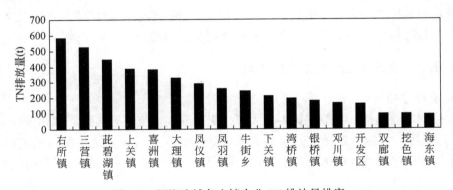

图 1-5　洱海流域各乡镇农业 TN 排放量排序

图 1-6 是流域各乡镇农业 TP 污染排放量排序。流域内各乡镇农业 TP 污染排放量最高的也是右所镇，达到 79.9t、最低的挖色镇为 13.4t，其余乡镇中，TP 污染排放量处于 50t 以上的乡镇有三营镇、喜洲镇、茈碧湖镇、上关镇、凤仪镇；处于 30~50t 的乡镇有大理镇、牛街乡、下关镇、凤羽镇、湾桥镇；低于 30t 的乡镇有开发区、银桥镇、邓川镇、海东镇、双廊镇。

总体来看，洱海北部洱源县的乡镇农业 TN、TP 的排放量最高，分别占全流域农业

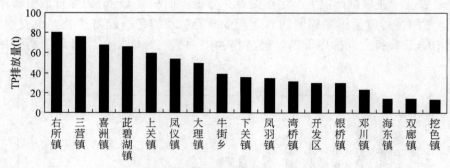

图 1-6　洱海流域各乡镇农业 TP 排放量排序

TN、TP 排放量的 48% 和 44%，对洱海的污染威胁最大，这一结果与洱源县各乡镇的农业人口众多，农业产业规模大，是流域传统农业县的特点相一致。洱海西部和南部乡镇农业 TN、TP 排放量仅次于北部，农业氮磷排放量也较大，不容忽视。洱海东部乡镇农业 TN、TP 排放量相较而言最低。

1.1.2　洱海流域农业产业结构优化的指导思想和原则

1.1.2.1　指导思想

流域主要农业产业优化调整应以农业产业污染控制和绿色农业发展为主线，以"水环境保护、农产品消费安全、农业经济可持续发展"为流域农业产业发展目标，围绕农业增效、农民增收的要求，走农业结构调整与生态建设相结合、资源优势与产业优势相兼顾、自然生产与社会再生产相协调、社会经济与生态文明相统一的发展道路。

1.1.2.2　农业产业优化调整原则

（1）重点控制产业

重点控制产业包括：大蒜、奶牛。大蒜和奶牛分别是流域种植业和养殖业中单位面积（数量）污染排放量和污染排放总量最大的农业产业，而且种养规模扩大的速度非常快，给流域水环境带来的威胁最为严重，因此，必须对这两个农业品种进行规模削减。

（2）限制发展产业

限制发展产业包括：小麦、玉米、土豆、蔬菜、肉牛、猪和羊。粮食作物中玉米、土豆的单位面积污染排放量较大，而小麦的经济效益不高，应该限制其规模；经济作物中蔬菜的经济效益较高，但是污染排放量很高，且种植规模扩大的趋势十分明显，带给水环境的压力也持续增加，因此，也属于限制发展类产业；综合考量畜牧家禽中羊、猪、肉牛的养殖规模、污染产生总量、单位数量污染产生量，将其归为限制发展类。

（3）鼓励发展产业

鼓励发展产业包括：水稻、大麦、蚕豆、油菜和家禽。粮食作物中水稻种植规模最大，污染产生量最多，但是单位面积污染产生量相对较小，而大麦、蚕豆品种单位面积污染产生量较小，且种植规模不大，考虑到优质水稻、啤饲大麦是流域粮食生产主导产业，结合流域粮食安全保障和加工业发展的需要，对这些品种应该鼓励发展。经济作物中油菜和养殖业中的家禽单位面积（数量）污染产生量很低，也应该鼓励发展。

1.2 基于环境承载力的流域主要农产品最适规模研究

1.2.1 洱海流域农业产业结构多目标优化模型的建立

1.2.1.1 多目标优化模型的决策变量

大理市和洱源县共有 17 个乡镇处于洱海流域范围内，流域农业产业有水稻、小麦、大麦、玉米、薯类、豆类、油料、烟叶、蔬菜（不含大蒜，下同）、大蒜、茶果、奶牛、肉牛、生猪、羊、肉禽、蛋禽。设 x_{ij}（$i=1$，…，17；$j=1$，…，18）为流域内第 i 个乡镇第 j 种农业产业的生产规模。x_{ij}（$i=1$，…，17）为流域内乡镇，其中 $i=1$ 为下关镇、$i=2$ 为大理镇、$i=3$ 为凤仪镇、$i=4$ 为喜洲镇、$i=5$ 为海东镇、$i=6$ 为挖色镇、$i=7$ 为湾桥镇、$i=8$ 为银桥镇、$i=9$ 为双廊镇、$i=10$ 为上关镇、$i=11$ 为开发区、$i=12$ 为茈碧湖镇、$i=13$ 为邓川镇、$i=14$ 为右所镇、$i=15$ 为三营镇、$i=16$ 为凤羽镇、$i=17$ 为牛街乡。x_{ij}（$j=1$，…，12）为第 j 类种植产业的种植面积（hm^2），x_{ij}（$j=13$，…，18）为第 j 类畜禽养殖产业的年养殖量（头、只），其中，$j=1$ 为水稻种植面积、$j=2$ 为小麦种植面积、$j=3$ 为大麦种植面积、$j=4$ 为玉米种植面积、$j=5$ 为薯类种植面积、$j=6$ 为豆类种植面积、$j=7$ 为油料种植面积、$j=8$ 为烟叶种植面积、$j=9$ 为露地蔬菜种植面积、$j=10$ 为大棚蔬菜种植面积、$j=11$ 为大蒜种植面积、$j=12$ 为茶果种植面积、$j=13$ 为奶牛养殖量、$j=14$ 为肉牛养殖量、$j=15$ 为生猪养殖量、$j=16$ 为羊养殖量、$j=17$ 为肉禽养殖量、$j=18$ 为蛋禽养殖量。

种植产业中茶果种植面积为年末茶园和果园面积之和，其他种植产业种植面积为播种面积。畜禽养殖产业养殖量根据各养殖品种的生长周期、产出产品和产值计量对象确定。奶牛的平均饲养期长于一年，产出产品和产值计量对象皆为牛奶，因此采用年末存栏量作为当年的饲养数量；肉牛的平均饲养期约为一年，产出产品和产值计量对象皆为牛肉，因此采用年出栏量作为当年的饲养数量；猪的平均饲养期一般为 180 天，产出产品和产值计量对象皆为猪肉，因此采用年出栏量作为当年的饲养数量；羊的生长期一般长于一年，产出产品和产值计量对象皆为羊肉，因此采用年出栏量作为当年的饲养数量；肉禽的生长期一般为 55 天，蛋禽的饲养期长于一年，因此肉禽的饲养数量为当年的出栏数，蛋禽的饲养数量为当年的存栏数。流域林业和渔业产值在农业经济中所占的比例很小，仅为 1.9% 和 3.1%，相应产生的农业面源污染也很小，因此，没有纳入决策变量。

1.2.1.2 多目标优化模型的目标函数

流域农业产业结构优化的主要目的是从源头削减农业生产带来的面源污染量，减少流域水体的污染负荷，保护生态环境，但是，不能以牺牲经济增长和农业发展为代价，而是要促进生态环境与农业经济相互适应、相互协调的发展，因此，在农业结构优化中还要尽量增加农业经济产出。由此，我们构建农业污染排放和农业经济产出的双重目标函数：

$$
\begin{aligned}
\mathrm{Min} F_1 = \sum_{i=1}^{17} \sum_{j=1}^{18} A_j x_{ij} = \sum_{i=1}^{17} &\big[31233x_{i1} + 31420.5x_{i2} + 27\,040.5x_{i3} + 50\,863.5x_{i4} + 44\,931x_{i5} \\
&+ 19\,507.5x_{i6} + 31\,195.5x_{i7} + 51\,754.5x_{i8} + 84\,624x_{i9} + 50\,775x_{i10} + 96\,285x_{i11} \\
&+ 14\,556x_{i12} + 47\,983.5x_{i13} + 35\,824.8x_{i14} + 5\,120.4x_{i15} + 1\,683.2x_{i16} + 50.8x_{i17} \\
&+ 337.5x_{i18} \big]
\end{aligned}
\tag{1-1}
$$

$$
\begin{aligned}
\mathrm{Max} F_2 = \sum_{i=1}^{17} \sum_{j=1}^{18} B_j x_{ij} = \sum_{i=1}^{17} &\big[15\,690x_{i1} + 7\,861.5x_{i2} + 15\,345x_{i3} + 11\,254.5x_{i4} + 11\,121x_{i5} \\
&+ 11\,296.5x_{i6} + 11\,761.5x_{i7} + 26\,950.5x_{i8} + 40\,311x_{i9} + 120\,933x_{i10} + 67\,695x_{i11} \\
&+ 8\,308.5x_{i12} + 3\,876.5x_{i13} + 5\,478.1x_{i14} + 706.8x_{i15} + 267.2x_{i16} + 18.1x_{i17} \\
&+ 128x_{i18} \big]
\end{aligned}
\tag{1-2}
$$

式（1-1）为农业污染排放量目标函数，F_1 为流域农业产业污染等标排放量（m^3）；A_j 为第 j 种农业产业污染等标排放系数 [m^3/hm^2，m^3/（头、只）]。A_j 的计算数据来源于洱海全流域农业产业污染调查，需要说明的是由于总氮、总磷是造成流域水质退化的主要污染物，也是流域水污染控制的主要污染指标，因此，A_j 是根据流域各农业产业总氮、总磷两种进入水体的排放量计算得到，计算公式为 $A_j = Q_{j1}/S_1 + Q_{j2}/S_2$，其中，$Q_{j1}$ 是指第 j 种农业产业总氮的污染排放量，Q_{j2} 是指第 j 种农业产业总磷的污染排放量，S_1 和 S_2 分别为国家地表水环境质量III类水总氮和总磷的含量标准。A_j 的物理意义是将 Q 数量的污染物稀释至评价水质标准的浓度，需要的纯净水的量（张大弟等，1997）。

式（1-2）为农业经济产出目标函数，其中，F_2 为流域农业产业经济产出（元）；B_j 为第 j 种农业产业的经济产出系数 [元/hm^2，元/（头、只）]。B_j 的数据是由 2007 年大理市和洱源县农业统计年鉴资料确定的。

1.2.1.3 多目标优化模型的约束条件

（1）污染与产出目标约束

根据《洱海流域水污染综合防治"十一五"规划》和《洱海流域保护治理规划（2003—2020）》中的近期（到 2015 年）洱海水质要求达到II～III类水的目标，结合《洱海全流域清水方案与社会经济发展友好模式研究课题》中农业产业生产污染削减目标的要求，以 2007 年为基准年，将洱海流域 2015 年农业产业结构优化污染量削减率目标定为 15%，在此基础上，尽可能地增加农业经济产出。

（2）保证农产品消费约束

农业生产的根本目的是为人类提供生存所需的食物供给，流域农业产业结构优化必须要以保证居民的食物消费需求为基础。①保证粮食消费约束。流域粮食消费量按照营养安全线目标 300kg/人进行约束，即单位面积粮食产量与粮食规划种植面积的乘积不小于人均粮食消费目标与规划期人口数的乘积。②保证其他农产品消费约束。流域其他农产品消费量根据国家食物与营养咨询委员会提出的食物消费阶段性目标肉类 28.5kg/人、蔬菜 153kg/人、水果 43kg/人、奶类 23kg/人、蛋类 17.5kg/人进行约束，即流域肉类、蔬菜、水果、奶类、蛋类产品的单位产量与规划种养规模的乘积不小于人均农产品消费目标与规划期人口数的乘积。同时，根据云南大理州居民肉类消费习惯，牛肉、猪肉、羊肉、禽肉占全部肉类消费的比例应分别达到 10%、50%、10% 和 30%。流域各农业产业单位农产品产量根据 2007 年统计年鉴资料中各农业产业产品总产量与总生产规模的比值确定（kg/hm^2，kg/头、只）。规划期人口数根据洱海流域近年年均人口增长率 8‰ 计算确定。

（3）农业种植耕地约束

流域耕地总面积为 25 844.3 hm^2，复种指数为 2.08，基本上一年种植两季作物。第一季主要种植水稻、玉米、烤烟、蔬菜，第二季主要种植小麦、大麦、薯类、豆类、油料、蔬菜、大蒜，其中，第一季蔬菜种植面积占蔬菜总面积的 14.9%。由于农业种植受到耕地数量的刚性约束，因此，第一季作物和第二季作物种植总面积都不可超过流域耕地面积。

（4）加工业原材料需求约束

流域农业生产不仅为流域居民提供食物需求，也为农产品加工业的发展提供原材料供给。经过多年的发展，流域农产品加工业逐渐壮大，尤其是大蒜加工业、烟草加工业、奶制品加工业已形成一定规模，因此，在农业结构优化中，要尽可能保证一定比例大蒜、烟叶的种植面积和奶牛的养殖规模，促进农产品加工业的顺利发展。

（5）其他约束

虽然种植小麦和薯类的经济产出和产量都不高，对流域农业经济和粮食安全保证的贡献不大，但流域居民主食结构中仍应保证一定比例的小麦和薯类消费，因此，保持小麦和薯类种植规模不变。另外，根据农民种植与自给习惯，露地蔬菜种植面积应不少于全部蔬菜种植面积的 10%。

1.2.2 洱海流域农业产业结构优化模型求解与分析

1.2.2.1 模型的求解

为了便于多目标规划问题的求解，一般是将多目标规划问题转为单目标规划问题。将上述决策变量、目标函数、约束条件归总转化并引入具体数据之后的模型如下：

$$\text{Min} Z = P_1 d_1^+ + P_2 d_2^-$$

$$\text{s. t.} \sum_{i=1}^{17} \sum_{j=1}^{18} A_j x_{ij} + d_1^- - d_1^+ = F_1^* ;$$

$$\sum_{i=1}^{17} \sum_{j=1}^{18} B_j x_{ij} + d_2^- - d_2^+ = F_2^* ;$$

$$\sum_{i=1}^{17} (8676 x_{i1} + 4966.5 x_{i2} + 5676 x_{i3} + 7503 x_{i4} + 5965.5 x_{i5} + 4170 x_{i6}) \geqslant 300n ; \quad \text{粮食供给安全约束}$$

$$\sum_{i=1}^{17} 130.6 x_{i14} \geqslant 10\% \times 28.5n ; \quad \text{牛肉供给安全约束}$$

$$\sum_{i=1}^{17} 86.6 x_{i15} \geqslant 50\% \times 28.5n;$$ 猪肉供给安全约束

$$\sum_{i=1}^{17} 24.2 x_{i16} \geqslant 10\% \times 28.5n;$$ 羊肉供给安全约束

$$\sum_{i=1}^{17} 2 x_{i17} \geqslant 30\% \times 28.5n;$$ 禽肉供给安全约束

$$\sum_{i=1}^{17} (30525 x_{i9} + 90150 x_{i10}) \geqslant 153n;$$ 蔬菜供给安全约束

$$\sum_{i=1}^{17} 3615 x_{i12} \geqslant 43n;$$ 水果供给安全约束

$$\sum_{i=1}^{17} 2301 x_{i13} \geqslant 23n;$$ 牛奶供给安全约束

$$\sum_{i=1}^{17} 16 x_{i18} \geqslant 17.5n;$$ 蛋类供给安全约束

$$\sum_{i=1}^{17} [x_{i1} + x_{i4} + x_{i8} + 14.9\% \times (x_{i9} + x_{i10})] \leqslant 25844.3;$$ 第一季种植面积约束

$$\sum_{i=1}^{17} [x_{i2} + x_{i3} + x_{i5} + x_{i6} + x_{i7} + 85.1\% \times (x_{i9} + x_{i10}) + x_{i11}] \leqslant 25844.3;$$ 第二季种植面积约束

$$\sum_{i=1}^{17} x_{i2} = 557.6;$$ 小麦种植面积约束

$$\sum_{i=1}^{17} x_{i5} = 1436.9;$$ 薯类种植面积约束

$$\sum_{i=1}^{17} x_{i8} \geqslant 2685.7;$$ 烟叶种植面积约束

$$\sum_{i=1}^{17} x_{i9} \geqslant 10\% \times (x_{i9} + x_{i10})$$ 露地蔬菜种植面积约束

模型中 F_1^* 和 F_2^* 分别为两个目标函数确定的相应约束值；d_1^+、d_1^- 分别代表对应 F_1^* 的正负偏差变量；d_2^+、d_2^- 分别代表对应 F_2^* 的正负偏差变量；P_1、P_2 为目标函数的优先等级，由于农业面源污染控制和农业经济产出目标同等重要，因此，对 P_1、P_2 的赋权均为 1；n 为规划期人口数，根据指数法计算得到的 $n = 875\ 199$。以 2007 年为基准年，实际农业产业污染排放量 F_1 和相关农业产值 F_2 分别为 118.46 亿 m^3 和 23.63 亿元。根据污染削减目标将规划期 2015 年的污染排放量的期望值 F_1^* 定为 100.68 亿 m^3，并尽量使 F_2^* 值最大。

1.2.2.2 求解结果与分析

将以上模型确定的各目标函数值、约束条件值输入规划求解软件进行计算，得到模型的求解结果即规划期洱海流域农业产业结构优化结果见表 1-1。农业产业结构优化后，到规划期可以实现农业污染削减 15%，农业产值增长 5.6%。除小麦、薯类和烟叶作物以外，各农业产业均有不同程度的规模变化。

表1-1　洱海流域农业产业结构优化结果

粮食作物 优化值（hm²）	水稻 17 689.7	小麦 557.6	大麦 4 207.5	玉米 3 903.7	薯类 1 436.9	豆类 10 695.7
经济作物 优化值（hm²）	油料 1 755.3	烟叶 2 685.7	露地蔬菜 407.1	大棚蔬菜 3 663.3	大蒜 4 478	茶果 10 974.7
牲畜家禽 优化值（头、只）	奶牛 74 122	肉牛 19 104	猪 582 559	羊 103 188	肉禽 3 680 456	蛋禽 957 249
污染增减率（%）	−15					
产值增减率（%）	5.6					

通过优化，流域水稻种植面积增加12.7%，大麦种植面积增加18.8%，豆类种植面积增加3.2%，油料种植面积增加23.4%，玉米种植面积减少33.9%，大蒜种植面积减少22.9%。水稻、大麦、豆类和油料种植面积的增加来自对玉米和大蒜种植面积的缩减。受粮食安全约束的作用，流域粮食作物的种植总规模增加2.7%，粮食产量由2007年的25万t增加到规划期的26.3万t，人均粮食占有量仍保持300kg/人以上，能够满足流域居民粮食营养需要。露地蔬菜的种植规模减小90%，露地蔬菜减少的种植面积全部改造成为大棚蔬菜的种植面积。由于蔬菜大棚能够阻挡雨水对农作物根部土壤的直接冲刷，减少肥料污染的流失，且能有效集聚光热，促进蔬菜的多茬生产，提高产量和产值，因此，改造后蔬菜污染削减36%，经济产出增加近3倍。茶果的种植面积增加32.1%，符合流域县市农业发展规划中临山扩容大力发展林果业的要求。结构优化后，种植污染总体削减9.2%。

畜禽养殖业是流域农业经济发展的第二大支柱产业，占农业经济比重的45.3%，而其农业水污染的贡献率达到了79.9%，尤其是奶牛养殖的农业水污染贡献率达到了37.5%，在农业污染削减目标的约束下，畜禽养殖总规模的压缩是必然的结果。在满足流域居民食品营养需求的基础上，奶牛、肉牛、猪的养殖规模均有不同程度的缩减，其中奶牛的养殖规模缩减19.9%，肉牛的养殖规模缩减35.3%，猪的养殖规模缩减14.7%，而羊和禽类养殖规模增加，其中羊的养殖规模增加10.3%，肉禽养殖规模增加18.6%，蛋禽养殖规模增加1.1倍。结构优化后，畜禽污染总体削减16.5%。

1.3　洱海流域循环农业发展专题研究

1.3.1　循环农业的理论基础

1.3.1.1　农业可持续发展理论

农业可持续发展要求在合理利用和保护自然资源、维护生态环境的同时，实行农业技术革新，以生产足够的食物和纤维，来满足当代人及后代人对农产品的需求，促进农业的全面发展。既要满足当代人需求，又不对后代人及其他复合系统需求构成危害。它不仅要求农业生态潜力的持续，而且要求所提供的基础产品（农产品）和产出服务（环境服务）的持续。因此，农业可持续发展必须将农业系统作为一个整体，从整体的角度去分析。农业可持续发展的理论主要包括以下三部分。

（1）生态控制论理论

生态控制论是在生物控制论、智能控制论、经济控制论和社会控制论基础上逐渐发展起来的社会–经济–自然复合生态系统的调控理论。这是一门研究生态系统中信息的传递、变换、处理过程和调节控制规律的科学，主要包括循环再生理论、相生相克理论和自我调节理论。

（2）农业区域系统观理论

农业循环经济的发展是一个带有全局性、长远性和综合性的问题，必须采取系统理论分析方法进行分析，即区域系统观理论分析方法。农业区域大系统是由若干个子系统结合而成的整体，但其性能不等于各个子系统特性的简单相加。大系统的各个子系统之间有着千丝万缕的联系。因此，必须同时研究其他子系统与农业循环经济系统的制约关系，因为农业循环经济系统之外的其他子系统都是该系统的环境，所以不能将其作为孤立事件处理，必须将该系统及其环境作为整体研究。与此同时，要因时因地制宜，避开可能风险，协调关键因素，综合利用农业自然资源。

（3）环境承载力理论

环境承载力理论是以某一区域整体环境（包括土壤、大气、水等）为对象，研究环境的整体特征，从中确定一定时期内区域环境对人类社会经济活动支持能力的阈值。农业环境承载力是农业环境系统结构特征的反映，在一定时期内，农业环境系统在与外界进行物质、能量、信息等交换过程中，其结构和功能保持相对稳定，不会发生质的变化。由于构建农业循环经济系统而使农业环境承载力的质与量发生变动，将使人类的农业经济活动受到客观条件的制约。虽然农业环境承载力具有变动性，但这种变动性在很大程度上可以由人类活动加以控制。人们在构建农业循环经济系统时，可以通过明智的、有目的的技术措施，在一定限度范围内改变农业环境系统的结构，增强环境承载力。

1.3.1.2 农业生态学理论

农业生态学是运用生态学和系统论的原理与方法，将农业生物与其自然环境作为一个整体，研究其中的相互作用、协调演变以及社会经济环境对其调节控制规律，促进农业持续发展的学科。农业生态系统是人类为满足社会需求，在一定边界内通过干预、利用生物与生物、生物与环境之间的能量和物质联系建立起来的功能整体。这种系统的观点在于谋求从原料到产品整个物质循环和能量流动的资源、能量、资本的优化。农业生态学研究的基本内容可归纳为以下几方面。

（1）研究农业生产活动与生态环境的关系

研究涉及资源和能源的综合利用，农业污染物的产生及其在环境中的扩散、迁移与转化，农业毒理学，农业污染的环境监测和评价等。

（2）探索农业生态化途径

开发与环境相容的农业生产技术，如生物技术、资源的高效利用、减少物料消耗、实现物料再循环、消除农业污染等。

（3）生态原则运用于农业规划和管理

组织符合生态原则的供需链，调整农业内部结构比例，合理安排与周围环境相容的农业生产区位。可以认为，农业生态学是循环农业最基本的理论基础，循环农业也是农业生态学的核心内容之一。

1.3.1.3　生态经济学理论

生态经济学以生态学原理为基础，经济学原理为主导，以人类经济活动为中心，围绕人类经济活动与自然生态之间相互发展的关系这个主题，研究生态系统和经济系统相互作用所形成的生态经济系统。简言之，生态经济学是研究社会物质资料生活和再生产运动过程中经济系统和生态系统之间的物质循环、能量流动、信息传递、价值转移和增值以及四者内在联系的一般规律及其应用的科学。生态经济所强调的就是要把经济系统与生态系统的多种组成要素联系起来进行综合考察与实践，要求经济社会与生态发展全面协调，达到生态经济的最优目标。循环农业运用生态经济规律来指导农业经济活动，按照生态规律利用自然资源和环境容量，实现经济活动的生态转向。它要求把农业经济活动组成"农业资源利用—绿色产业（产品）—农业废物再生"的闭环式物质流动，所有的物质和资源在经济循环中得到合理的利用。这其中所指的"资源"不仅是不可再生自然资源，而且包括再生资源；所指的"能源"不仅是传统能源，如煤、石油、天然气等，而且包括太阳能、风能、潮汐能、地热能等绿色新能源。它注重推进资源、能源节约、资源综合利用和推行清洁生产，以便把农业经济活动对自然资源的影响降低到尽可能小的程度。

1.3.1.4　系统论理论

系统论的核心思想是系统的整体观念。其研究对象是大型复杂的系统，内容是组织协调系统内部各要素的活动，使各要素为实现整体目标发挥适当作用，目的是实现系统整体目标的最优化。其基本思想是从全局出发来考虑局部，并处理好各个局部之间的关系。贝塔朗菲强调，任何系统都是一个有机的整体，它不是各个部分的简单相加，他用亚里士多德的"整体大于部分之和"的名言来说明系统的整体性，系统的整体功能是各要素在孤立状态下所没有的新质。他同时认为，系统中各要素不是孤立地存在着，每个要素在系统中都处于一定的位置上，起着特定的作用。要素之间相互关联，构成了一个不可分割的整体。系统工程通常使用最优化技术，通过对一个系统的各个方面进行认真的分析与探讨，建立与之相关的数学模型，对其进行定量分析，为整个系统的优化合理配置各局部的组织结构。

农业循环经济系统是由物质循环的各个生产、消费环节所组成的一个有机整体，系统的形成在整体上达到资源利用效率最大化，外界能量输入最小化，生产废物的减量化、零排放，产出最大化和自我良好维持的平衡状态，实现了其"整体大于部分之和"的功效，即循环经济系统的整体经济效益远远大于各个独立生产环节效益之和。

1.3.1.5 资源经济学理论

资源经济学认为，在人类进步与社会发展日益加大对自然资源需求的情况下，完全依靠自然再生是不可能的。因为自然再生相对人类社会需求是很有限的。由于自然再生相对人类需求的有限性，人类已从单纯的攫取和占有资源转向大力保护资源和加强资源再生的社会生产过程。在此理论基础上，提出了资源产业的概念，即指从事资源再生产产业活动的生产事业。同时指出，随着科学技术的不断创新，"垃圾"已经不再是一种单纯意义上的垃圾了，而是一种放错了位置的"资源"。这就为发展农业循环经济提供了最有说服力的理论基础。"垃圾"仅仅是放错了位置的"资源"，一个生产者或消费者的垃圾对其本身而言或许是没有价值的，而对于其他生产者或消费者或许是必要的资源。例如，动物的粪便对其本身来说没有价值，而对于农作物来讲，确实是良好的有机肥。这就为循环农业资源生态链的建立提供了可能性。从这个意义上讲，循环农业就是一个变废弃物为再生资源的循环生产过程。在循环农业中，沼气池的建设就好像循环农业中一个重要的"资源产业"，是循环农业中从事资源再生产产业活动的重要单位。

1.3.2 循环农业的基本内容

1.3.2.1 循环农业概念的界定

目前学术界尚未形成循环农业的明确定义，黄贤金（2004）认为，循环农业是在既定的农业资源存量、环境容量以及生态阈值综合约束下，从节约农业资源，保护生态环境和提高经济效益的角度出发，运用循环经济的方法组织的农业生产活动及农业生产体系，通过末端物质能量的回流形成物质能量循环利用的闭环农业生产系统。宣亚南（2005）等认为，循环农业是"尊重生态系统和经济活动系统的基本规律，以经济效益为驱动力，以绿色 GDP 核算体系和可持续协调发展评估体系为导向，按照 3R 原则，通过优化农业产品生产至消费整个产业链的结构，实现物质的多级循环使用和产业活动对环境的有害因子零（最小）排放或零（最小）干扰的一种农业生产经营模式"。其实质就是要以环境友好的方式利用自然资源和环境容量，实现农业经济活动的生态化转换。

一般认为，循环农业是人类为实现农业可持续发展而采取的一种旨在保护环境、维护生态平衡，促进人与自然的协调和谐发展的农业可持续发展模式。且其相对传统农业的开放线性运营形式而言是一种闭环运营模式，它使农业的活动由传统的"资源→产品→废弃物"的单一线性运营转变成一种"资源→产品→再资源"的反馈式运营。

1.3.2.2 循环农业的内涵

循环农业运用可持续发展思想和循环经济理论开展经济活动，按照生态系统内部物种共生、物质循环、能量多层次利用的生物链原理，调整和优化农业生态系统内部结构及产业结构，提高生物能源的利用率和有机废物的再利用和再循环，最大限度地减轻环境污染，使农业生产活动真正纳入到农业生态系统循环中去，从而达到生态平衡与经济协调发展。农业循环经济以农业资源的循环利用为特征，以农业资源消耗最小化、农业污染排放最小化与农业废物利用最大化为目标，涉及农业清洁生产、农业产业内部物能互换、农业产业间资源循环利用、绿色消费等几个方面，其实质也属农业生态经济。

（1）农业清洁生产

农产品生产中推行清洁生产，全过程防控污染，使污染排放最小化。农业清洁生产是指既可满足农业生产需要，又可合理利用资源并保护环境的实用农业生产技术。农业清洁生产包括清洁的投入（清洁的原料、清洁的能源）、清洁的产出（不危害人体健康和生态环境的清洁的农产品）和清洁的生产过程（使用无毒无害化肥、农药等农用化学品）。

（2）农业产业内部物能互换

通过产业内部物质能量的互换，使废物排放最小化。例如，种植业的立体种植有各种农作物的轮作、间作与套种，农林间作，林药间作等类型；养殖业的立体养殖有陆地立体圈养，水体立体养殖等很多典型模式。

（3）农业产业间资源循环利用

通过产业间相互交换废物，使废物得以资源化利用。按生态经济学原理，在一定空间里将栽培植物和养殖动物按一定方式配置的生产结构，使之相互间存在互惠互利关系，达到共同增产，改善生态环境，实现良性循环的目的。例如，种养结合的稻田养虾，稻田为虾提供了较好的生长环境，虾吃杂草、害虫，虾粪肥田，减少了化肥和农药的使用量，控制了农业面源污染，保护了生态环境，增加了经济效益。

（4）绿色消费

这一层次的循环超出了生产本身，扩展到消费领域，包括农产品消费过程中和消费过程后物质能量的循环。这是一种良性的生态农业系统，是将农业循环经济纳入到社会整体循环的维度加以考虑，一个生产环节的产出是另一个环节的投入，使得各种系统中的废物在生产过程中得到再次、多次和循环的利用，从而获得更高的资源利用率。如水陆交换生态系统——桑基鱼塘。农业循环经济能够从根本上解决具有"增长"特性的农业经济系统与具有"稳定"特性的农业生态系统之间的矛盾，促使农业生态环境与农业经济增长实现可持续发展。

1.3.2.3 循环农业发展模式的原则

循环农业发展模式同样遵循"3R"原则和无害化原则。

（1）减量化原则

减量化原则是指为了达到既定的生产目的或消费目的而在农业生产全程乃至农产品生命周期（如从农田到餐桌）中减少稀缺或不可再生资源、物质的投入量和减少废物的产生量。如种植业通过有机肥提高地力、农艺及生物措施控制病虫草害、减少化肥农药和动力机械的使用量，既可减少化石能源的投入，又可减少污染物、保护生态环境。有人把农业中的减量化原则归纳为"九节一减"，即节地、节水、节种、节肥、节药、节电、节油、节柴（节煤）、节粮、减人，这种观点是比较全面的。

（2）再利用原则

再利用原则是指资源或产品以初始的形式被多次使用。如畜禽养殖冲洗用水可用于灌溉农田，既达到了浇水肥田的效果，又避免了污水随意排放、污染水体环境等；又如在渔业养殖中，利用养殖用水的循环系统，使养殖污水经处理达标后循环使用，达到了零排放的要求。

（3）再循环（资源化）原则

再循环原则是指对生产或消费产生的废物进行循环利用，使生产出来的物品在完成其使用功能后能重新变成可以利用的资源，而不是无用的垃圾。如种植业的废物——秸秆，经过青储氨化处理，成为草食家畜的优质饲料，而家畜的粪便又是作物的优质有机肥。

（4）无害化原则

无害化原则要求将农业生产过程中产生的废物进行无害化处理，这也是发展农业循环经济的最终目标。此外，农业发展循环经济还要坚持因地制宜原则、整体性协调原则、生物共存互利原则、相生相克趋利避害原则、最大绿色覆盖原则、最小土壤流失原则、土地资源用养保结合原则、资源合理流动与最佳配置原则、经济结构合理化原则、生态产业链接原则和社会经济效益与生态环境效益"双赢"原则及综合治理原则等。

1.3.2.4 循环农业的特征

（1）集多方协调性、持续性为一体的新型农业

循环农业体现了人与自然的协调性，以人与自然和谐共存为最高准则。农业生产率的提高，必须遵循自然生态规律，不能以牺牲资源、环境为代价，注重农业发展的持续性，使农业经济、农村社会具有长期稳定、持续增长和发展的能力；注重农业资源利用的永续性，努力使土地、水、物种等资源，特别是不可再生的耕地、水资源总是保持在一个相对稳定的水平，并不断提高其质量和利用率；农业生产环境的协调性需重视并有效控制农业环境污染、水土流失、土壤沙化等环境恶化问题，促进农业生态平衡，不断提高环境质量；注意农业人口规模的适度性，必须控制人口的过快增长，保持农业人口的适度规模，并努力提高人口素质，增加人力资本存量；重视生产要素的互联性，用整体的、全面的观点来统筹、协调人口、资源、环境等各种因素当前和长远的发展愿景，实现良性循环；注重发展目标的多元性，不仅注意提高农业产出率和产品质量、经济效益，还把促进社会、保护资源和环境放在重要位置，追求农业经济、社会效益和生态效益的统一；注重增长方式的集约性，把农业的发展真正转移到依靠科技进步和提高劳动者科学文化素质的轨道上来。

（2）以生物技术和信息技术为先导的、技术高度密集的农业

循环农业是现代科技密集的平台，它将容纳种植业、养殖业和工商业之间的生产与生态的良性循环的组装技术，农副产品废弃物资源化技术，生物种群的调整、引进与重组技术，农业能源综合开发技术，立体种植、养殖技术，水土流失治理技术，控制沙漠化技术，盐碱化土壤改良技术，涝渍地治理技术和病虫害综合防治技术。

（3）农工贸一体化经营的综合农业

循环农业将由传统的初级农产品发展成为以生物产品生产为基础并向农产品加工、生物化工、环保、观光休闲等领域拓展的一种多元化和综合性的新型产业模式。国外农场不仅发展种植养殖业，还发展加工业及多种形式的农工商联合体。我国许多地方也在探索把农业生产、农村经济发展和生态环境治理与保护、资源培育和高效利用融为一体的新型综合农业体系，它以协调人与自然关系，促进农业和农村经济社会可持续发展为目标，以"整体、协调、循环、再生"为原则，以继承和发扬传统农业精华并吸取现代农业科技为特点，强调农林牧副渔大系统的优化结构，建立一个不同行业、不同层次和不同产业部门之间全面协作的综合管理体系。

（4）资源节约与可持续发展的绿色农业

循环农业是以生物为中心的一种优化的生物–技术–经济–社会复合人工生态系统。其遵循生物与环境协调进化原理、整体性原理、边际效应原理、种群演替原理、自适性原理、地域性原理及限制因子原理等，因地因时制宜，合理布局，立体间作，种养结合，共生互利，可以最少的资源投入，物尽其用，用得高效。循环农业在实践中"依源设模，以模定环，以环促流，以流增效"，实现经济、生态、社会的三大效益的协调提高。

（5）具有层次性

循环农业通常具有以下四个层次。

农产品生产层次——清洁生产。农业清洁生产是指既可满足农业生产需要，又可合理利用资源并保护环境的实用农业技术与投入。它包括清洁投入、清洁产出和清洁的生产过程，使污染排放量最小化。

产业内层次——物质互换。如各种农作物的间作、套种或轮作，农林间作，林果、果草间作，鸡、猪立体养殖，水产分层套养，使农业产业内部物质能相互交换，优势互补，从而使资源循环利用，废弃物排放最小化。

产业间层次——废弃资源化。如林地养菇，可以利用林木的枯枝落叶做养菇的基质，利用林荫和林间行间养殖蘑菇；而蘑菇生产中的渗水和采菇后的废菌棒制作的肥料可滋养林地，改善林木的立地条件。稻田养鱼或养虾，可相得益彰，互得补益，使废弃资源得到再利用，达到共同增产增效的目的，改善生态环境。

农产品消费过程层次——物质能量循环。如玉米籽粒供人食用，玉米秸秆用来饲养牛羊和过腹还田（亦可直接还田），家禽肉供人食用，人畜粪便用作种粮的肥料。这种一个生产环节的产出是另一个生产环节的投入，使各系统中的废弃物在生产过程中得到再次、多次和循环利用，既提高了资源利用率，又保护了生态环境。

1.3.2.5 循环农业的技术

循环农业发展过程中，一些环境资源问题虽然有以循环方式解决的理论可能性，但在现实中有可能面临着技术障碍，需要有一定的技术来支撑。从农业生产所包含的资源投入、生产和消费、废物处理的三个环节来看，主要包括以下技术。

（1）资源投入减量技术

这个环节主要考虑资源投入减量化的问题。这方面的技术主要分为两类：一类是根据资源分布的异质性、农业生物对环境资源（光、热、水、土、肥等）需要的差异以及各种农业生物的相生相克原理，将不同生物种群配置到同一立体空间的不同层次上，使有限的空间和时间容纳更多的生物种，充分利用单位空间和时间内的光、热、水、土、肥等资源，提高资源利用效率，代表性技术有立体种植、立体养殖、立体复合种养；另一类是开发利用可再生能源（如太阳能、风能、沼气）替代不可再生资源（如石油），如利用太阳能来减少化石能源的投入，目前太阳能的利用在我国农村已比较普遍，形式也多种多样，塑料薄膜覆盖、太阳能采暖房、塑料温室等都能充分利用太阳能，延长光合时间，塑料薄膜覆盖可以节水增温，年蒸发量减少一半，节约 1/3 农业用水，提高水的利用率 32% ~ 65%，增加积温 400℃ 左右。

（2）生产链条延长技术

这个环节主要考虑延长生产链条（再利用）的问题。在农业生产中，可以通过食物链加环技术来达到物质和能量的多层次利用，提高物质、能量的利用效率。食物链加环技术即利用食物链原理，在农业生态系统中加入新的营养级，从而提高资源利用率、增加系统的经济产品产出，同时防止有害昆虫、动物危害的方法。食物链加环包括三个方面：一是生产过程的加环，比如引入、保护和发展天敌，有效抑制害虫的大量繁殖，削减作物害虫、害兽，既保护了生态环境，防止污染，同时又减少不可再生资源的投入，降低生产成本；二是产品消费加环，农业各级产品中，除可以为人类直接消费的产品外，还有相当一部分副产品不能直接为人类利用，而这些副产品本身又是下一级产品的原料，加入新环后就可以使之转化为可以直接利用的产品，如利用麸皮、豆粕、秸秆等副产品饲养牛、羊等草食性动物，由它们转化成人类需要的肉、蛋、奶等产品，又如将畜禽养殖冲洗用水用于灌溉农田，既达到浇水肥用的效果，又避免了污水随意排放、污染环境等；三是增加产品加工环，目前农产品输出的形式，多是原粮、毛菜。生猪、混合果（水果）的形式，从输出到消费者的厨房，有很大一部分被损耗，是无效输出，因此引入产品加工环，通过产品加工技术使产品变成成品、精品输出，这样就能减少无效输出，减少系统的物质能量输入，降低生产成本，增加农民收益，防止城市污染。

（3）废物资源化技术

这个环节主要考虑废物资源化的问题。农业循环经济发展的基本任务之一就是促进物质在系统中的循环使用，以尽可能少的系统外部输入，增加系统产品的输出，提高经济效益。农业有机废料的综合利用就是最重要的途径之一，通常农业有机废料指秸秆和牲畜粪便。对于秸秆，秸秆还田是保持土壤有机质的有效措施，但如果秸秆不经处理直接还田，需要很长的时间发酵分解，才能发挥肥效，现在比较成熟的技术是将秸秆糖化或氨化，先把秸秆变成饲料，然后用牲畜的排泄物及秸秆残渣来培养食用菌，生产食用菌的残余料又用于繁殖蚯蚓，如此可使秸秆得到多级利用。对于牲畜粪便，主要有三种用途：一是用作饲料，由于禽类消化道较短，饲料未充分吸收就排出体外，其粪便中约 70% 的营养成分未被消化吸收，粪便通过干燥、膨化等技术处理后，可作为畜、鱼的饲料；二是用作肥料，粪便经发酵后就地还田作为肥料使用，随着集约化畜禽养殖的发展，畜禽粪便也日趋集中，一些地区还兴建了畜禽有机肥生产厂；三是用作燃料，将畜禽粪便和秸秆等一起进行发酵产生沼气，这是畜禽粪便利用最有效的方法，这种方法不仅能提供清洁能源，解决我国广大农村燃料短缺和大量焚烧秸秆的矛盾，同时，也解决了大型畜牧养殖场的粪便污染问题。

1.3.3 洱海流域循环农业发展模式选择与构建

1.3.3.1 循环农业发展模式构建的目标和指导思想

（1）循环农业发展模式构建的目标

所谓模式，是指一种相对固定的框架，是被理论加工后的一种范式，一种可模仿、推广或借鉴的样板、办法和途径。循环农业发展模式是要解决如何从传统的农业生产方式向可持续农业生产方式转变的问题，即从一种发展模式向另一种发展模式转变，当然，建立循环农业发展模式并不意味着对传统农业模式的否认。发展循环农业的总体目标是在既定的农业资源存量、环境容量以及生态阈值的综合约束下，运用循环经济理论组织农业生产活动以及农业生产体系，在农业生产过程和农产品生命周期中减少资源、物质的投入量和废物的产生与排放量，加大对废物资源的循环利用，提高农业生产系统的产出量，实现农业经济和生态环境效益的"双赢"。由此可见，循环农业发展模式不是对传统农业模式的完全改变，而是把传统农业的精华与现代农业科学技术有机地结合起来，在充分总结和吸取各种农业生产实践成功经验的基础上，注入可持续发展的理念，使农业生产的发展建立在一个高效、持续、优质、低耗的基础上，达到生态环境有效保护、资源合理配置和系统的可持续发展。

（2）循环农业发展模式构建的指导思想

以科学发展为统领，以现代化农业理念为指导，认真贯彻国家发展循环经济，建设"两型"社会的政策导向，结合流域发展的总体规划，以科学发展观为指导，以提高资源利用率和降低废弃物排放为目标，以当地的技术创新为动力，引导、推行、支撑循环农业的发展。针对流域不同的自然资源环境状况和经济技术发展水平，提出符合自身发展特点的循环农业发展模式。把企业、农户作为实施循环农业的策动力和执行主体，从生产、消费、废弃物的回收等环节，从企业、园区和社会三个层面推进循环农业发展。建立高效的管理机制，从企业、园区和社会三个层面推进循环农业的发展。建立高效的管理机制，进行全过程目标控制，综合利用技术开发、技术集成应用、科技示范等方式组织实施，充分整合相关资源和结合农业特点，依靠科技创新、技术产业化实现农业资源的高效利用，改善生态环节，提高人民生活水平，实现经济社会可持续发展，为循环农业在更大领域和更高层次上的发展树立典型。

1.3.3.2 循环农业发展模式构建的原则和步骤

循环农业经济发展是一个集经济、技术和社会于一体的系统工程，它随着经济的发展不断地向前推进。目前我国循环农业还处于发展的初级阶段，发展循环农业应遵循不同的地域特点。在循环农业的建设过程中，应体现不同层次和不同阶段的要求，实行试点先行、典型带路、逐步推进的方针。随着社会经济的不断发展，循环农业的发展模式不断成长，最终将在流域范围内形成循环农业的发展模式，形成一种典型，但这必将是一个长期的循序渐进的发展过程。同时，发展循环农业在总体上必须遵循相应的原则，也应按照科学合理的步骤循序渐进地来展开，当然不排除一些重点地区、重点区域、重点行业通过实施重大举措实现突破，从而使局部地区实现跨越式发展。

（1）基本原则

循环农业发展模式的构建是一个复杂的大型系统工程，其设计和实施必须严格地遵循系统论的基本原理，另外，可持续发展理论和循环经济基本原理也是循环农业发展模式构建的主要理论基础。在这些基本原理指导下，循环农业发展模式的构建必须遵循可持续原则、整体性原则、层次性原则、因地制宜原则、科技先导原则以及市场协调原则等。

1）可持续原则。

循环农业发展模式的构建必须实现经济、社会和环境三大效益的协调和统一；在模式构建过程中体现环境有效保护、资源合理利用和经济稳步增长的可持续发展观点。

2）整体性原则。

循环农业发展模式的构建必须从全局的角度去观察、思考、分析和解决问题，以整体有序模式构建为重要前提，充分关注系统内外各组分之间相互联系、相互作用、相互协调的关系，将农、林、牧、副、渔业合理组织，形成循环农业发展模式的高效率。

3）层次性原则。

循环农业发展模式由许多子系统和层次组成。不同层次之间的结构单元具有不同的功能，在构建模式时，理顺各个子系统的层次关系以及相互之间的能量、物质、信息传递；确定层次之间的结构，分析各组分在时间和空间上的位置、环境结构和经济结构的配置状况，分析层次之间物质流、能量流、信息流、价值流的途径和规律。

4）因地制宜原则。

不同地区的气候类型多样，自然条件和生态环境迥异，社会经济基础和人文背景也存在差异，在模式选择上应有所侧重；所构建的循环农业发展模式应能够适应当地自然、社会、经济条件的变化，克服影响其发展的障碍因素，并具有一定的自我调控功能，可以充分利用当地资源，以期发挥最佳生产效率。

5）科技先导原则。

在模式构建过程中应充分利用分析、模拟、规划、决策的手段和技术，利用现代农业技术来实现农业的可持续发展，提高农业的生产力和生产效益。

6）市场协调原则。

循环农业发展模式所生产产品的市场需求情况，直接影响到农业生产模式的经济效益，在构建循环农业发展模式时，应充分考虑其产品的市场需求与潜在的市场前景、产品数量、质量和市场需求协调统一。

（2）一般步骤

循环农业发展模式是人类干预自然生态系统的产物。从本质上讲，循环农业发展模式的构建过程就是通过人类合理的干预和调控，使农业系统不断完善、优化和提高的过程。同时，农业系统是由农业生态、农业经济、农业技术三个子系统相互联系、相互作用形成的一个高阶多级复合系统，所以循环农业发展模式的构建也是一个系统性工程，必须从系统的角度出发，进行全面规划，科学设计，使农业系统相对稳定，并处于相互适应和协调发展的状态。构建循环农业发展模式的技术路线主要包括六个主要阶段：农业现状调查与因素识别、循环农业系统评价、农业系统聚类分析与区划、循环农业发展模式优化设计、循环农业发展模式分析、循环农业实施途径和保障措施。

1）农业现状调查与因素识别。

农业现状调查（系统辨识）是构建循环农业发展模式工作的第一步。这一阶段的目的是明确所调查的对象是什么系统；明确系统构建的基本目标；划清系统边界，确定系统的规模和级别。循环农业系统按规模大小可分为涉及三产业的区域社会经济自然复合系统、涵盖、农、林、牧、副、渔的大农业生态经济系统、以种植或养殖为主的专项农业生态经济子系统、具体到农田或池塘的小型农业系统。循环农业系统的构建目标随不同区域、不同系统而有所不同，但概括起来主要分为三大目标，即完善系统结构、提高系统功能和增加系统效益，继而实现区域经济、社会和环境的协调发展。系统边界应根据构建目标而定，以市（县）、乡镇、村行政区划甚至以庭院为系统边界进行设计。

其具体任务是对现状进行考察，即调查、收集有关的资料和数据。调查过程中，应当注意循环农业系统并不是一个孤立的系统，它与自然、社会和经济大系统之间存在相互依存的关系，一般来说，自然环境和资源条件对农业生态系统的作用是长期的、不可逃避的，而社会、经济条件的影响是潜在的，并随时间推移而不断发生变化的。因此，在现状考察阶段应对系统的各种影响因素进行全面、深入的了解。具体调查内容包括自然资源分布、经济社会发展程度等各类信息。其中，自然资源考察内容主要包括土壤、水利、气候、农作物品种的情况；而对经济、社会发展等方面的调查内容包括农村经济状况、人口规模、农民收入状况等。

农业发展因素识别。循环农业发展模式的构建往往表现为对现有农业系统的改进，因此在确定对象系统的目标、边界和规模后，要进行第二步即循环农业发展因素识别（系统诊断）。这一阶段的目的是初步判断农业系统当前的组成、结构、功能三个方面的合理、协调程度。其具体任务是在对农业系统现状充分调查的基础上，进行大量的经济、社会、环境的资料和数据的整理、统计和实验等工作；定性（量）地指出发展循环农业的有利条件和制约因素，分析环境、资源等对农业系统的限制、约束的因素和程度。

2）循环农业经济系统评价。

循环农业经济系统评价是在系统诊断的基础上，确定发展循环农业的关键问题和突破口。循环农业系统的研究必须定性与定量相结合，并逐步由定性走向定量。这一阶段的目的是按照循环农业发展的目标抽象出可以量化的系统评价指标，为确定模式构建方案提供理论支撑。其具体任务是建立一套循环农业评价体系和评价方法，通过评价体系来检测区域循环农业发展水平；通过系统评价来衡量农业可持续发展的能力，判断农业发展能否达到预期的目标。

3）农业系统聚类分析与区划。

循环农业是农业实践从局部、直线的主导思想向全面、系统方向发展的产物，因此选择在经济上和生态上都有意义的相对完整的单元来进行农业生产非常重要。这一阶段的目的是根据循环农业发展区划的原则，对循环农业进行科学的区域划分（系统综合与分析）；有针对性地完善农业内部结构，强化生态功能，建立稳定的循环农业发展模式，实现系统内部物质循环利用和区域循环农业的健康发展（韩宝平等，2003）。其具体任务是在弄清各地农业生产的现状和影响因素的基础上，通过聚类分析将农业经济、社会发展、资源环境、技术水平等实际状况相类似的县市区归类，剖析、发现各类地区的差异并对症下药，合理确定各分区主导循环农业发展模式，为制定发展对策提供依据。

4）循环农业发展模式优化设计。

循环农业发展模式的优化设计（系统优化）是整个系统构建工程的核心任务。这一阶段的目的是在前期调查评价工作基础上，结合循环农业发展的目标、循环农业模式构建的原则、各农业分区特点等因素，提出使原有系统结构优化、功能提升的一种或几种主导循环农业发展模式方案，继而比较在各个可控因素允许变动范围内的不同方案，寻找实现系统预期目标的最优方案。其具体任务是综合运用系统论、生态经济学等理论和循环农业配套技术，优化设计出更有效的循环农业发展模式，改良现有农业系统。从系统论的角度来看，系统结构优化的途径包括三方面，一是优化系统内部元素组成，引进有活力、增强系统功能作用明显的新鲜元素，取代缺乏生命力的元素；二是优化系统内部各子系统的相互关系，使得子系统之间由不协调变为协调，由低层次的协调变为高层次的协调，从而使系统结构合理化；三是结合系统开放性，通过系统外部的合理投入，增强系统的负熵流，使得系统向着更有序的方向发展，形成耗散结构，实现系统的可持续发展。

5）循环农业发展模式分析。

从循环农业发展模式初步构建到方案的最终确定，还应由决策者根据经验、方针政策、专家意见等对方案进行分析（系统决策）。这一阶段的目的是从更广泛全面的角度对模式方案进行分析，以便最终付诸实施。其具体任务是对新构建的循环农业发展模式进行分析和评估，以进一步衡量和确认所构建模式的优劣，并通过对模式内在的机制进行探索，为方案的最终确定提供决策服务。

对循环农业发展模式分析的内容包括结构分析、功能分析和综合效益预分析。结构分析是通过分析系统的生态、社会和技术结构来揭示系统的基本特征，研究系统的协调性和稳定性；功能分析是对系统内部各子系统之间及系统与外界环境之间物质、能量、信息、资金投入与产出的情况进行计量和分析，并结合结构评估，反映系统运行过程中的生态平衡和经济平衡状况，进而分析系统运行机制，为今后系统的进一步优化提供依据；综合效益预分析是对系统功能表现形式的评价，按功能表现形式不同可分为生态效益、经济效益和社会效益。系统结构的优劣决定着系统功能的大小，进而决定了系统所能达到的效益高低，因此结构分析、功能分析和效益分析三者是相互联系的。

6）循环农业实施途径和保障措施。

选定模式方案后，还要形成具体的实施计划，方案不同，实施计划也不同。循环农业发展模式方案的实施是一项十分复杂的任务，涉及面较广，而且农业系统内部、外部条件也在不断地变化，生产实践中会不断出现新情况、新问题。因此这一阶段的目的是采取有效措施，从各个方面对循环农业系统的正常运行进行保障。其具体任务是时刻关注系统运行中出现的问题，根据实际情况，提出有针对性的循环农业实施途径和保障措施，保证循环农业系统能够按预期目标发展。

1.3.3.3 洱海流域循环农业发展模式的选择与构建

(1) 流域循环农业发展模式架构

农业可持续发展是可持续发展的重要组成部分，而作为人类生存和农业发展基础的农业资源的有效配置和合理利用是农业实现可持续发展的基础。农业资源是指人们从事农业生产或农业经济活动中利用的各种资源，包括农业自然资源和农业社会资源。农业自然资源主要是指自然界存在的，可为农业生产服务的物质、能量和环境条件的总称。它包括水资源、土地资源、气候资源和物质资源等。农业社会资源是指社会、经济和科学技术因素中可以用于农业生产的各种要素，主要有人口、劳动力、科学技术和技术装备、资源、经济体制和政策以及法律法规等。一般认为，将传统的农业发展模式转变为循环农业发展模式的核心问题应该是农业资源。

根据人类发展农业对自然环境造成的不利影响程度和人类自身活动导致的外部经济活动，可以将农业发展模式大致分为：传统农业发展、循环型农业发展两种模式。

1）传统农业发展模式的架构。

传统农业发展模式（图1-7）是一种"农业资源—农业产品生产—农业产品消费—污染排放"的单向线性开放式经济过程。在这种经济模式中，人们已越来越高强度地把用于农业生产的农业资源开发出来，在生产加工和消费过程中又把污染和废弃物大量排放到环境中去，对资源的配置是低效的，而且资源的利用常常是粗放的，传统农业发展模式实际上通过把农业资源持续不断的变成废物来实现农业产品的数量型增长，导致了许多农业资源的短缺与枯竭，并酿成了环境污染的后果。

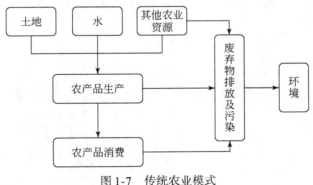

图1-7 传统农业模式

人类从自然中获取资源，又不加任何处理地向环境排放废弃物。在早期阶段，由于人类对资源的开发能力有限，以及资源环境本身的自净能力较强，所以人类活动对自然环境的影响不很明显。但是，随着工业的发展、生产规模的扩大和人口的增长，环境的自净能力削弱乃至丧失，这种发展模式导致的环境问题日益严重，资源短缺的危机愈发突出。我们看到传统农业发展模式以高投入、低利用、高排放为特征，没有主动考虑农业经济活动对环境的破坏，从环境中不断索取农业资源，并不加处理地向环境中排放废弃物，必然会不断加剧资源的短缺、生态的退化和环境的污染。由此造成出入农业经济系统的物质流远远大于系统内部相互交流的物质流，经济增长以大量消耗自然界的农业资源和能量以及大规模破坏人类赖以生存和发展的环境为代价，在其发展理念和物质及能量流模式中，没有体现"反馈"这一重要的特征，根据热力学第一定律及熵定律可知，在这种农业经济系统中对农业资源的需求会越来越多，废弃物的数量也会不断增多，且有效能量会越来越少。故该模式是不能实现可持续发展的（陈德敏等，2002）。

2）循环型农业发展模式架构。

如前所述，循环经济模式要求遵循生态学规律，合理利用自然资源和环境容量，在物质不断循环利用的基础上发展经济，使经济系统和谐地纳入自然生态系统的物质循环过程中。循环经济是以资源的高效利用和循环利用为目标，以"减量化、再利用、资源化"为原则，以物质闭路循环和能量梯次使用为特征，按照自然生态系统物质循环和能量流动方式运行的经济模式。它要求运用生态学规律来指导人类社会的经济活动，其目的是通过资源高效和循环利用，实现污染的低排放甚至零排放，保护环境，实现社会、经济与环境的可持续发展。循环经济是把清洁生产和废弃物的综合利用融为一体的经济，本质上是一种生态经济，它要求运用生态学规律来指导人类社会的经济活动。

将循环经济理论具体化运用到对农业经济系统的分析中，认为循环型农业发展模式（图1-8）是按照生态学规律合理配置和利用农业资源、农业能源和维持环境容量、重新调整农业经济系统的运行方式，是实现农业经济增长转型的发展模式，是实施农业可持续发展战略的重要途径和有效方式。同时也是以实现农业经济发展中农业资源及农业能源使用的减量化、产品的反复使用和废弃物的资源化、无害化为目的，利用农业内部自我循环能力达到最小化排放的目的，实现生产与废弃物排放相协调的循环型农业体系。

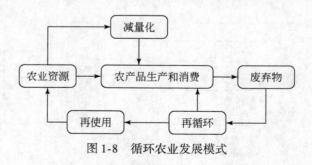

图 1-8　循环农业发展模式

根据国内外学者的各种观点，可以将循环农业发展模式与传统农业发展模式的差异性进行总结，见表 1-2。

表1-2   循环农业发展模式与传统农业发展模式比较

项目	循环农业发展模式	传统农业发展模式
物流模式	循环、闭合	线性、单项
生态伦理观	生命中心理论	人类中心主义
生态阈值	关注	关注少
污染物数量	少	多
自然资源的损耗	少	多
主体间关系	协作	竞争
经济效益	多	少
社会效益	大	小
生态效益	大	小

（2）流域循环农业发展模式选择与构建

如前所述，发展循环农业有利于提高经济增长质量，有利于保护环境、节约资源，是转变经济发展模式的现实需要，是一项符合流域现实情况、利国利民、前景广阔的事业。而选择与构建科学合理的循环农业发展模式是循环农业顺利开展的前提。为完善循环农业模式，在已有农业循环经济发展模式研究的基础上，按照循环经济基本原则，可以对流域农业大系统进行流程规划。循环农业经济模式如图1-9所示。

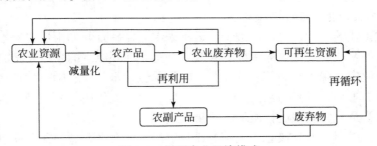

图1-9   循环农业经济模式

由图1-9可以看出，需要减量化的部分是农业资源，主要包括土地、水、肥料、种子、电、油、煤、人力等；需要再利用的部分是农产品和农业废弃物，其中部分农产品直接被消费者消费，部分农产品需要再加工，形成新的加工产品送到消费者手中。按照这种思路，对于区域农业大系统，从经营主体的特点出发，拟构建四种类型循环农业发展模式，即家庭农业循环经济模式，农业龙头企业循环经济模式，农业园区循环经济模式和城镇化农业循环经济模式。

1）家庭农业循环经济模式。

环境建设是新农村建设的重点任务之一，家庭产生的垃圾严重影响着村容村貌，成为农村的点源污染。根据相关数据显示，我国农村地区平均每天每人产生的生活垃圾为0.8kg，流域农村地区每年可产生生活垃圾84.72万t，大部分未经处理的垃圾成为苍蝇等滋生的地方，同时，也是地表水以及地下水的重要污染源，最终造成农村的面源污染。

家庭农业循环经济模式（图 1-10）的设计思路是把一个家庭作为独立单位，并形成一个系统，在这个系统中，资源包括水、电、煤气灯，中间产品包括人和家禽，废弃物包括生活垃圾、人和家禽产生的粪便以及从田地回收的秸秆等。对于如何处理家庭垃圾，可以在自家的庭院中建立户用沼气池，用于处理家庭产生的所有有机垃圾。沼气产生的沼气用于炊事、照明灯，产生的沼液、沼渣可以用于农田施肥，使用这种模式可以大大降低农田化肥使用量。

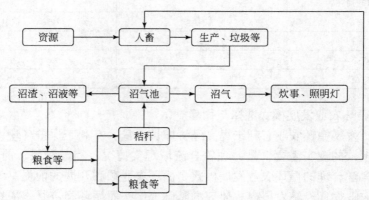

图 1-10　家庭农业循环经济模式

2）农业龙头企业循环经济模式。

随着流域工业的发展、科技的进步，近年来农业龙头企业如雨后春笋般在各区蓬勃发展，同时也给环境造成了巨大的污染。农业龙头企业循环经济的发展是把企业作为一个循环系统，在企业内实现生态循环。龙头企业的资源包括水、电、暖、生产用原材料；中间产品为农产品加工品；废弃物包括工人生活垃圾、生产过程中的固、液、气等废弃物。现以畜禽养殖龙头企业为典型进行循环农业模式设计。

设计思路：以沼气池为核心，规模畜禽养殖产生的大量畜禽粪便，通过沼气池对畜禽粪便进行处理，产生沼气用于发电，部分电可供企业内部使用，部分电可以向周围住户及企业销售。沼气也可以灌装储存，向居民销售液化气，用于炊事。另外，沼气池产生的沼渣、沼液可以通过技术处理，生成绿色肥料，部分用于企业承包的农田，生产畜禽所需饲料，部分向其他企业或农户销售。农业龙头企业循环经济模式如图 1-11 所示。

3）农业示范园区循环经济模式。

农业示范园区是近年来才兴起的，为实现企业集群效应，把各类相关企业聚集到园区内。农业示范园区的建设，一方面可以产生巨大经济和社会效益，另一方面也意味着产生更多的垃圾，形成更大的污染源。

如何实现园区废弃物的综合利用，有效控制园区污染，是今后一段时间园区要解决的重要问题。农业示范园区循环经济模式以园区作为一个系统，在园区建设初期，综合规划园区内热电能源的梯级利用系统，通过严格筛选进园项目，把各类农业生产及加工企业聚集到园区，同时聚集上、下游企业，实现生产企业梯级链接，在纵向拉长产业链的同时，横向耦合相关产业，使企业之间产品能配套、废弃物能循环，形成企业间共生发展模式。

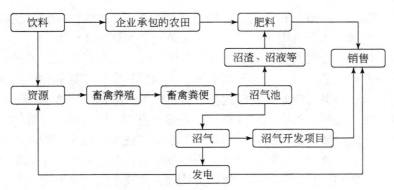

图 1-11　农业龙头企业循环经济模式

设计思路：存在企业 A、企业 B、生产回收、包装物流企业等，企业 A 的产品或废弃物是企业 B 生产农产品的来源，企业 B 的产品或废弃物是后续生产农产品的来源，依次类推到多个企业，这样在企业之间就形成了产业链；横向耦合的企业，存在生产、回收包装企业和物流企业。生产、回收包装企业为企业提供产品包装，同时回收废旧包装。物流企业则负责企业产品的运输和配给。在这种模式中，以沼气池为纽带，收集各生产企业产生的有机废弃物发酵产生沼气用于发电，部分成为园区的热电能源，部分可用于销售。沼气池产生的沼液、沼渣可通过技术处理形成绿色肥料进行销售。农业示范园循环经济模式如图 1-12 所示。

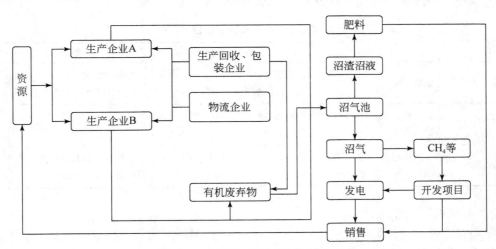

图 1-12　农业示范园循环经济模式

4）城镇化循环农业发展模式。

城镇化循环农业发展模式是以城镇作为一个循环系统，在这个系统内实现生态循环。城镇化过程中城乡工业及生活垃圾的处理和利用是一项系统工程，应通过各个环节的合作，进行系统的开发、利用和管理。例如，垃圾的减量化、无害化处理，实现资源化、产业化利用，促进良性循环，实现城乡垃圾零排放、零污染。城乡工业及生活垃圾处理和利用的产业化模式，就是将垃圾的收集、分类、处理和综合利用等环节有机联合起来形成产业，由企业经营运作，在城市和乡村系统间进行多层次、高效能的物质交换和能量转换，实现不同系统间的横向耦合及资源共享，变污染负效益为资源正效益。

设计思路：以垃圾处理站为核心，建立大型沼气池，联合开发区、产业园区、周边企业及农业基地等各种资源，通过政府政策引导，使他们形成利益共同体，要求各经营主体产生的垃圾主动运往垃圾处理站，同时这些经营主体可以降低价格或相当于运送垃圾的比例享受沼气池产生的成果，如电、肥料等，最终形成整个城镇的循环经济体系。

推广城镇化农业循环经济模式时还需在分类收集、技术利用和管理体制等几个方面实施相应的举措。一是建立和完善垃圾分类收集处理系统；二是完善技术创新和技术手段的研发体系，同时，要积极开发和应用生物降解技术，提高生活垃圾堆肥质量，要积极开拓工业垃圾农业循环利用的新途径；三是建立和健全相关法律制度体系。

（3）循环农业发展模式优化设计

1）循环农业发展优化设计理论。

从系统论的角度来看，系统结构优化的途径主要包括三方面：一是优化内部元素组成，引进增强系统功能作用明显的新鲜元素，取代缺乏生命力的元素；二是优化系统内部各子系统的相互关系，使得子系统之间由不协调变为协调，由低层次的协调变为高层次的协调，从而使系统结构合理化；三是结合系统开放性，通过系统外部的合理投入，使得系统朝着更有序的方向发展，形成耗散结构，实现系统的可持续发展（许海玲等，2007）。就循环农业经济发展而言，可从表1-3中的三个层次入手。

表1-3　农业系统优化设计

层次	系统规模	优化设计内容	系统改良手段
第一层次	区域性综合农业体系	优化三产业结构，延长农业产业链，提高农产品附加值	区域农业综合规划技术，耗散结构理论，模糊聚类分析等
第二层次	农、林、牧、副、渔的大农业系统	协调用地构成、各业比例、模式优化组合	数学建模，投入产出分析
第三层次	不同生态位的生物类群、作物、树、畜禽、鱼等	立体种植，间作套种，稻虾共生等	生态经济学原理，平面、垂直、时间、食物链设计等

2）流域循环农业细分与优化模式。

循环农业模式的分类是一个比较复杂的问题，按照不同的分类标准和方式有着不同的分类体系。按资源的利用方式、系统功能原理或产业结构特点可分为限制因子调控模式、生物共生互利模式、物质良性循环模式、种养结合模式和庭院生态经济模式五大类，每一大类又包括许多小的类型，本书仅就流域地区现有模式为例简单介绍。

以防止自然灾害、改善生态环境为重点的限制因子调控模式。这种模式主要是针对当地农业生产的土地退化、病虫害等因素，采取各种技术措施进行合理调控，以改善农业生态环境和生产条件，增强农业抗御自然灾害的能力。这种模式主要包括以防治病虫害为主的新洲区北部农林复合生态系统等，以防止水土流失的江堤、河堤生态防护林工程等。

充分利用时间和空间、高产高效的生物共生模式。这种模式是利用各种不同生物的不同特性，在空间上合理搭配，时间上巧妙安排，使其各得其所、相得益彰、互惠互利，从而提高资源的利用率和单位时间空间内生物产品的产出，增加经济效益。可分为立体种植、立体养殖、立体种养三种模式。

①立体种植型，如以粮棉油作物为主的各种农田间种套种，蔡甸区、汉南区等地的粮棉油间作套种模式。②立体养殖型，如江夏区的不同鱼种立体混养、鱼鳖共生、螃蟹池套养鳜鱼，鱼鸭共生等。③立体种养，如黄陂区稻田养虾，江夏区的林下养鸡，蔡甸区藕田养泥鳅等模式。

开发利用有机废弃物资源、优化配套的物质良性循环模式。这种模式主要通过充分利用秸秆、粪便、加工废弃物等农业有机废弃物资源，将种植业生产、畜禽业生产和水产养殖业生产等密切结合起来，使他们相互促进、协调发展，一个生产环节的产生是另一个生产环节的投入，从而防止了环节污染，提高了资源利用率，并转化形成更多的经济产品。这种模式在流域地区类型较多，主要是以沼气为纽带的循环模式。如以沼气发酵为纽带，种养结合的物质多层次循环利用模式。在农户庭院中建设户用小型沼气池（8~10m³）或者集中连片建设大中型沼气站，利用秸秆、畜禽粪便等发酵生产沼气、沼液和沼渣，沼液沼渣可用于肥田、畜禽饲料和养殖食用菌等，达到种养结合的目的。

种养结合、农工贸一体化的开放复合模式。该模式立足当地资源优势和市场需求，大力发展以农产品加工为主的工副业生产，积极扶持第三产业，使种、养、加、储、运、销、服务相配套，同时不断改善农业生态环境，形成以工补农，以农促工的大循环和开放复合式的结构。

庭院生态经济模式。农村中千家万户的庭院是农业开发的重要潜在资源。开展庭院生态经济建设对于充分利用农村剩余劳动力，缓和人地矛盾，改善环境卫生，促进农民致富具有重要的意义。目前流域地区主要有以下几种：①专项经营型。即以庭院种植、养殖、储藏、加工或从事盆景、雕刻等单项生产为主。②立体开发型。即在有限的庭院空间内将各种动植物按照其各自特点合理搭配，适当安排。如庭院种植葡萄、佛手瓜，下面种蘑菇、中草药材等耐阴植物，或养殖鸡、猪等家禽、家畜。③能源开发型。在庭院内推广使用省柴节煤灶、太阳能热水器、太阳灶，建设户用小型沼气池等。一般情况下，8~10m³的沼气池，1头牛或2头猪，加上4~5个人的粪便产生的沼气，可供农户烧水做饭6个月左右；同时，沼液沼渣可作为高效有机肥，还可以喂猪、养鱼、种菜、种蘑菇等。

1.3.3.4 洱海流域循环农业发展模式的推进形式

探索循环农业发展的实践模式是在农业经济系统中推进循环经济发展的重大实践课题。根据循环农业经济发展模式构建的指导思想、基本原则等，结合流域当前循环农业发展的现状，提出从微观到宏观的依次推进过程。

（1）微观层面的点循环——单个农户及单个消费者

要求单个农户在农业生产过程中不仅要注重农产品数量增加和农产品质量提高，而且要尽可能地减少对人体有害及破坏自然环境的化肥、农药等物品的使用。另外，通过农产品的清洁生产，有效配置农业资源以最大限度地减少对不可再生资源的耗竭性开采和利用，并应用替代性的可再生资源，以期尽可能地减少加入农业生产、农产品消费过程的物质流和能量流。单个消费者应该购买具有最大比例的二次资源生产的农产品，使得农业经济的整个过程"田间—农产品消费—农业再生资源—田间"尽量实现闭合。

（2）园区层面的线循环——生态农业园区

按照产业生态理论建立产业生态园，是推行循环经济的一种先进方式，国内外都有许多的成功案例。这种方式模仿自然生态系统，使资源和能源在这个产业系统中循环使用，上游产业的废料可以成为下游产业的原料和动力，尽可能把各种资源都充分利用起来，做到资源共享，各得其所，共同发展。

在人类社会进入可持续发展时代，必须对传统农业发展模式进行革新，以创新的思路、科学的态度，运用循环经济的原理，加快实现传统农业发展模式向循环农业发展模式的转变，建立资源、环境、社会、经济协调发展的循环农业发展模式。要切实解决与农业相关的企业的发展与当地资源开发不协调的问题，选择一些基础好、以优势资源为依托的产业，通过技术改造，发展深加工业，将资源优势转化为经济优势，形成资源、加工制造、产品销售一条龙的区域优势产业链，大力培育和发展生态农业园区，带动本地区产业的可持续发展。依靠科技进步，建立以无污染、节能为主的农业生产与加工生态系统。同时应根据不同地区的生态环境质量和产业体系特点，选择一批已建成的农业园区作为推进循环经济的试点生态农业园，运用产业生态学原理，对其进行完善改造，重构园区内的物质流、能量流、信息流，使之逐渐符合发展循环经济的要求。另外，在新建生态农业园区时，更应该从规划阶段起就引入循环经济的理念和基本原则，在建设中彻底贯彻适应循环经济的设计思想，培育真正能发挥循环经济强大功能的生态农业园。

（3）区域层面的面循环——循环农业体系

在区域层面上推行循环农业发展模式，不仅需要循环经济的宣传教育活动，更需要建立长效的推进机制。

首先，要加强政府引导和市场推进作用。在区域循环农业体系的建设中，继续探讨新的循环农业实践模式。政府有关部门特别是环保部门要认真转变职能，为发展循环经济做好指导和服务工作；充分发挥市场机制在推进区域循环农业体系构建中的作用，以经济利益为纽带，使循环经济具体实践模式中的各个主体形成互补、共生共利的关系。

其次，要建立促进区域循环农业体系形成的法规体制。借鉴发达国家在区域及社会层面发展循环经济的经验，加快制定适合本地发展的区域循环农业体系的法规，通过法规对循环经济进行必要规范，做到有章可循、有法可依。

最后，要大力推广绿色消费意识，引导政府、企业及公众积极参与绿色消费运动，各级政府要发挥引导作用，优先采购经过生态设计或通过环境标志认证的产品，以及经过清洁生产审判或通过 ISO 14000 环境管理体系认证的企业的产品。通过政府的绿色采购、消费行为影响企业和公众。在社会意识形态领域还需要有促进构建区域循环农业体系的良好氛围。

（4）产业层面的大循环——建立循环型现代农业

循环农业是相对传统农业而言的，并以现代产业的方式和要求对其进行改造，在经营理念、经营主体、经营方式、技术装备和管理制度等方面都有着本质的区别。农业产业化是其实现的重要途径，是建设现代农业的重要组成部分。根据国家、省、市相关发展计划，建立循环型现代农业体系主要需从以下几个方面入手。

一是提高农业科技创新和成果转化能力。深化农业科研体制改革，鼓励科研工作者创新，加大科技成果的转化扶持力度等。

二是加强农村现代化物流体系建设。积极推进农产品批发市场升级改造，强化入市农产品的质量等级；鼓励商贸企业、物流企业等投资主体通过新建、兼并、联合、加盟等方式，在农村发展现代物流业。

三是推进农业结构调整。按照高产、优质、高效、生态、安全的要求，调整优化农业产业结构。建设优势农产品产业带，发展特色农业、绿色食品和生态农业，保护农产品知名品牌，培育壮大主导产业。

四是发展农业产业化经营。培育有竞争力、带动力强的龙头企业和企业集群示范基地，推广龙头企业、合作组织与农户有机结合的组织形式。

五是开发节约资源和保护环境的农业技术，推广废弃物综合利用技术、相关产业技术和可再生能源的农业技术。大力开发建立循环农业的绿色制度保障体系和绿色技术支撑体系。以绿色制度变迁促进绿色技术创新，以发展高新技术为基础，开发和建立包括环境工程技术、废物资源化技术、清洁生产技术等在内的"绿色技术"体系。

1.3.4 洱海流域循环农业发展的保障体系构建

1.3.4.1 循环农业发展保障体系的内容框架

(1) 循环农业发展保障体系构建的基础

德国传统学派的经济学家李斯特在19世纪80年代以分配占有的变化作为阶段划分依据，认为农业进步只有在进口需求刺激情况下或通过国内工业发展才能发生，因为非农业部门的扩大不可避免地增加对农产品的需求，同时，由于科学技术扩大应用会引起更有效的农业生产，因此，工业发展以及工业技术应用于农业生产，是农业发展阶段得以演进的根本动力。工业技术引入农业，在促进农业发展阶段高级化的过程中，对经济增长的过度追求和对资源环境的过度索取，往往导致污染的产生和环境的破坏，但随着人们对良好生活质量和生存环境需求的提高，农业会向着兼顾社会效益、经济效益、生态效益的更高阶段发展。

在农业发展的初级阶段，地区经济发展的总体水平很低，工业化发展处于起步阶段，基础薄弱，建设资金缺乏。农业作为国民经济的基础部门不仅得不到工业技术的有力支撑，还要为工业部门提供资金积累，阻碍了自身的正常发展。此时期农业总体还处于以人畜力工具生产、人畜有机肥投入、农业生产技术落后为标志的传统农业发展阶段，表现出农业生产力水平低下、农业产业发展单一、人口的农产品需要难以满足等特点。该时期农业生产中化肥、农药的投入很少，农业部门中的畜、渔产业发展很弱小，农业生产活动中产生的污染很少，对资源环境的影响不大。

在农业发展的中级阶段，工业经济实力不断增强，现代工业提供的生产资料和科学技术的不断进步，使农业获得了长足的发展，逐步由传统农业向现代农业转变，主要体现在机械化、电气化农业生产工具逐渐替代了人畜力工具；化肥、农药、农膜等工业技术生产的农用生产资料得到广泛使用；土地整理、水利灌溉等农业基础设施建设逐渐加强。此时期的农业生产力水平和农业生产效率大幅度提高，农产品产量和品种大幅增加，在很大程度上满足了人口对农产品的需求。但同时，工业技术的应用，使自然资源的利用程度加剧，并催生了越来越严重的农业污染，农业资源环境问题凸显。

在农业发展的高级阶段，工业部门已经积累了足够的发展资金，具备了工业反哺农业的条件，能够给予农业污染治理足够的资金支持，从污染的末端进行农业污染控制；同时，人们对环境商品需求水平的不断提高，促使亲环境的农业生产方式和农业技术得到广泛的普及和应用，从而能够从源头有效解决农业资源环境的退化问题。这一阶段农业发展与资源环境处于有意识的协调阶段，农业经济发展前期造成的资源退化和环境污染问题得到大大改善。

改革开放 30 多年来，流域农业在产品供求关系、生产目标、增长方式等方面都表现出了显著变化：农产品供给由过去的短缺转变为总量基本平衡；生产目标由过去的单纯追求数量转变为追求品质、效益和安全；增长方式由过去的传统投入和劳动密集转变为资本、技术密集和劳动力数量持续减少。根据这些变化，可以判定流域的农业发展已进入中级阶段。与此阶段对应，流域化肥、农药等农用化学品连续性高投入的生产方式以及农、牧相分离的非循环利用生产方式，导致农业污染加剧，对资源环境造成了严重的危害。

循环农业按照资源化、再生产、再利用、少排放的原则，组织农业生产经营活动，能够从生产源头促进资源的节约和削减农业污染，缓解农业经济增长对资源环境的过度索取，维护生态平衡和保证农业经济的可持续发展，推动农业发展向高级阶段演进。但循环农业作为对传统粗放式农业发展模式的变革，是经济、技术、社会、资源、环境相互作用的系统工程，仅仅依靠单个部门或单项技术是难以实施的，必须以构建完备的保障体系为基础，才能推动变革、实现有效发展。循环农业发展保障体系的构建，需要从经济利益、社会需求、技术力量、政府的引导和激励、法律保障、舆论监督等多方面探索其相应的保障内容、运行机制和政策措施。这些内容、机制和措施彼此之间不是单独发挥作用的，它们彼此之间互相依存、紧密联系，只有通过协调，使它们互相配合，共同发挥作用时，对农业资源循环利用的推动和促进才能得到最大程度的发挥。

（2）循环农业发展保障体系的关键内容辨析

发展循环农业是农业实施可持续发展战略的必然选择，其作为新型农业发展模式，需要从多方面综合考量和构建完善的运行保障体系。在探讨如何保障之前，首先应从内部和外部两个层面明确其运行保障体系的内容。作者认为，内部保障内容应主要包括经营组织保障和技术支持保障；外部保障内容应主要包括经济政策激励保障、法律监督保障、政府引导和宣传保障。

1）内部保障。

经营组织保障。循环农业发展的主体是各类农业龙头企业和千家万户的农民。企业与农民之间进行合作可以资金雄厚、技术先进的公司为龙头，以分散的农户生产为基地，龙头企业直接与市场对接的方式来完成循环农业的生产经营活动,有效规避单一农户可能遇到的市场风险;企业之间进行密切合作,互相利用对方的副产品,而不是当做废物来处理,可以使农业产业内部和农业相关产业间形成多种不同环节的连接,这种连接可以延长产业链,提高资源的配置效率,是循环农业发展的根本保证。但企业与农民之间合作的基础是经营土地相对集中、农民股份制的合理安排,而企业之间合作的基础是资源的再生处理成本不能大于再生利用的收益,即存在正利润。由此涉及的一系列诸如农地流转、公司股份制改造或创建、投融资渠道优化、产品销售、利益分配、成本控制等问题,仅仅依靠市场的调节作用难以完全解决,这就需要采用先进的经营组织方式和构建合理的组织机制来管理和运作。

技术支持保障。循环农业发展的模式和工艺水平的创新,自然资源的替代品的开发等都需要通过科学技术进步来实现,技术支持是循环农业发展的基础。传统意义的技术创新是通过对生产要素、生产条件和生产组织进行重新组合,以建立效能更高的生产体系,其目的是获得更大的利润。传统的技术创新理念应用于农业,推动了农业经济的高速增长,极大地满足了人类对农产品的物质需求,但同时也产生了农业资源枯竭的加速、环境质量的恶化、生态平衡的破坏等负面效应,严重危害了农业的可持续发展。通过对传统农业技术创新与可持续发展的冲突进行深入的研究,建设和完善以循环经济为基础的农业科技研发创新和推广应用平台,构建包括循环农业发展的技术导向、技术创新和技术转化的支持机制,提高农业资源利用水平,减少农业生产废弃物的排放,显然有助于从农业可持续发展的角度,消除传统技术创新造成的负面效应。

2)外部保障。

经济政策保障。循环农业作为两型农业发展的典型生产模式,具有良好的社会效益和生态效益。但循环农业涉及产前、产中、产后多个环节,投资大、周期长,所需资金不是个别农户或企业可以完成的,同时,受自然、技术、市场因素的影响,循环农业的生产风险很高,生产链条的拉长会使生产投入的成本增加,在一定程度上会影响生产主体的总体收益,与现阶段对利润增长单一性追求的现实存在矛盾,导致生产主体一般不会主动采纳循环农业生产方式,若仅通过行政命令强制推行,可能会引发社会冲突。因此,需要通过制定合理的经济政策,构建政策支持机制对行为主体进行激励和约束。在科技创新方面,围绕农业技术进步与科技成果转化,给予循环经济技术研究的专款支持,建立科研经费激励机制,引导科技人员进行循环农业技术开发至关重要。在生产投入方面,制定多元化投资政策、循环农业生产补贴政策、负外部效应内部化的经济杠杆调控政策迫在眉睫。

法律规范保障。循环农业是需要对传统的粗放型经济增长模式进行变革的全新的经济增长和发展模式。要完成这种变革,必须建立一套行之有效的法律法规体系进行规范和监督。我国现有的《清洁生产法》、《节约能源法》中涉及循环农业发展的条款仅仅是点到为止,一些地方性微观层面零散的法律法规也只是从指导思想上提出循环农业有利于资源的节约和非点源污染的预防与治理,但内容普遍不够细化、针对性不强,且缺乏法律强制效力,不能满足规范循环农业发展的需要。因此,建立和完善具有系统性的、操作性强的循环农业发展法律法规体系是当务之急。此外,完备的法律还需要适当的执法标准和方式来实现，需要在确定循环农业发展的一系列规范的基础上，建立一套涵盖循环农业发展多范畴的执法标准指标体系，完善循环农业发展执法依据，做到"有法可依、执法有据"，并构建行之有效的执法机制。

政府引导与宣传保障。循环农业经济涉及面广、公益性强、影响深远，从观念到习惯和行为，从生产到消费，都将政府、企业和个人紧密联系在一起。但是政府和企业、农户之间，政府和公众之间不可避免存在着信息不对称，一方面使监督主体不能充分获取客体的相关信息，另一方面使消费主体不能充分获取生产主体的相关信息。而全面掌握这些信息的交易成本很高，仅靠市场机制的发展和完善难以实现由信息缺失带来的外部效应的消除，这就需要政府进行引导和宣传，弥补这种缺陷，从而促进循环农业经济发展。政府一方面需要从循环农业的发展规划、示范培训、绿色贸易等方面开展工作，引导企业、农户等生产主体积极参与循环农业的建设发展；另一方面需要从教育宣传、绿色消费、信息交流等方面开展工作，改变和规范人们的不良生活习惯，引导消费者树立正确的消费理念、资源环境观和监督意识。

（3）循环农业发展的保障体系总体框架

基于上文的分析，我们构建了循环农业发展保障体系框架，如图 1-13 所示。

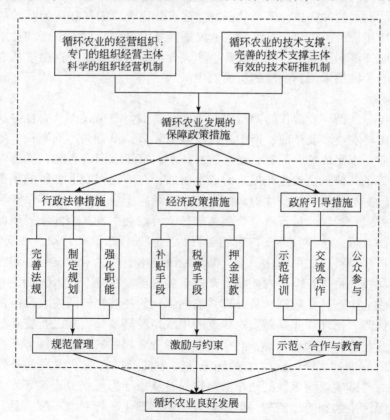

图 1-13　循环农业发展保障体系框架

1.3.4.2 循环农业发展的经营组织体系构建

（1）经营组织主体建设

1）生产主体建设。

农业生产者是农业经济发展的主体，建立和健全循环农业经营组织体系中的生产主体是循环农业发展的基础。第一，积极培育壮大一批具有"龙头"带动作用的循环农业生产企业，增强其市场开拓和联动发展能力；第二，积极引导广大农户，围绕农业主导产业和特色产品，组建循环农业专业合作社，扩大合作社的覆盖面和影响力，提高现代农民的组织化程度，并将有限责任公司或股份有限公司经营体制引进合作社，建立健全合作社的产权制度、利益分配制度、经营决策制度和监督管理制度，推进循环农业专业合作社规范化建设；第三，引导农业龙头企业、专业大户、农合组织以及科研单位组建循环农业专业生产和加工行业协会，发挥行业协会在行业自律、规划、制定标准、信息传递、技术指导等方面的作用。

2）流通主体建设。

循环农业发展涵盖产前、产中和产后多个环节，任何环节的有效运行都需要有顺畅的流通渠道作为保证，建立和健全循环农业流通载体是循环农业得以发展的关键。第一，通过体制创新，加快原有农产品流通企业资产重组改造，培育、壮大专业从事循环农业农产品现代物流主体；第二，积极支持和发展包括个体、民营、中外合资等多种所有制成分的循环农业农产品物流企业；第三，以市场为依托，组织循环农业农产品运销协会，鼓励发展多种形式的农民合作运销组织以及代理商、中间批发商等中介组织，逐步推进循环农业物流向专业化、规模化和综合化方向迈进；第四，围绕循环农业生产、加工基地，建设以综合性农产品物流中心为龙头，专业性市场和区域性交易市场为骨干，分布合理的产地市场和销售网点为基础的循环农业流通网络。

（2）经营组织运行机制构建

1）经营机制。

通过基地、订单、股份合作等途径，以组织化、规模化为方向，以劳动联合、资源联合、资本联合为重点，采用农地入股、转租、延长使用权、免税、减税等多种形式，大力推广政府主导下的"企业+农户"、"基地+农户"、"企业+合作组织+农户"、"专业合作社+龙头企业+行业协会+专业大户"等多种循环农业经营模式；鼓励多种经营主体之间建立相对稳定的产销合同和服务契约关系，构建农户、企业、中介组织、批发市场等不同经营主体"利益共享、风险共担"经营机制，并积极实施品牌战略，发展独具特色的区域性循环农业品牌经营，有效摒除分散经营和低质化经营的弊端，激发循环农业生产力的发展。

2）投融资机制。

循环农业发展在生物农药、有机肥料生产及农产品的储存、运输和加工等方面的建设，对资金的需求比一般性农业高很多，有限的政府财政投入，无法完全满足发展的需求。建立循环农业的投融资机制是当前的重要任务。作为农村和农业发展的主要金融机构，农村信用社要改变大额信贷不足的局面，结合流域发展和自身实际，认真探索合适的产权制度和组织形式，构建循环农业专业合作社及企业的贷款担保机制，提高贷款信用额度，为循环农业的生产经营提供充分的金融服务。此外，政府要按照循环农业的发展要求，采取农业对外开放、招商引资、寻求战略合作伙伴等多种途径，创建良好的投融资机制，引导社会、企业、个人对流域农业产业发展进行投资，扩大资金的来源。要取消政策歧视，实施无差别的循环农业引资政策，实行资金引入的普惠制，并简化引资审批程序，构建快速引资审批通道。

3）经营服务机制。

整合现有农业信息服务资源，建设以"流域农业信息网"为龙头、基层信息服务点为基础的乡镇、村（企业、大户、专业合作组织）信息服务网络，重点收集、整理和发布循环农业商品供求和市场价格信息，指导生产决策和提高抵御市场风险的能力。通过有线电视、互联网、农业服务热线电话等形式，按照公益服务和有偿服务相结合的原则，进一步健全信息咨询、科技培训、招商引资、产品展示、办事指南、投诉督查等服务机制和功能，实现农户与专家、农民与政府、农产品与市场的相互对接，为促进循环农业发展提供优质高效的产销服务。

1.3.4.3 循环农业发展的技术支撑体系构建

（1）技术支撑平台建设

1）技术创新平台及人才队伍建设。

以市、县农科所为核心，联合农业科研单位、大专院校的一流农业科研力量，加强循环农业科技创新平台建设，提高科技联合攻关能力；以农业科技园区、农业技术研发基地为载体，积极鼓励流域内农业龙头企业及个人以多种形式参与循环农业科研开发，培育壮大产、学、研联动科技创新平台；加大政策倾斜力度，优化循环农业高新科技引入与合作环境，搭建循环农业新技术引进、技术孵化平台，吸引一批具有强大竞争力的农业科技企业及企业集团入驻，提高流域内农业科技创新水平。同时，创造适合人才成长的环境，培养和引进相结合，不断完善人才结构体系，形成精干、高效的循环农业科技队伍，聚集一批循环农业科学技术应用领域的学术领军人物、学科带头人、科研骨干，培养和造就一批高水平的科技研究专家队伍。

2）技术推广服务网络建设。

由政府牵头，构建和完善循环农业科技成果转化和推广服务网络，加速循环农业科技成果转化进程。第一，力争普遍建设具有循环农业技术推广、动植物疫病防控、循环农产品质量监管等功能的乡镇农技推广综合服务中心；第二，建立村级循环农业服务站点，做到村村有农技服务人员；第三，鼓励企业与经济组织积极开展循环农业农技推广活动，建立符合循环农业发展方向和农民实际利益的民营农业推广机构，政府政策和经费等方面应给予帮助和支持；第四，通过制定行之有效的激励政策，积极鼓励广大农业科技人员从事循环农业科技成果的推广工作。

3）技术培训平台建设。

依托流域市县农业技术教育资源，联合乡镇农业技术推广机构，逐步建立起集专家、学者、科技能手、致富带头人、有一技之长者、农村经济带头人等为主体的循环农业技术培训师资库，完善市（区）、乡（镇）、村三级循环农业科技教育培训网络。同时，组织编写符合循环农业科技培训的适用教材，建立起适合循环农业科技人才教育培训的教材库，并定期更新内容，为循环农业科技培训提供支撑。

（2）技术支撑机制构建

1）技术导向机制。

并非所有的技术进步都有利于循环农业经济的技术发展。以市场机制为基础的技术创新机制必须满足技术应用者一定利益目标的要求，如果技术创新给技术应用者不能带来直接利益，就没有激励作用，而循环农业发展所要求的技术创新，有些是满足技术创新应用者利益目标要求的，有些则不能满足。因此，必须建立循环农业技术导向机制，引导循环农业技术的研发方向，确保先进循环技术能够得到有效推广和应用。政府可以出台一些支持循环农业技术研发的鼓励政策，在技术政策的导向下，按照生态学原理和生态经济规律，有选择地发展循环技术，在传统的技术经济范式体系的基础上进行纵向深化与横向扩展，延长技术链条，在此基础上向技术网络的方向横向扩充，从而形成跨行业的循环农业技术网络。应紧密围绕农地养护、水体净化、生物质能源、废弃物资源化利用、区域生态保护、农村社区建设等循环农业重点领域，加强纤维素转化利用技术、快速堆肥技术、沼气发酵技术、生物质能源技术、生态修复技术、能源及新材料技术等的研发，建立全方位系统集成的循环农业技术体系。从目前来看，应优先推进的技术包括：废弃物循环利用技术、乡村清洁工程技术、节约型农业技术、农村能源开发与节约技术。

2）技术创新机制。

循环农业技术的研发创新涵盖的内容不仅包括资源循环利用和节约利用的关键技术和核心技术的研发，还包括串联产前、产中、产后多个环节的广泛的配套技术研发。而某个研究机构或者平台的人财物资源相对有限，往往只能专攻其中某一项技术的创新，难以形成创新合力。因此，一方面，要构建多机构的联合创新机制，通过科研机构之间的科研项目合作、人才和成果交流、研发设备和中试基地共享，重点在农业清洁化生产的技术链接、绿色生产技术和农业资源多极转化、资源节约高效利用与废弃物的资源化技术、循环农业技术标准规范、农业生态小城镇建设技术和农村生活消费绿色技术等层面，开展整合与集体研发，提高关键技术的联合研发能力。另一方面，要构建循环农业发展的技术集成机制，通过对现有循环型农业技术和模式进行统计和分析，并在广泛借鉴发达国家循环农业发展的成功经验与模式的基础上，总结集成目前循环农业的成功模式与技术，然后有针对性地选择适宜的农业生态类型区进行实践，通过实践发现循环农业技术创新中配套技术的研发盲点，不断完善循环农业的配套技术的研发创新。最终形成一整套适合全市不同区域的农业资源与环境特点的相对完善的循环农业技术创新体系。

3）技术转化与推广机制。

科技创新转化为现实的生产力，要经过技术的扩散吸引过程，因此，技术的转化与运用是非常重要的环节。要通过推进以市、区、镇三级公共农技推广服务机构为依托主体、农业专业合作组织为基础、农业龙头企业为骨干、其他社会力量为补充的多元化农业科技推广机构和队伍建设，以公益性服务和经营性服务相协调、专项服务和综合服务相结合为原则，实行从技术科研专家，到推广研究员，到科技特派员，到责任农技员，到农户的分层技术推广责任制度，健全多层级的循环农业科技推广服务机制。

循环农业新技术的转化与推广，重点在于对农民进行技术咨询与培训。要按照政府指导和市场引导相结合、公益服务和有偿服务相结合的原则，构建具有周期性、时效性、针对性特点的农业技术培训机制，逐步建立多层次、高效率的农业科技培训体系。重点加强对农民特别是专业大户、专业合作组织、农业龙头等循环农业生产经营者的循环农业技术培训力度，不断提高农民运用循环农业实用技术的能力，培育具有新理念、掌握现代农业新技能的新型农民，为循环农业发展提供人力和智力支撑。

此外，应通过建立高效的循环技术信息网络，积极组织开展循环农业技术交流、技术推广、技术服务和技术供需信息发布等活动，构建促进循环农业技术转化与推广的信息收集与传递机制，及时提供国内外循环农业技术创新和扩散的最新动态，使企业对行业领先技术的发展趋势有一个总体的把握，降低企业对循环技术的学习成本，让企业在进行循环农业技术应用时能够以市场需求为参考，以低成本和易于推广应用为前提，做到有的放矢。

1.3.4.4 循环农业发展的政策措施体系构建

（1）经济政策措施

1）补贴激励措施。

补贴手段可以刺激科研技术创新和生产主体改变粗放式生产方式，促进资源配置效率的提高。补贴政策的使用集中在三个方面。其一，对循环农业技术研发主体进行补贴。围绕循环农业技术进步与科技成果转化，给予循环经济技术研究主体专项补贴支持，激励科技人员进行循环农业技术开发，加速循环农业技术创新。其二，对采用循环型农业生产方式的生产主体进行财政补贴。循环农业发展是以技术创新为基础的，而新型循环技术的应用存在一定的成本和风险，农业生产主体不会主动采纳，因此需要对生产主体进行补贴，降低技术成本和风险，激励其采用循环生产方式。其三，对采用循环型农业生产方式生产的农产品价格进行补贴。对循环方式生产的农产品进行价格补贴，可以降低产品的市场风险，提高生产主体的收益水平和生产积极性，并促进循环农业发展范围的扩大，具有提升社会和个人双重福利的效果。但需要注意的是，由于政府补贴财力有限，补贴范围不可能面面俱到，应通过研究分析确定合适的补贴项目，进行针对性的补贴。

2）税费约束措施。

现代经济学认为，资源环境退化问题一般是在负外部效应的作用下产生的。由于资源环境没有市场定价或者市场定价过低，微观经济主体无需或者很少为利用资源环境的行为付出相应的经济成本，这种成本的缺口由社会承担，造成微观经济主体的私人成本低于社会平均成本而获得超额利润，这种情况下微观经济主体会加剧对资源环境的利用程度以获得更大的利益，这就需要政府进行干预，将微观经济主体行为的负外部效应内部化。而征收资源环境税费，可以有效地校正外部负效应，即通过税费政策的约束，形成倒逼机制，诱导微观生产主体放弃粗放生产方式，采用循环型生产方式。但该项政策的使用必须依据不同经济实力的生产主体和产品对象进行税费手段的选取与实施，否则不仅达不到预期结果，反而会加重生产主体的经济负担。

3）押金退款措施。

在推进循环农业发展中，以押金退款手段作为上述经济政策的补充，对农业废弃物的再利用可以起到明显的效果。以农业生产企业的化肥包装塑料、农药容器、畜禽粪尿等为代表的生产废弃物为例，首先按照企业的生产规模核定这些废弃物的总量，并收取相应的抵押金；要求企业对这些废弃物进行循环利用，并进行考核；考核合格则退返抵押金，反之没收抵押金。针对农业生产废弃物进行押金退款手段的调控，特别是在退还押金时增加对这些物质的运输、储存等中间环节的补贴，将会大大提高广大生产主体收集、返回、再利用这些废弃物的积极性，同时也可以取得极佳社会环境效益。

（2）行政法律措施

1）建立和完善法律法规。

目前省洲关于规范和监督循环农业发展的立法存在较多空白，法律法规体系的不严密性使得执法依据严重不足。应重点出台有关限制性和激励性法规，对循环农业经济发展加以规范和引导。第一，研究制定"农业清洁生产促进条例"和"畜禽粪便污染防控条例"等，形成两型农业发展规范的法规大框架。第二，研究制定"循环农业发展条例"乃至"循环农业法"，以便通过权威性的法律法规，明确各参与主体在循环农业发展中的权利与义务，全面规范、指导、引领流域循环农业建设，并形成强制的行为约束，为循环农业发展提供法制保障。法规内容应包括基本农田保护、农业水资源的开发保护利用、农业生态资源的保护利用、环境资源费的征收、农业废弃物的综合利用等方面。第三，根据不同乡镇循环农业发展特征，制定具体的包含实施细则和奖惩标准的专项法规，如"循环农业模式管理规范与标准"，形成流域专项法律法规。

2）制定循环农业发展规划和政府行动计划。

政府制定循环农业发展规划和行动规划是推进循环农业发展工作的基础。要在综合调研的基础上，深入了解流域的农业资源和农村环境状况，以农村可再生能源开发、农业资源高效利用、农业废弃物资源化转化和农村社区"清洁化"建设为重点，明确未来循环农业发展的思路、目标和任务，制定细化的循环农业发展规划，以发展规划为依据制订行动计划。一方面，政府要明确地将循环农业发展规划作为重要的专门性控污项目，纳入到流域总体环境保护计划和综合性的环境保护规划中，使其成为水污染和农业污染控制的重要内容和手段，并大力推动循环农业示范项目的实施；另一方面，循环农业发展规划的涉及面较广，不可能一蹴而就，要在一定时间的跨度内分期进行，政府需要确定分期分区实施重点和任务，制定相应的行动计划。

3）强化政府的管理职能。

政府对循环农业管理职能的虚化，是导致循环农业发展缓慢的重要因素。必须强化政府的管理职能，拓宽管理的深度和广度。要将循环农业的发展进度作为政府工作考核的重要内容，纳入农业、环保等政府部门的工作范围，通过制定相关部门的考核标准、奖惩原则、细化责任，促进循环农业发展工作的落实，提高循环农业发展工作的效率。此外，循环农业发展工作的实施涉及农业、环保、水利、国土资源等多个管理部门，若不能有效协调这些部门的关系，则相关工作难以开展。因此急需建立多部门协作的协调机构和机制。可以由市县政府授权在各部门选择代表，建立协调管理委员会，并设置协调会议机制。具体的协调方式为：通过协调管理委员会成员会议的讨论商议，将各相关方意见集中起来，平衡权益与利益，通过磋商、仲裁缓解各相关方矛盾，同时对循环农业工作进行监督。

（3）政府引导措施

1）开展示范和培训工作。

循环农业发展的层次和对象多、范围广、链条长，只有通过循环农业示范区建设，发挥示范带动作用，才能最终实现全面发展。要选择有代表性的区域，在农户、乡村、园区、区域四个层面上开展循环农业技术、模式以及产业化的研究与示范，为流域循环农业的健康发展积累经验，也为政府制定正确的循环农业发展政策提供依据。同时，各级政府和农业行政主管部门要加强组织广大干部和农民群众对循环农业示范区和示范点的参观学习，并利用广播、卫星电视、网络、光盘等现代媒体与技术，结合农村公开栏、科技入户等形式，对广大技术人员、农户，开展更实际、更便捷、更有效的培训。通过示范和培训不断灌输发展循环农业的思想和理念，普及推广各类循环农业发展的新技术，引导更多的农民把循环农业的思想、模式、操作方法、生产标准有效地运用于农业生产实践中去，使农业资源的循环利用、农村环境污染控制变成一种自觉的行为，切实推进循环农业的发展。

2）加强循环农业发展的合作与交流。

国外在农业资源循环利用、农业污染控制方面的技术、模式研发方面，拥有专门性研究机构以及环保协会、农业协会等民间机构共同组成的科研集团。这些机构之间通过研究交流、信息的收集与共享，进行有效的合作和构建科研网络，并在对技术、模式研究成果进行调查、试验和论证的基础上，积极推广应用，积累了丰富的循环农业发展经验。围绕促进流域循环农业发展的需要，有计划地加强与相关国家开展人员互访、交流研讨等活动，学习借鉴国外循环农业的发展经验。通过交流与合作，加大对国外发展农业循环经济核心技术的引进消化吸收力度，加快研发符合流域农业循环经济发展实际需要的新技术、新工艺和新设备；积极开展相关项目与技术研发国际合作，引进国际资金、技术和管理经验，提升全市循环农业项目管理水平和技术研发能力；加强对流域与相关国家农业循环经济发展模式、经验、做法跟踪比较研究，探索完善全市农业循环经济发展的投资、金融、价格、财税和收费政策，改进发展模式。

3）培养绿色消费习惯和提高公众意识。

公众的消费行为是生产供给的依据，无人购买的产品是不会有生产者愿意生产的。因此需要通过政府引导宣传，培养公众的绿色消费习惯，拉动绿色农产品市场需求，来引导生产者进行资源循环利用，促进循环农业的发展。此外，要通过宣传教育加大公众对农业资源循环利用、农村环境污染控制的认识。第一，政府通过立法督促，将与人身健康密切相关的污染物质的新发现或监测研究结果向社会公布，欢迎公众参与到环保法律、环保规划的制定中来，鼓励公众志愿者参与监督工作，揭发农业资源环境破坏行为。第二，组织居民参观循环农业示范点、参与循环农业生产实践等环保社会实践活动，让居民亲身体验循环农业对人与资源环境协调共进发挥的作用。第三，采用资料宣传、模型教育、专题讲座、设置环境生态课程等方式，普及和增加公众的环保知识，树立公众以资源环境破坏为耻、资源环境保护为荣的良好意识，为循环农业的发展营造良好的社会环境。

2 | 洱海流域生态工业问题研究

2.1 洱海流域工业产业发展市场准入标准及最适规模研究

随着贯彻和落实科学发展观的逐步深入，国家积极倡导建设资源节约型和环境友好型社会，大力发展循环经济，加强自然生态保护，加大了对资源与环境保护的投入力度，资源的有效利用与环境保护工作取得了一定进展。水资源是各种资源中不可替代的一种重要资源，它和人类生存和社会经济发展息息相关，保护水资源具有重要的战略意义。洱海是我国重要的淡水湖泊，大理白族自治州（以下简称大理州）多年来都有"洱海清，大理兴"的理念，但是随着经济的快速增长，洱海水环境遭到了较大的负面影响，进入了敏感的、可逆的营养状态转型时期。洱海的保护治理形势日趋严峻。

根据前期对洱海流域农村与农业面源、乡镇污水、工业企业、旅游业、水土流失等污染源的调查研究成果发现，工业主要企业的 TP 和 TN 入湖量不到总入湖量的 5%，COD 入湖量仅为 2.56%[1]，工业污染源不构成流域内的主要污染源。但是随着流域产业结构的调整，工业的发展速度越来越快，势必会对洱海的环境带来影响。本着经济与环境可持续均衡发展的原则和目的，流域内的工业企业结构、布局等还存在很多有待提升和改善的地方，本章从工业发展的市场准入标准和最适规模角度对洱海的环境保护治理进行探讨。

2.1.1 建立洱海流域内各工业产业的相关指标体系

2.1.1.1 指标体系建立的原则

指标选取应遵循"科学性和可比性相结合、系统性与层次性相结合、动态性与静态性相结合和定性化与定量化相结合"四个大的原则。为了更好地建立流域内各行业的市场准入标准，指标体系的建立在参照上述原则和国家及省政府的相关文件制度安排外，应充分考虑流域环境的发展需要和流域内工业企业本身发展的特点，在本研究中，指标的选取应充分考虑资料数据的可获得性。

2.1.1.2 各指标分析

（1）工业各产业总体经济实力指标

工业企业的综合实力，可以反映在多项指标上，如可量化的产量、利润额等指标；同

---

① COD 入湖量占比数据根据《云南洱海绿色流域建设与水污染防治规划》P29 表 3-11 中数据计算得出。

时，在品牌消费趋势日益明显的今天，品牌竞争力的大小与企业的市场话语权直接联系，因而诸如品牌、企业文化等不可量化的指标亦在很大限度上反应出企业的综合经济实力。受调查资料所限，本研究选取的产业总体经济实力指标包括工业增加值（反映生产规模）、主营业务收入（反映销售成果）、利润总额（反应综合效益）和有无品牌及品牌等级等。

根据调查研究，洱海流域工业各行业规模以上企业经济实力指标统计见表 2-1 和表 2-2（其中企业从业人数为下述的劳动力就业指标分析用）。

表 2-1　洱海流域工业分行业规模以上企业经营指标统计表

指标＼行业	规模以上总计	有色金属矿业	农副食品加工	食品制造	饮料制造	烟草制品	纺织
流域企业数（户）	68	2	5	4	9	3	3
工业增加值合计（万元）	525 902	2 989	7 706	14 606	32 720	245 642	4 824
主营业务收入合计（万元）	1 016 791	5 652	26 122	35 304	82 728	319 356	16 116
利润总额合计（万元）	118 751	910	1 140	2 185	10 456	75 167	611
企业从业人数合计（人）	20 648	256	3 013	1 262	2 198	1 091	2 700

指标＼行业	造纸及纸制品	印刷	化学原料	医药制造	塑料制品	非金属矿物	金属制品
流域企业数（户）	5	5	3	4	3	9	1
工业增加值合计（万元）	11 835	7 974	1 347	19 833	2 042	45 073	185
主营业务收入合计（万元）	16 673	19 153	12 701	32 273	7 491	85 308	936
利润总额合计（万元）	1 353	6 307	484	7 335	−2	19 889	70
企业从业人数合计（人）	528	541	117	571	245	2 993	31

指标＼行业	通用设备制造	交运（专用）设备	电气机械	仪器仪表	电力热力生产	水生产供应
流域企业数（户）	2	3	2	1	3	3
工业增加值合计（万元）	1264	83 612	489	100	41 110	2 554
主营业务收入合计（万元）	4 145	234 775	4 144	1 890	108 231	3 792
利润总额合计（万元）	532	23 358	473	44	−30 125	−1 480
企业从业人数合计（人）	703	4 364	157	92	2 081	271

从生产规模来看，烟草行业一枝独秀，其工业增加值在工业总增加值中的占比接近50%；从销售规模来看，交运设备行业的销售收入，最近几年大幅增长，与烟草行业一起成为流域工业领域的两大龙头产业；从综合经济效益来看，烟草行业效益非常好，烟草行业在各行业的利润总额占比达到了 63%，饮料行业、交运设备、非金属矿物制品等行业效益也较好；从产业拥有品牌及品牌等级情况看，烟草制造业、食品制造业（主要是乳业）、交运（专用）设备制造业具有更明显的优势。

表2-2 　洱海流域工业分行业规模以上企业品牌情况统计表

行业	拥有品牌及品牌等级情况
农副食品加工	"洱宝"（云南省著名商标）
食品制造	"蝶泉"（中国驰名商标）、"欧亚"（云南省著名商标）
饮料制造	"苍洱牌"（云南省首届名牌产品称号）、"风花雪月"、"普洱茶"
烟草制品	"红塔山"、"红梅"、"玉溪"（中国驰名商标、中国名牌产品）
纺织	"苍山"、"三塔"
医药制造	云南白药（中国驰名商标）
非金属矿物	"上登"（国家免检、云南省著名商标）、"红山岩"（云南省著名商标）、"华营"（国家工程建设推荐产品）
交运（专用）设备	"力帆"（国家发改委批准）、"力帆"、"农友"、"时骏"、"振兴"
电气机械	"云岭"（云南省名牌产品）

（2）投入产出效率指标

根据工业企业的资金密集以及大量使用劳动力等特点，确定投入指标为流动资产年平均余额，固定资产年平均余额，从业人员年平均人数；产出指标为工业总产值，主营业务收入等，即企业所投入资金的回报程度。计算公式为：投入产出效率＝收益/投资×100%。

（3）盈利能力指标

盈利能力是公司赚取利润的能力。而利润是企业内外有关各方都关心的中心问题。从企业内部看，较强的盈利能力是经营者经营业绩和管理效能的集中表现，也是职工集体福利设施不断完善的重要保障；从企业外部看，较强盈利能力的企业能带动相关企业的发展，并能在一定程度上拉动区域经济的发展。因而企业盈利能力分析十分重要。反映企业盈利能力的指标，主要有主营业务净利润率、销售利润率、成本费用利润率、资产总额利润率、资本金利润率、股东权益利润率。根据本报告实际拥有的数据情况，选取主营业务净利润率指标反映产业盈利能力。主营业务净利润率是反映企业盈利能力的一项重要指标，这项指标越高，说明企业从主营业务收入中获取利润的能力越强。影响该指标的因素较多，主要有商品质量、成本、价格、销售数量、期间费用及税金等。主营业务净利润率是企业净利润与主营业务收入净额的比率，计算公式为：主营业务净利润率＝净利润/主营业务收入净额×100%（净利润＝利润总额－所得税额）。

（4）营运能力指标

企业的营运能力，是指企业营运资产的效率与效益。企业营运资产的效率主要指资产的周转率或周转速度，企业营运资产的效益通常是指企业的产出额与资产占用额之间的比率。企业营运能力强，就会在激烈的市场竞争中奠定坚实的基础，取得竞争优势。因此企业营运能力分析就是要通过对反映企业资产营运效率与效益的指标进行计算与分析，评价企业的营业状况以及经营管理水平，为企业提高经济效益指明方向。企业营运资产的主体是固定资产和流动资产。所以，营运能力的分析主要是计算并分析流动资产、固定资产和总资产的周转率指标。本报告选取总资产的周转率指标来反映企业的营运能力。

全部资产周转率＝总周转额（总收入）/平均总资产×100%

（5）发展潜力指标

企业发展潜力，是指企业可预期的价值生产能力，也就是企业能为消费者带来的潜在效用和企业在市场空间中的内在发展趋势。区域经济的发展需要有持续发展潜力的企业推动。因此企业的发展潜力是区域工业企业建立与否的关键问题。企业发展潜力可以表现在企业的发展模式、管理模式、创新能力、生产要素质量、市场网络、资本积累、品牌形象、可持续发展能力等因素上。其中企业的发展模式从发展潜力角度看包括资源攫取型和技术支持型等，后者比前者有相对优势；管理能力可以通过有组织管理效率、文化整合能力和制度创新能力来衡量；可持续发展能力可通过有害物质生成量、污染控制程度、废弃物再生利用率和社会支持度来衡量（此部分亦可作为污染排放指标来分析）。可量化衡量的指标有资本积累率（反映企业自我发展的财力）、企业每千个工人拥有技术人员数（反映企业人员的技术素质）等。本书中对此指标只做描述性分析。

（6）污染排放指标

企业与环境的友好发展是区域发展经济遵循的基本原则，在水环境日益严峻的洱海流域显得尤为突出。洱海流域工业企业污染排放指标分别选取万元污水排放量、亿元 COD 排放量、亿元 TN 排放量、亿元 TP 排放量等四个指标。按照统计年鉴行业划分标准，分行业汇总统计流域工业排污量数据见表 2-3 和表 2-4。

表 2-3　洱海流域各行业重点工业企业排污量统计表　　（单位：t）

行业	企业户数	污水排放量	COD 排放量	TN 排放量	TP 排放量
印刷行业汇总	1	40 000	7.2	0.49	0.07
非金属行业汇总	8	43 700	2.12	0	0
交运设备行业汇总	4	106 950	5.29	0	0
纺织行业汇总	2	127 300	9.45	2.32	1.37
烟草制品行业汇总		140 000	15.82	1.72	0.25
医药制造行业汇总	3	193 166	50.86	2.41	0.19
农副食品行业汇总	6	240 746	119.43	17.79	0.82
造纸行业汇总	1	332 150	152.28	0.81	0.01
食品制造行业汇总	10	1 070 652	502.01	33.84	4.16
饮料制造行业汇总	5	1 362 953	380.13	62.08	7.49
合计	41	3 657 617	1 244.59	121.46	14.36

从污水排放量来看，印刷行业和非金属行业排放较少而食品制造行业和饮料制造行业排放最多；从 COD 排放量来看，交运设备、非金属矿物行业排放较少而农副食品行业、造纸行业、食品制造行业和饮料制造行业排放较多；从 TN 排放量来看，交通设备、非金属行业排放较少而食品制造和饮料制造行业排放较多；从 TP 排放量来看，同样是交通运

输设备制造行业排放较少而食品制造行业和饮料制造行业排放最多；综合考虑四个污染指标，从流域总体排污量水平来看，交运设备、非金属矿物行业污染排放总量较少，饮料制造、食品制造、农副食品、医药制造和纺织行业在流域内污染排放相对较多。

表 2-4　洱海流域工业各行业排污强度统计表

所属行业	户数	年行业总销售收入（万元）	万元污水排放量（t）	亿元 COD 排放量（t）	亿元 TN 排放量（t）	亿元 TP 排放量（t）
交运设备行业汇总	4	234 775	0.46	0.23	0	0
非金属行业汇总	8	85 308	0.51	0.25	0	0
烟草制品行业汇总	1	319 356	0.44	0.50	0.05	0.01
印刷行业汇总	1	19 153	2.09	3.76	0.26	0.04
纺织行业汇总	2	16 116	7.90	5.86	1.44	0.85
医药制造行业汇总	3	32 273	5.99	15.76	0.75	0.06
农副食品行业汇总	6	26 122	9.22	45.72	6.81	0.31
饮料制造行业汇总	5	82 728	16.48	45.95	7.50	0.91
造纸行业汇总	1	16 673	19.92	91.33	0.49	0.01
食品制造行业汇总	10	35 304	30.33	142.19	9.59	1.18
合计	41	867 808	—	—	—	—
均值	—	—	2.28	8.57	0.66	0.08

从万元污水排放量来看，食品制造、饮料制造和造纸三个行业是流域污染排放强度最大的行业，交运设备、非金属制品和烟草制品三个行业是污染较轻的行业；从亿元 COD 排放量来看，食品制造、饮料制造、农副食品和造纸四个行业是流域污染排放强度最大的行业，交运设备、非金属制品和烟草制品三个行业是污染较轻的行业；从亿元 TN 排放量来看，食品制造、饮料制造和农副食品三个行业是流域污染排放强度最大的行业，交运设备、非金属制品和烟草制品三个行业是污染较轻的行业；从亿元 TP 排放量来看，食品制造和纺织两个行业是流域污染排放强度最大的行业，交运设备、非金属制品和烟草制品三个行业是污染较轻的行业。因而从工业内部各行业单位销售收入的污染排放量来看，食品制造、饮料制造和农副食品三个行业是流域污染排放强度最大的行业，交运设备、非金属制品和烟草制品三个行业是污染较轻的行业。

结合上述两表内容及相关分析，饮料制造、食品制造、农副食品、医药制造和纺织行业是流域污染排放量最大的行业，同时食品制造、饮料制造和农副食品三个行业又是流域污染排放强度最大的几个行业，而这些传统优势产业均以资源开发型产业为主，按照现有的生产技术条件属于"高消耗、高污染"的产业，这些行业今后的发展必然会面临流域的资源供给和环境保护的限制，区域发展在市场准入上必须设置相应严格的条件，更好地促进区域内经济与环境的和谐发展。

（7）资源利用率指标

尽管资源丰富，但并非取之不竭用之不尽。资源的稀缺性显示了资源利用率高低的重要性。洱海流域目前的工业产业结构中多是资源利用型的产业，包括烟草、建材、饮料制造、农副食品加工和食品制造等行业。其他技术型产业也涉及能源的利用问题。流域内工业企业多数为中小型企业，由于技术、设备等多方面的原因，导致资源利用率较低。因此着力推进技术进步，加快设备升级是提高资源利用率的有效办法。

（8）技术应用与创新指标

在知识经济时代，企业的生产经营环境将发生重大变化，新技术不断涌现，技术生命周期不断缩短，先进技术的应用和创新成了企业发展必不可少的引擎。衡量企业总体实力指标也是很重要的。技术应用于创新指标有很多，总体上看，体系由能力和效益指标两大类指标构成。其中能力指标主要包括：企业技术创新的人力和资金投入（分指标可包括购买专利许可证经费、产品设计费、产品试制费、培训费、机器设备购置费和市场调研费、企业职工高科技知识和技能培训费等）、信息获取水平的高低（企业内部建立信息小组的数量）、企业产生和吸纳科技成果的能力（包括企业年度开发的拥有自主知识产权成果的数量，引进转化的科技成果占科技成果产生的比例）等。

（9）劳动力就业指标

就业问题是一个影响社会安定，关乎国计民生的大问题。流域内的企业发展必然会提供就业机会。劳动力就业指标反映的是企业吸纳就业的能力。企业吸纳就业人员的能力也是政府在考虑市场准入时必然考虑的问题。在本报告中，直接用产业企业平均就业人数来进行衡量。

2.1.2　洱海流域各工业产业的市场准入标准的确定

市场准入是政府（或国家）为了克服市场失灵，实现某种公共政策，依据一定的规则，允许市场主体及交易对象进入某个市场领域的直接控制或干预[①]。

发展工业是"兴州"必由之路，流域工业的发展必须坚持洱海保护和环境改善的宗旨，贯彻大理州"两保护、两开发"的原则，以市场为导向、企业为主体，以技术和机制创新为动力，以工业园区（开发区）为载体，增加投入、优化结构，培育大企业、打造大品牌、形成大基地。但企业的进入或者规模的扩大都不是可以随意进行的。为了环境和工业经济的友好和谐发展，必须确立各行业市场准入标准。在确定各行业市场准入标准时，除了充分考虑国家和省级政府对各行业的规划发展要求，更多的要考虑洱海流域本身的工业产业发展情况和洱海环境保护的需要。洱海流域工业各主要产业市场准入标准见表2-5。

---

① 戴霞. 2009. 市场准入与市场准入法律制度探析. 广州：暨南大学.

表 2-5　洱海流域工业企业市场准入标准

	产业名称	市场准入标准一般条款	区域准入特殊条款
传统产业	电力	国家垄断行业	
	烟草	国家垄断行业	
	建材		节能降耗 采用新型建筑材料，淘汰落后生产能力和工艺
	冶金		节能降耗 实行总部和生产基地分离
	机械		
优势生物资源产业	饮料制造	饮料产品生产许可证审查细则（2006 版）	
	食品制造	中华人民共和国发展和改革委员会公告 2008 年第 26 号	
	农副食品		
	医药制造		
新兴产业	生物开发产业、以新能源、新材料为主的高新技术产业	提升整个产业及产业链各环节的竞争力和效益水平	低投入、低污染、低耗能、高效益
其他产业	烟辅		
	纺织		
	印刷包装		

2.1.2.1　传统产业

1）电力和烟草业。

电力和烟草业是国民经济的重要组成部分，在现阶段的中国社会，两个行业均属于垄断行业，垄断行业在市场准入上有严格限制，在此不做详细讨论。

2）建材行业（水泥制造）。

主条款参见中华人民共和国工业和信息化部公告工原〔2010〕第 127 号（附二）。

3）冶金化工行业。

按照国家相关标准。

2.1.2.2　优势生物资源产业

1）饮料制造。

遵循饮料产品生产许可证审查细则（2006 版）（附一）。

2）食品制造业（主要为液体乳及乳制品行业）。

遵循中华人民共和国国家发展和改革委员会公告 2008 年第 26 号。

3）医药制造业。

按照国家相关标准。

4）农副食品加工业。

按照国家相关标准。

2.1.3　明确洱海流域工业发展格局

有关区域主导产业，相关理论①如下。

主导产业是指在一定的发展阶段，对技术进步和产业结构升级转换具有关键性的导向作用和推动作用，对经济增长具有很强的带动作用和扩散作用，并具有广阔的市场前景产业部门。区域主导产业对于推动区域济济健康发展具有十分重要的意义。区域主导产业的选择在一定程度上受区域经济结构、市场取向和资源禀赋的影响。我们在选择主导产业时应遵循以下原则和基准。

（1）产业关联效应

美国经济学家赫希曼在《经济发展战略》一书中提出发展中国家应首先发展产业关联度高的产业。这一基准的含义：政府应选择那些关联效应高的产业作为主导产业，通过政府重点支持和优先发展，以带动整个经济的发展。主导产业对经济发展和产业结构的引导带动作用，主要通过前向关联（主导产业带动为其提供这些要素的产业的迅速发展）、后续关联（主导产业后续产业的发展提供更多的产品和技术，创造更好的条件）和旁侧关联（主导产业对区域的市场繁荣、就业面扩大、基础设施建设以及其他产业的形成和壮大产生积极的影响）三个关联效应表现出来。

（2）产业产品市场需求

主导产业的产品应在国内和国际市场具有较大量、长期、稳定的需求。市场需求是所选择的主导产业生存、发展和壮大的必要条件。没有足够的市场需求拉动，主导产业很快就会衰落。

（3）产业的技术密度

产业的技术密集度不仅通过影响产业技术进步而影响产业的生产上升率，而且具有提高产业增加值率的作用。主导产业的选择必须特别重视技术进步的作用，所选择的主导部门应当能够集中地体现技术进步的主要方向和发展趋势。在整体技术水平较低的情况下，考虑产业技术发展的多层次性和协调性，选择合适的而并非拥有最先进技术水平的产业。

（4）就业效果

主导产业应具有强大的劳动力吸纳能力，能创造大量就业机会，这样可以既缓解就业压力，又充分发挥中国劳动力资源丰富这一比较有利的优势。一般来说劳动密集型和劳动–技术密集型产业的就业功能强，资本密集型和资本–技术密集型产业的就业功能弱。在实际中，各个产业的实际就业功能还要取决于区域产业的发展水平、趋势和特点。

（5）产业发展潜力

区域的主导产业必须具备相应的发展潜力。产业的发展潜力是指该产业可预期的价值

---

① 党耀国，刘思峰，翟振杰. 2004. 区域主导产业评价指标体系与数学模型. 经济经纬，（6）.

生产能力，也就是产业能为消费者带来的潜在效用和产业在市场空间中的内在发展趋势。区域经济的发展需要有持续发展潜力的企业推动。

此外，主导产业应该具有相对集中的自然资源和良好的社会发展基础，因此在综合考虑上述标准的情况下，主导产业的选择应充分考虑区域自然条件、资源禀赋、劳动力优势的实际情况。

根据主导产业理论，地区的产业系统可以分解为主导产业、为主导产业顺利发展尽可能减少"瓶颈"的辅助产业以及存在于其余产业中的一般产业。根据洱海流域各产业的发展现状、环境保护的需要及上述市场准入标准分析，洱海流域工业产业规划见表2-6。

表2-6 洱海流域工业企业市场准入标准

产业规划	产业名称
主导产业	烟草、机械、电力、建材
一般产业	优势生物资源产业（饮料制造、食品制造、农副食品、医药制造）、以新能源、新材料为主的高新技术产业
辅助产业	纺织、印刷包装、烟辅
不适宜发展产业	冶金、采掘

1）主导产业。

烟草是洱海流域的传统优势产业，是流域内目前规模最大的产业，据表2-6，其工业增加值在工业总增加值中的占比接近50%；就其在洱海流域的发展情况看，吸纳劳动力的能力仅次于交运设备制造业；它的发展能带动烟辅产业如包装、印刷等行业的发展，有较强的产业关联效应；同时烟草行业又是排污强度最小的产业之一，在区域资源优势下，仍作为流域工业的主导产业。

机械产业（交运设备制造业）是流域近几年培育发展的新兴主导产业，市场发展潜力大，也是排污强度最小的产业之一。该产业关系效应较大，可以以力帆、骏马为龙头，充分发挥龙头企业在产业中的带动作用，依托集团积极引进配套厂家，配套发展汽车发动机、车桥、传动轴、活塞、钢板等配件备件，延伸产业链；在技术上，机械行业属中等技术水平的产业，高新技术比较容易被它们吸收利用，它们的先进技术又较容易传递、渗透到传统产业，易被传统产业消化和接受。因此，它们可以成为传统技术向高新技术过渡的中介技术，弥合高、低技术之间的断层，确保整体产业技术进步的协调与稳定，规划近期可以提高载货汽车生产配套能力及工艺技术技改项目，拖拉机厂搬迁项目和相关配套厂家引进工作。机械行业的劳动力吸纳能力是流域内最强的，同时是流域内出口创汇的支柱产业。

电力产业是流域具有区位特色的优势产业，也是排放很低的绿色产业；其吸纳就业的能力仅次于交运设备制造和烟草行业；在技术上，电力行业作为国家垄断行业，技术上电网改造工程、电网的供电能力和供电质量基本能跟国家平均水平保持一致，在技术进一步提升的基础上能充分利用自然资源进行风力和太阳能发电。

建筑建材是洱海流域的主导产业，也是流域内产生污染较少的产业；在洱海经济发展的现阶段，其产品的市场需要比较大，在技术上通过开发新产品，发展新型建筑材料，淘汰落后生产技术和工艺，提高建材行业的整体生产技术水平，在更大程度上促进了洱海流域的经济发展。

此外，要说明的一点是，主导产业为此阶段的主导产业，如烟草、非金属矿物制品等流域主导产业，虽然从目前的调查数据来看水污染影响较轻，对流域的经济发展影响积极且较大，但是其今后的发展可能受到资源获取能力和市场规模的限制，产业成长空间相对有限。因此，随着区域经济的发展和环境的变化，区域的主导产业在长期内应该相应有所调整。

2）一般产业。

基于洱海流域经济发展及环境保护的需要，工业规划积极鼓励突出区域特色和优势的绿色产业的发展，大力扶持生物开发、新能源、新材料、高新科技等"低投入、低污染、低耗能、高效益"的优势产业。流域绿色农副产品加工业、特色民族产品加工业，以及新型电子、信息、生物等高新技术或高智力型工业和清洁工业生产，应是流域工业内涵强质、外延增效的发展方向选择。但是现阶段来看，优势生物资源产业饮料制造、食品制造、农副食品是流域内污染排放强度最大的行业，医药制造的污染物排放量也较大，而这四个行业的技术整体水平处于中下游，产业关联效应也相应较低，因此将其作为一般产业来发展调整。食品饮料与农副食品加工产业要不断扩大流域以"果脯、乳品、茶叶"为特色的农产品加工产业规模，通过延长产业链、开展深加工和创立品牌提高产业附加值；大力发展生物开发产业，利用洱海流域多样化的生物资源，加快发展天然生物制药产业，将制药企业与药农相结合，规范原料药材的种植，推进中药产业化进程。

此外，从长远考虑，以新能源、新材料为主的高新技术产业是流域经济发展和流域产业结构必不可少的部分，应该抓住太阳能非晶硅薄膜光电项目等新引进项目建设的契机，精心孵化培育高新技术产业，以新材料、新能源为突破口，发展非晶硅材料、ITO 靶材、纳米金属粉体等新材料产业和风能、太阳能设备制造产业。

3）辅助产业。

印刷包装、烟辅、纺织等轻工产业作为辅助产业，根据上述市场准入标准，通过企业的搬迁改建和大力实施技术改造提高产业整体实力，并结合"文化大理"与"旅游大理"建设，以贸易和品牌培植为重点，积极发展以扎染、刺绣为主的民族传统手工纺织品、民族木制品、特色旅游产品。

4）不适宜发展产业。

基于环保考虑，冶金、采掘等污染排放强度大，对洱海保护构成较大威胁，是流域内不适合发展的产业。根据目前情况，可以在清洁生产、控制排放的前提下限制其发展，然后通过区位布局调整，结合企业经营组织变革发展和流域总部经济的优势，在流域周边区域拓展这些产业的发展空间，实行总部和生产基地分离。

2.1.4 工业产业的最适规模研究

2.1.4.1 最适规模理论研究

生产任何产品，都有一定的规模报酬。在一定的社会经济条件下，各种生产要素以适当的比例配比，并达到一个适当的规模，使得各生产要素的边际生产效益不再增加，如果再增加某个生产要素的量则将出现规模报酬递减，此时的状态即是该行业的最佳规模。以此规模经营将出现规模经济效应，即使得投入产出比达到最小水平。

日本学者末松玄六教授在他的《中小企业经营战略》中提出最大受益规模的最适规模和最大效益规模的最适规模。所谓最大效率规模，是把平均费用、销售利润率、资本利润率、总资本附加值率、产量、设备利用率等，按标准测定出效率最大的规模。从费用看，是最小平均费用的规模；从利润看，则是最大利润的规模，这样的规模就叫最适规模①。他在《中小企业经营战略》中首先分析了最大收益规模的最适规模（OSMRS）和最大效率模的最适规模（OSMES）的区别，前者指取得最大收益额时的最适规模，强调利润的绝对量，后者指综合考虑平均成本、销售利润率、总资本附加值率等因素，获得最大综合效率时的规模，强调利润的相对量。OSMRS 和 OSMES 一般并不重合，而且行业不同，企业最适规模也各不相同，特别是一些行业对中小企业尤为适合。

影响产业最适规模的因素主要有以下四个方面：①行业特征。不同的行业有不同的特点，其最适规模也是不一样的。②社会科学技术发展水平。科学技术水平影响产业生产效率从而影响最适规模。③不同地域的具体客观条件。区域的最适规模必然跟区域的各种条件如自然资源、区位优势等密切相关。④市场供需水平。消费拉动生产，市场的需求决定了产业的最佳供给，因而决定最适规模。

2.1.4.2 多目标下流域各产业的最适规模研究

洱海流域的经济必须发展，而环境保护又是刻不容缓的问题，以环境和经济的友好发展为目标，以环境问题和区域现实条件为约束条件，可以建立多目标线性规划模型，求解流域内各产业的最适规模。

2.2 洱海流域工业产业规模集中度研究

2.2.1 产业规模和集中度的相关概念

2.2.1.1 集中度及集中度与市场绩效（利润）的关系

集中度是反应产业内市场和生产集中在少数几家比较大型企业中程度的指标。西方产业组织学的主流观点认为：市场结构决定市场行为，进而决定市场绩效，即 SCP 框架。哈佛学派贝恩（Bain）通过对 1936～1949 年美国 42 个产业的集中度与利润率的统计分析并在他的论文《利润率与产业集中的关系：美国制造业 1936—1949》中指出，当产业中前 8 位企业的销售额超过全产业销售额的 70% 时，企业可以获得高于产业集中度较低时的利润率（贝恩，1951）。芝加哥学派的德姆赛茨（Demsets）的研究也发现在产业集中度超过 50% 时，产业集

---

① 末松玄六.1988. 中小企业经营战略. 北京：中国经济出版社：86.

中度与厂商利润率成正相关关系（德姆赛茨，1973）。美国经济学家威廉·谢菲尔德（Shepherd）对美国产业中企业的市场份额与利润率进行的回归分析，也证明集中度与利润率存在正相关关系，即市场份额每增长 10 个百分点，利润率可以提高 2~3 个百分点。

对产业集中度的测量有很多种方法，前 K 位企业产业集中比率（first K largest firms' concentration ratio）和赫芬达尔–赫希曼指数（Herfindahl-Hirschman index）是其中使用最为广泛的两种。前 K 位企业产业集中比率（CR_k），是指某一产业中最大的前 K 位企业市场份额之和，其重点在考察整个经济或者制造业、服务业等大产业部门中若干家最大企业生产要素和产出的集中状况。其计算公式为

$$CR_k = \sum_1^k 第 i 个企业的市场份额$$

其中，k 的取值通常为从 3 到 8 的一个整数，比较常用的是 4 和 8。

赫芬达尔–赫希曼指数，简称为 HH 指数（HHI），有时也被称为赫芬达尔指数，重在考察特定产业部门的规模分布情况，其计算公式为

$$HHI = \sum_1^n (第 i 个企业的市场份额)^2$$

2.2.1.2 企业规模与企业规模经济

企业规模是指生产资料、职工等生产要素和产品产量在工业企业中的集中程度。企业规模表明了企业组织的大小。根据 2003 年 5 月国家统计局制定的《统计上大中小型企业划分办法（暂行）》，统计上工业大中小型企业划分标准见表 2-7。

表 2-7　统计大中小企业划分标准

行业名称	指标名称	计算单位	大型	中型	小型
工业企业	从业人员数	人	2 000 及以上	300~2 000	300 以下
	销售额	万元	30 000 及以上	3 000~30 000	3 000 以下
	资产总额	万元	40 000 及以上	4 000~40 000	4 000 以下

规模经济是指产品的单位成本随规模即生产能力的提高而逐渐降低的规律。规模经济可分为四个层次，即产品规模经济、工厂规模经济、企业规模经济和行业规模经济。企业规模经济是指由于企业生产成本随着企业规模的扩大而降低，企业经济效益不断增加的现象。在一定范围内，企业规模的扩大会形成规模经济，而规模经济的形成有益于提升企业整体竞争力，因为企业规模的扩大可以大大增强企业的竞争能力以及承担亏损和抗风险的能力，同时企业分工和专业水平就会得以提高，资源的利用效率也会提高，还可以大量减少采购成本和销售费用。因而生产成本包括固定成本和变动成本会大幅度下降，会使企业获得成本领先的优势，使企业的生产成本处于行业最低水准，从而使企业的整体竞争力提升。

2.2.1.3 企业规模经济与集中度的关系

企业的规模经济性是决定企业集中度最基本的因素。在竞争日益激烈的今天，尽其所

能地降低本企业产品的成本，以取得竞争中的优势地位是每个企业的务实之举。因此，规模经济性的存在必然驱使企业不断扩大规模，在假定市场总规模基本不变的条件下，这一行为将推动集中度的上升。然而，并不是企业的集中度越高就越有规模经济效益。市场适度集中有利于发挥规模经济的作用，而过度集中则会滋生垄断，从而限制竞争。作为实现市场集中的主要途径，适当的企业兼并有利于企业扩大生产经营，取得规模效益，提高设备的利用率，获取市场竞争的优势，而不当的企业兼并则会减少甚至消灭竞争。

2.2.2 洱海流域工业企业规模情况和产业的集中度情况

2.2.2.1 中国现阶段工业企业的规模情况和产业集中度概况

工业是中国经济中最大、最重要的产业部门。根据目前国内学者对中国工业企业集中度的调查研究，中国现阶段工业与企业的整体规模还较小，产业集中度也不高。

从我国工业企业的平均规模与国际比较看，我国工业企业的平均规模要比先进工业国家的企业小得多。近年来，我国大公司虽然有了一定的发展，在国民经济中的骨干作用进一步提高，但是，与发达国家相比，差距还很大。2003 年，我国 516 家重点企业的营业收入约为 4330 亿美元，仅相当于世界 500 强前 2 名的沃尔玛商店和通用汽车营业收入的总和；516 家重点企业总资产和销售收入的平均值，分别相当于世界 500 强平均值的 1% 和 2% 左右；我国 122 家试点的企业集团 2003 年的营业收入约为 2500 亿美元，仅相当于世界 500 强中排名第一位的沃尔玛商店的营业收入。

李兵在其博士论文《中国工业产业集中度研究》中，利用 1993~2002 年的 546 个四位数产业的平衡的面板数据和从 1992~2002 年的 516 个不平衡的面板数据进行统计分析，得出结论：从中国工业产业集中度总体水平看，中国的产业集中度还是比较低，而且那些集中度高的多数是尚未发展起来的规模比较小的产业，而那些规模大的产业的集中度都很低，只有少数规模比较大的产业的集中度也相对比较高[1]。根据《经济研究参考》中的数据，中国目前工业主要行业的集中度如表 2-8 所示。从现阶段我国工业主要行业的集中率来看，整体上工业行业集中度很低。没有高集中度的行业（$CR_8 > 80\%$）；属于较高集中度（$60\% < CR_8 < 80\%$）的行业仅有石油和天然气开采业；没有中集中度（$40\% < CR_8 < 60\%$）的行业；绝大部分行业处于低集中度（$CR_8 < 40\%$），而且其中不少行业的 CR_8 值在 20% 以下。

表 2-8 中国当前工业主要行业集中度分析

产业名称	集中度（CR_8）
石油和天然气开采业	76.23
烟草制造业	36.5
饮料制造业	15.9

① 李兵. 2008. 中国工业产业集中度研究. 吉林大学博士学位论文.

产业名称	集中度（CR_8）
医药制造业	14.4
交运设备制造业	22.4
非金属矿制品业	2.27
食品制造业	9.4
农副食品加工业	5.43

资料来源：经济研究参考. 2002.

2.2.2.2 洱海流域工业企业规模情况和产业的集中度情况

（1）洱海流域工业企业规模情况和产业的集中度整体情况

洱海流域的主要工业行业[①]有烟草、交运设备、电力生产、非金属矿物（主要是水泥）、饮料制造等，2008 年各主要行业的规模以上企业[②]经营总体情况见表 2-1。

从经营规模（主营业务收入）来看，金属制品行业（936 万元）、仪器仪表行业（1890 万元）、电气机械行业（2072 万元）、通用设备制造（2073 万元）、塑料制品行业（2497 万元）和有色金属行业（2826 万元）的企业平均销售额（主营业务收入）均小于 3000 万元，属于小型企业，其余的农副食品加工等八个行业企业平均销售额在 3000 万元与 30 000 万元之间，为中型企业，而烟草制品行业的企业平均销售额为 106 452 万元，交运（专用）设备为 78 258 万元，电力热力生产企业为 36 077 万元，均超过 30 000 万元，属于大型企业，六个行业中烟草行业一枝独秀，其工业增加值在工业总增加值中的占比接近 50%，交运设备行业的销售收入，最近几年大幅增长，成为流域工业领域的两大龙头产业。从经济效益来看，烟草行业效益非常好，烟草行业在各行业的利润总额占比达到了 63%，饮料行业、交运设备、非金属矿物制品等行业效益也较好。从企业平均就业人数看，饮料制造（244 人）、医药制造（143 人）等 11 个行业属于小型企业，交运（专用）设备等 9 个行业属于中型企业，其中交运（专用）设备容纳的就业人员最多，平均每个企业就业人员达 1454 人，其次为纺织产业，平均每个企业就业人员达 900 人，电力热力生产企业平均就业人数也接近 700 人。

工业企业集中度情况分析：洱海流域工业规模以上企业总共有 68 个，企业个数相对较少，饮料制造和金属矿物两个行业的企业数均为 9 个，相对为企业数较多的行业。而其他行业的企业个数多数小于五个，集中度相对较高。

（2）洱海流域工业企业分具体行业规模及集中度概况

洱海流域内所辖县市主要为大理市和洱源县，表 2-9 是大理市和洱源县的主要工业产品产量数和在全州的占比大小统计（电力行业主要由政府控制，这里不作详细讨论）。

---

① 工业行业数据系按照《国家经济行业分类》（GB/T 4754—2002）的标准来进行分类统计。

② 规模以上工业企业按照目前统计年鉴的分类是指全部国有和年销售收入 500 万元以上的非国有独立核算工业企业。

表2-9 洱海流域主要工业产品分县市产量及占比

地区及占比	全州	大理市	占比（%）	洱源县	占比（%）
发电量（万kW·h）	358 361.09	87 734.39	24.48	11 741	3.28
乳制品（t）	169 684	120 268	70.88	48 524	28.60
饮料酒（kL）	165 881	134 400	81.02	0	0
精制茶（t）	6 421	2 256	35.13	0	0
卷烟（万箱）	41.6	41.6	100	0	0
载货汽车（辆）	42 414	42 414	100	0	0
低速载货汽车（辆）	17 102	17 102	100	0	0
饲料（t）	85 615	58 952	68.86	24 213	28.28
水泥（万t）	685.35	398.28	58.11	3.77	0.5
拖拉机（辆）	51 204	0	0	51 008	99.6
中成药（t）	474.64	180.93	38.12	0	0

1）烟草行业。

2008年，大理州烟草制品企业共4家[1]，其中3家处于洱海流域。根据表2-1数据，烟草行业的工业增加值在工业总增加值中的占比接近50%，该行业对流域工业增长的贡献率相当高；主营业务收入在流域企业主营业务收入合计中占比31%；同时其利润在各行业的利润总额中占比达到了63%，说明烟草行业的利润空间比较大。

红塔集团大理卷烟厂是洱海流域工业领域的龙头企业，也是大理烟草行业的龙头企业，拥有意大利打叶复烤生产线、德国豪尼制丝线、英国帕西姆卷接机、德国B1和佛克包装机等生产设备，是一家年产40万箱中高档过滤嘴卷烟的中型卷烟工业企业。1995年9月，大理卷烟厂加入红塔集团，2004年9月红塔集团取消了大理卷烟厂的法人资格，按母分公司管理运作，大理卷烟厂一直紧随集团发展步伐，得到了快速的发展。2005年，生产卷烟40.2万箱，实现税利费13.4亿元；2006年生产卷烟40万箱，完成工业总产值24.22亿元，实现税利费15.23亿元；2007年生产卷烟40.5万箱，完成工业总产值23.62亿元，实现税利费17.67亿元[2]，2008年和2009年分别生产卷烟40.9万箱和41.6万箱。由此从产品数量上来看，洱海流域烟草行业的发展呈逐年上升趋势。

2）交运（专用）设备行业。

2008年大理州交通运输设备制造业共4家，其中3家处于洱海流域。根据表2-1数据，交运（专用）设备行业2008年主营业务收入为234 775万元，占流域主营业务收入总额的23%，根据表2-9，大理市主要生产载货汽车和低速载货汽车，而拖拉机绝大部分集中在洱源县。交运设备制造行业是流域工业领域的一大龙头行业。

云南力帆骏马车辆有限公司是洱海流域交通运输设备制造业中的龙头企业，注册资本

---

① 数据来源于《大理统计年鉴2010》，第75页。
② 数据来源于《改革开放30年——聚焦大理工业发展》，第53页。

为 1.1818 亿元，总资产 1.37 亿元，旗下产品囊括轻、中、重型载货汽车，摩托车，农用运输车，拖拉机等。具备年产 4 万辆各型汽车、5 万辆拖拉机的生产能力，目前员工总数为 6800 人，其中各类技术人员 1530 人。公司通过了 ISO9001：2000 质量管理体系的认证，取得了国家发改委批准的"力帆"牌 N1、N2、N3 类汽车生产资质，自主研发的主要产品有"力帆"牌载货汽车，"农友"牌、"时骏"牌、"振兴"牌农用运输车、拖拉机，共 120 多种车型全部通过了国家的"CCC"强制性认证。公司下辖三个生产工厂、一个汽车运输公司、一个汽车配套生产基地、一个进出口公司，在全国十六个省（市）建有 52 个销售分公司、420 余个经营网点，并在缅甸、越南、老挝、柬埔寨、印度等国家建立有销售办事处，与东南亚、南亚、非洲等国建立了良好的贸易往来。

2005 年生产汽车 12 077 辆，销售 11 455 辆，生产拖拉机 25 706 台，销售 24 966 台，实现工业总产值 17.81 亿元，销售收入 16.67 亿元，出口交货值 9853 万元。2006 年，生产汽车 17 202 辆，销售 17 100 辆，生产拖拉机 26 574 台，销售 26 412 台，实现工业总产值 24.4 亿元，销售收入 20.4 亿元，出口交货值 1.3 亿元。2007 年，生产汽车 24 563 辆，销售 23 747 辆，生产拖拉机 35 705 台，销售 34 520 台，实现工业总产值 33 亿元，销售收入 32 亿元，出口交货值 1.4 亿元[①]。

3）非金属矿物业（建材业）。

水泥、大理石、板岩等是大理州具有比较优势的资源产业，具有较大的市场空间。洱海流域内的建材行业主要集中在大理市，洱源县所占比重很小。规模以上企业共有 9 家，是流域内企业较多的行业。其中规模相对较大的有云南红塔滇西水泥股份有限公司、大理水泥集团有限责任公司、大理红山水泥有限责任公司、大理市华营水泥厂、洱源县天气水泥有限责任公司等。云南红塔滇西水泥股份有限公司是云南水泥行业的重点企业和大理州建材支柱产业的龙头企业，现年生产规模 300 万 t；大理水泥集团有限责任公司生产能力达 150 万 t，产品涵盖 6 大通用水泥品牌。

4）饮料制造行业。

流域内饮料制造行业共有 9 家，也是流域内企业数较多的行业。主要包括酒制造和精制茶加工等企业。

白酒：2007 年，大理州饮料酒产量共 131 377kL，洱海流域的大理市和洱源县分别为 116 331kL 和 71kL，共占全州产量的 88.6%；2008 年，大理州饮料酒产量共 145 227kL，洱海流域的大理市和洱源县分别为 122 144kL 和 19kL，共占全州产量的 84.1%；2009 年，洱源县放弃了白酒的生产，洱海流域的大理市产量为 134 400kL，占全州产量 165 881kL 的 81%。从整体上来说，大理市的白酒产量在全州占比份额较大，但并没有形成规模较大的白酒制造企业，多数均为小型作坊式加工户，没有形成品牌，只是占据着州内低端白酒品牌市场，有待向规模化、品牌化和集团化发展。

啤酒：大理州的啤酒制造企业全部集中在大理市。大理啤酒（集团）责任有限公司在云南省啤酒业有着重要的地位，是云南省啤酒三强之一，生产的产品包括苍洱牌大理啤

---

① 《改革开放 30 年——聚焦大理工业发展》，第 85 页。

酒、风花雪月啤酒及大理风果味啤酒等共四十余个品种。从州区域角度看，该企业的规模较大，集中度很高。

制茶工业：大理州茶制造法人企业 24 户，集体经济组织 9 户。24 户法人企业中，规模以上企业 1 户，即下关沱茶股份公司，其余均为规模以下企业，年均加工量不足 20t。企业布局分散，规模小，初、精生产企业关联度不强。

5）生物资源及优势农产品深加工行业。

生物资源及优势农产品深加工行业包括食品制造、医药制造和农副食品加工。

食品制造：洱海流域的食品制造业主要是指液体乳及乳制品的生产制造。流域内企业共有 4 家，其中较大的两家乳业制造企业为云南大理东亚乳业有限公司和云南新希望邓川叠泉乳业有限公司。2007 年，全州乳制品产量为 153 699.18t，其中大理市产量 122 635t，洱源县 29 565.18t，两个地区占比全州总产量 99.02%；2008 年，全州乳制品产量为 160 372t，其中大理市产量 119 566t，洱源县 39 812t，两个地区占比全州总产量 99.38%；2009 年，全州乳制品产量为 169 684t，其中大理市产量 120 268t，洱源县 48 524t，两个地区占比全州总产量 99.47%。

医药制造：大理州医药制药企业共有 9 户，流域企业 4 户，包括云南通大生物药业有限公司、云南白药集团大理药业有限公司和大理金明动物药业有限公司。从整体上来说，医药行业产业集中度低，规模小而布局分散。

农副食品加工业：2008 年大理州农副食品加工业共有企业 12 户，其中 5 户地处洱海流域，包括云南大理洱宝实业有限公司、大理天滋实业有限责任公司、洱源县云洱果脯有限责任公司、洱源果品农特经营有限公司和洱源县邓川农特产品开发有限责任公司等。其中云南大理洱宝实业有限公司位于有"中国梅子之乡"的洱源县，公司拥有 150 多种系列产品；洱源县邓川农特产品开发有限责任公司资产为 6243 万元，从总资产角度来说，规模较大。

2.2.3 影响洱海流域工业产业规模集中度的因素分析及提高集中度实现规模经济的对策建议

2.2.3.1 产业集中度的影响因素及实现规模经济的途径

根据贝恩的观点，决定市场结构的首要因素就是产业集中度（Bain，1959）。而根据前人的总结和中国工业发展的实际情况具体分析，目前影响产业集中度的主要因素包括：①产业规模经济水平。在某一特定市场上，规模经济水平越高，大企业的效率越高，其竞争能力越强，在市场上所占市场份额也就越大，市场集中程度越高。②市场容量。一般来说，市场容量越大，企业扩张的余地越大，新的企业也越容易进入，大企业所占份额就可能变小，从而市场集中度就会降低。反过来，市场越小，竞争越激烈，企业扩张的余地越小，新企业越难进入，而大企业会凭借雄厚的实力设法兼并挤垮弱小企业。③进入壁垒。若某行业的固定资产投资大，专用性强，技术复杂，老企业较之新企业具有较大的竞争优势，新企业进入要付出很大的代价，则新企业难以进入，市场集中度维持在较高水平。反之，若进入障碍低，新企业易于进入，则会导致集中度下降。④国际因素。包括进口和出口，以及外商直接投资等方面，表现为出口越多，产业集中度越低，但目前外国直接投资企业的市场份额和产业集中度关系尚不确定。⑤政策导向。政府对市场在产业层面的干预越多，则产业集中度越高。

企业要获得规模经济，必须达到实现规模经济所要求的规模大小。一般来说，企业实现规模扩张，形成大批量生产，获得规模经济有两种途径。一种是通过增量扩张达到适当规模，一种是通过存量重组形成适量规模。前者是指依靠增加投资来扩大企业的生产规模，这是形成规模效益的重要途径，也是较为迅速的一个途径。适合于资本力量强大，而且市场开发和市场控制力极强的企业，尤其对于生产短缺产品企业来说，是有效和可行的。这种靠扩大投资而扩大规模的方式，存在着市场风险和对已有生产能力的竞争压力，往往会引发经营危机。而后者包括两种类型，一种是通过产权变革而在存量重组中实现规模经济效益，例如，兼并重组和合并重组；一种是存在不涉及产权变革的条件下通过经营联合而实现规模经济①。

2.2.3.2 影响洱海流域工业产业规模集中度的因素分析及提高集中度实现规模经济的对策建议

从国家层面看，走新型工业化道路是党的十六大提出的号召，为我国未来的产业发展指明了道路，为未来的产业政策指明了方向。我国今后产业政策走势首先是继续向装备制造业和高新技术产业倾斜，国家会大力发展以信息化为龙头的高新技术产业，用高新技术和先进适用技术改造传统产业的同时充分考虑并结合我国基本国情，走出一条科技含量高、经济效益好、资源消耗低、环境污染少、人力资源优势得到充分发挥的新型工业化路子；其次是支持大企业、大集团和促进专业化分工相结合的产业组织政策，在为各类企业创造平等的竞争机会的同时，鼓励企业间进行优化重组，培育出适应市场要求的、具有国际竞争力的大型企业或企业集团和高度专业化的、有创新能力的中小企业。

从区域层面看，基于洱海的环境承载能力和工业发展的实际情况，洱海流域工业产业发展调整必须坚持洱海保护和环境改善的宗旨，贯彻大理州"两保护、两开发"的原则，以市场为导向、企业为主体，以技术和机制创新为动力，以工业园区（开发区）为载体，增加投入、优化结构、提高集中度、培育龙头企业、打造大品牌、形成大基地。这是影响洱海流域工业产业集中度的政策导向因素。

1）烟草行业：根据 2005 年中国统计年鉴数据，烟草业的集中度高达 98.29%，是个集中度非常高的行业，同时烟草工业企业存在明显的规模经济性。就洱海流域内的烟草企业而言，其属于政府重点支持的产业，而由于烟草企业的利润空间较大，流域内共有 3 家烟草企业，相对全国范围内 98.29% 的集中率，洱海流域的烟草行业还可以进一步整合。红塔集团大理卷烟厂作为流域内烟草企业的龙头老大，可以再考虑整合另外两家卷烟企业

---

① 魏杰.2003. 工业化进程中的规模以上工业.理论探讨，(5)：42-47.

的基础上扩大增量，通过整合和自身的规模提升，实现市场集中度的快速提高，获得规模收益，进一步提升品牌效应。

2）交运（专用）设备行业：交运设备制造行业是资金、技术、人力资源密集型的产业，其进入壁垒较高，同时大理州政府对该产业的支持力度较大，因此该产业的相对集中度较高。在全国范围看，为了该产业的持续发展，在我国汽车工业面临较大调整的大环境下，云南力帆骏马车辆有限公司必须充分发挥龙头带动作用，以增量扩张的方式进一步提高集中度，将其打造为大理创新工业园区的发展引擎，在全国范围内提高市场占有率，同时扩大出口。

3）非金属矿物业（建材业）：洱海流域非金属矿物业规模以上企业共有9家，是流域内企业较多的行业，集中度较低。其集中度较低的原因主要是其进入壁垒较低，而市场容量又相对较大，在利益的驱使下，有多家水泥厂出现，大多数为规模很小的企业，且布局分散，恶性竞争激烈。在大理州"十一五"规划中已提出水泥仍是建材行业发展的重点，要大力改造提升建材行业。在国家的西部大开发大形势下，滇西地区出现了较好的市场机遇，但根据全省水泥市场的发展，流域内建材行业需要进行结构调整，实现增量增效，引进先进技术提高整体工艺水平，加大整合力度，采取兼并重组的方式提高产业集中度（流域内洱源县的水泥产量很小，可将其兼并），提高竞争力。以力帆骏马公司为龙头，推进大理汽车城（凤仪、邓川）建设，大力发展汽车零部件生产和汽车、农用车的装配生产，实现规模化、品牌化、效益化生产经营。

4）饮料制造行业：根据2005年中国统计年鉴数据，我国饮料制造业的集中度为69.28%，而洱海流域内饮料制造行业共有9家，是流域内企业数较多的行业，也是需要重点调整的行业，相对集中度较低，主要原因在于饮料行业的市场容量较大，而进入壁垒较低，导致了低的集中度，尤其是白酒企业。

州内的白酒企业生产点多、面广、规模小、管理落后、费用高、效益差、竞争能力低下，主要处于本地的低端市场，市场占有率很低，行业内没有一个较好的品牌。因此白酒行业急需做大做强1~2个品牌来抢占市场，提高效益。要做出品牌，必须有一定的规模且领导力集中的企业，这就要求企业产权集中，但流域内的白酒企业并没有特别突出的，多数实力都处于同一水平，所以对于白酒行业采用合并重组的方式实现规模扩张和产权的集中为较好的选择。

流域内的啤酒业集中度相对比白酒业要高，也拥有一定的品牌知名度，在嘉士伯入住后，其品牌优势、人才、资金、技术、管理和市场开拓上的优势都给大理啤酒的发展注入了极强的动力。因此流域内啤酒业可充分发挥大理啤酒（集团）责任有限公司的龙头带动作用，进一步兼并效益低下的小的啤酒厂，实现更高的集中度，收获规模效益。

流域内制茶企业布局分散，规模小，初、精生产企业关联度不强，企业数也相对较多，其中下关沱茶股份公司为唯一的规模以上企业。建议下关沱茶股份公司在实施技术改造的同时，采用兼并重组的方式，整合当地资源，提升自身的规模，来进一步提高效益，巩固品牌。

5）生物资源及优势农产品深加工行业（包括食品制造、医药制造和农副食品加工）：

流域内的食品制造主要为液体乳和乳制品的制造。流域内的云南大理东亚乳业有限公司和云南新希望邓川叠泉乳业有限公司目前均有一定的规模，也形成了自己的品牌，并占有一定的市场份额。可以增量扩大的方式进一步适量扩大规模，提高产业集中度，实现规模经济。

流域内医药制造企业 4 户，包括云南通大生物药业有限公司、云南白药集团大理药业有限公司、大理药业股份有限公司和大理金明动物药业有限公司。从整体上来说，医药行业产业集中度低，规模小而布局分散。从药品种类看，降低出口退税率的政策将使一些中小原料生产企业面临淘汰，化学原料药生产企业的集中度将得到加强。鉴于医药行业的特殊性，各医药企业的主要生产药品不同，生产流程及工艺相差较大，建议采用增量扩张的方式来提高产业集中度，实现规模经济。

流域内农副食品加工企业共有 5 户，包括云南大理洱宝实业有限公司、大理天滋实业有限责任公司、洱源县云洱果脯有限责任公司、洱源果品农特经营有限公司和洱源县邓川农特产品开发有限责任公司等。这些加工企业主要都是加工生产果脯、精梅等，产品差异较小。可采用在本身增量扩张的基础上酌情考虑合并重组的方式提高集中度，实现规模经济。

除上述主要行业产业外，政府主导的电力产业也适合于采用增量扩张和兼并重组的方式进一步提高产业集中度。另外，政府大力支持的生物开发产业、以新能源、新材料为主的高新技术产业在我州基础还比较薄弱，由于进入壁垒较高，也没有企业个数多而分散的情况，适合于以增量扩张的方式扩大规模，提高集中度。各行业提高集中度，实现规模经济的具体措施分类整理见表 2-10。

表 2-10　洱海流域工业结构调整规划及措施

产业	产业集中度提升措施
饮料制造中的白酒业、食品制造、农副食品	增量扩张，合并重组
建材、饮料制造中的啤酒和制茶业	兼并重组
烟草及烟辅、机械（交运设备制造）、电力	增量扩张，兼并重组
生物开发产业、以新能源、新材料为主的高新技术产业	增量扩张

2.2.4　洱海流域企业提高产业集中度的作用和影响

2.2.4.1　产业的适度集中有利于发挥企业的规模经济性

企业要实现规模经济，必须首先形成能产生规模经济的规模量，产业的集中就使这一要求得以实现。企业集中在一定程度上避免了重复生产、重复建设，避免了企业散杂时的恶性竞争，使资源得到充分合理的利用，使生产成本降低而实现规模经济。

2.2.4.2　产业的适度集中有利于技术改造和排污设备升级，有利于环境保护

相比势单力薄的单个企业而言，有效整合和合并后的企业具有更大的规模，拥有更强

的实力，企业本身基于企业效益考虑对技术的追求会趋于更高的层次，同时，政府对企业的支持也会比之前大，这也有利于企业争取资金进行技术改造。

2.2.4.3 产业的适度集中有利于品牌的形成和巩固，发挥品牌效益

企业要在激烈的市场竞争中立于不败之地，就必须有自己的品牌。品牌集中了资本、人才、技术、资源、质量、信誉、管理、市场等全方位的统一，是企业优势的体现，是企业参与市场竞争的生命力，没有品牌企业将无法生存。以品牌战略促进工业企业的科学发展是企业的必然选择。企业的发展离不开规模经济，而品牌的延伸则是实现规模经济的一个重要手段，同时，规模经济的实现反过来又可以促进品牌的发展。流域内的企业多数为中小企业，而中小企业要形成一个大的品牌就需要发挥集聚效应，产业的适度集中无疑为此创造了良好的条件。没有相对突出品牌的产业如白酒业等的发展壮大需要集中创造一两个品牌作为载体；而对已形成有相对突出品牌的产业如啤酒、精制茶业、农副产品等需要在进一步提高产业集中度的情况下巩固发展现有品牌，通过市场扩展提高品牌知名度，收获规模经济。

2.3 洱海流域工业产业的空间集聚性研究

2.3.1 研究的主要路径和方法

本研究将运用产业链网分析技术，对各个工业产业之间的关联性进行分析，得到各工业产业和产业的主要产品之间的联系，结合各工业产业在流域的地区分布特征和流域几大工业园区的工业产业类别，进行空间集聚可能性分析，确定可以集中布局的工业产业，充分挖掘流域工业产业的集聚潜力，扩大流域工业的集聚效应，强化污染规模处理，为后续的工业规划提供依据。

2.3.2 相关概念与基础理论分析

2.3.2.1 产业链网的含义

面对全球资源危机和土地稀缺，循环经济与产业集聚在我国已经得到不断地发展，产业链网的构建成为实现循环经济与产业集聚的重要实践形式[①]。产业链网包括生态产业链网和区域产业链网两种形式。生态产业链是指某一区域范围内的企业模仿自然生态系统中的生产者、消费者和分解者而构建的。通过废弃物资源为纽带而形成的具有产业衔接关系的企业联盟，最终实现资源、能源等在区域范围内的循环流动[②]。区域产业链网是指某一

---

① 张坤. 2003. 循环经济理论与实践. 北京: 中国环境科学出版社.
② 尹奇. 2002. 生态产业链的概念与应用. 环境科学, 23 (6): 114-118.

区域范围内的企业产业上下游的产品交换为纽带而形成的具有产业衔接关系的企业联盟和产业集聚。因此，生态产业链是通过模仿自然生态系统的运作模式，将各种在业务上具有关联的企业聚集在一起，使其中一家企业产生的废弃物成为另一家企业的生产原料而形成的，随着生态产业链的不断发展，越来越多的企业加入其中，网络化是其发展的必然趋势，最终形成生态产业链网[①]。而区域产业链网则是通过原材料、辅料、半成品、产成品等商品交换关系，基于优化经营半径和降低物流成本形成的企业空间集聚与企业内外部整合。

2.3.2.2　产业链网的基础理论分析

产业链网理论研究通过对特定区域的各个工业产业之间的关联性进行分析，得到各工业产业和产业的主要产品之间的业务联系和上下游关系，结合各工业产业在流域的地区分布特征和流域几大工业园区的工业产业类别，进行空间集聚可能性分析，确定可以集中布局的工业产业，充分挖掘流域工业产业的集聚潜力，扩大流域工业的集聚效应和强化污染规模处理，为后续的工业规划提供依据。

产业链网上的所有企业既可以是隶属于同一大的企业集团，也可以是同一产业链上的不同企业。产业链网如果是在集团内部延伸，则构成企业集团纵向一体化产业链网。纵向一体化产业链网是指企业在对上游企业的废弃物和副产品、半成品和产成品的依赖较强或者依托下游企业处理废弃物和副产品、依靠下游企业销售产品和完善服务的需求较强时，可能会考虑将其内部化，即购买或新建这些企业，形成了一个内部管理统一的、上下游结合的有机体。产业链网如果是在企业之间延伸，则构成企业的区域集聚或企业集群。

不同构造的产业链网有不同的特点。产业链网的形成可能是基于产品、原材料等实体物质，也可能是基于各种形式能量的梯次利用，还可能是基于信息的不同层级的加工、利用与共享。不同产业链网的延伸方向也可能大相径庭。从产业链延伸的方向上来看，可以向产业链的上游、下游或是同时向生态产业链的上游与下游并行延伸。从产业链延伸的目的上来看，既可能是从环境保护和资源节约的角度为企业的可持续发展考虑，也可能是从缩小经营半径或是提高服务质量的角度基于经济效益开展产业链延伸，还可能是从全面利用企业的各种资源或是打造多元化经营体、从而有效降低经营风险、提高综合经济效益出发来进行产业链延伸。

2.3.3　洱海流域工业企业空间集聚性现状分析与问题解析

2.3.3.1　洱海流域工业企业空间集聚性现状分析

洱海流域内共有工业企业606家，位于洱源县境内的工业企业95家，大理市境内工业企业511家。在年销售收入超过1亿元且从业人员超过500人的10个主要工业行业中，

---

① Raymond P，Core E，Co hen - Rosenthal. 1998. Designing eco-in-dustrial parks：a synthesis of some experiences. Journal of Cleaner Production，6（8）：188.

工业产业重点监测企业有 41 家。通过分析洱海流域具有代表性的 41 家工业企业可以看出，流域虽然整体工业产业空间集聚度不高，但是在部分工业区或传统工业强镇，有的工业产业在特定空间集中布局，形成了一定规模的产业集聚，主要表现在以下几方面。

（1）烟草制品上下游空间集聚

红塔烟草（集团）有限责任公司大理卷烟厂位于大理市下关镇，在下关镇和大理市开发区等毗邻区域分布着一些造纸及纸制品、印刷包装等卷烟辅料及辅料上游生产企业，包括位于大理市开发区的大理美登印务有限公司、位于大理市下关镇的大理华成纸业有限公司等规模以上企业，初步形成了规模不是很大的卷烟及辅料产业链上下游产业空间集聚。

（2）食品饮料上下游空间集聚

洱海流域主要的两家食品饮料企业大理娃哈哈食品有限公司和大理市牛奶有限责任公司均位于大理市银桥镇，大理娃哈哈食品有限公司的主要产品是乳饮料及纯净水，而大理市牛奶有限责任公司的主要产品是鲜奶、酸奶、乳产品，系乳饮料产业的上游产业，由此形成了银桥镇食品饮料产业链上下游产业空间集聚。

洱海流域的另外一家有影响的饮料制造企业大理啤酒有限公司位于大理市下关镇，而下关也分布着一些与之相关的农副加工企业，比较典型的是大理金穗麦芽有限公司，其产品是麦芽汁，系啤酒生产的主要原材料，形成了下关镇饮料农副产品加工产业链上下游产业空间集聚。

此外，在洱源县邓川镇布局着云南新希望邓川蝶泉乳业有限公司和大理邓川锦详生物工程有限公司两家规模以上企业，前者的产品是液态奶、奶粉，后者的产品包括鲜牛奶、鲜牛肉，部分产品也形成了产业链上下游的产品联系。

（3）运输设备制造检修上下游空间集聚

洱源县邓川镇拥有全县最大的工业企业力帆骏马邓川拖拉机制造分厂，同时也分布着多家汽车、拖拉机、摩托车检修企业，包括洱源县邓川顺达汽车修理厂等有一定规模的检修企业，由此形成了邓川镇运输设备制造检修产业链上下游产业空间集聚。

2.3.3.2　空间集聚性方面存在的问题解析

（1）流域工业产业组织结构落后，产业上下游空间集聚度较低

流域的工业企业普遍规模小而散，除了烟草行业和交运设备行业外，其他行业中的龙头企业对产业发展的带动能力有限；企业结构单一，管理水平不高，产品档次低，缺少品牌，产业经营整体效益不理想；产业资源特别是优势资源分散，工业排污面广且污染治理水平低，产业整合、企业重组力度不大，阻碍了产业优势资源的集中与集聚。

（2）流域多数产业工业技术装备水平不高，阻碍了生态产业链网类型的产业空间集聚发展

流域产业生产设备、环保设施和工艺技术水平发展不平衡，大部分产业缺乏先进的生产技术和节能环保装备，尤其是食品、农副产品、纺织等行业的中小企业生产工艺、技术装备仍然比较落后，这一方面造成了这些行业的高排放和高污染，由此形成了"高消耗、高污染"的产业发展现状，其中食品制造、饮料制造和农副食品三个行业是流域污染排放强度最大的几个行业，这些行业虽然形成了一些发展层次相对较低、规模也较小的产业空间集聚，但是这种产业空间集聚今后的发展必然会面临流域的资源供给和环境保护的限制；另一方面产业技术能力和污染处理能力的欠缺也制约了流域各类重要生物资源、矿产资源的深度开发，流域的各种资源环境优势不能在更大范围、更大规模上转化为工业产业优势和现实经济收入，也严重阻碍了基于节能减排、资源综合利用的生态产业链网类型的产业空间集聚的迅速发展。

（3）流域工业产业现有产业链网的整体竞争力和可持续发展能力较差

烟草制品这一流域主导产业链网，虽然从目前的调查数据来看环境污染影响较轻，但是其今后的发展可能受到资源获取能力和市场规模的限制，产业链网的成长空间有限，而食品饮料产业链网本身由于受到技术设备水平低的制约，对洱海流域环境的负面影响较大。新兴工业的资源欠缺，节能减排型工业发展不足，高新技术企业较少，循环经济模式尚待构建，生态产业链网类型的产业空间集聚发展基础薄弱。这样在今后一段时间，流域传统工业行业包括资源开发型行业可能因为环保限制和资源枯竭丧失发展的基础，而新兴的、资源依赖度低的绿色产业又发展滞后，可能造成在产业结构调整过程中出现居民收入下降和就业减少等严重问题，进而也会制约流域环境保护目标的实现。流域产业链网的提档升级与空间集聚产业的持续发展面临较大的挑战。

2.3.4 提高洱海流域工业产业空间集聚度的对策建议及保障措施研究

近年来洱海流域工业产业集群发展正面临着几个大的历史机遇：一是国家实施"西部大开发"战略，二是云南实施"桥头堡"战略，三是以大理市为滇西中心城市规划建设滇西"1+6"城市圈，洱海流域应该抢抓这些难得的发展机遇，着力打造十大产业集群，即：机械加工、烟草及其辅料、建材、优质生物资源、能源等五大工业产业链网和金融保险、旅游、商贸物流、通信传媒、建筑等五大现代服务业产业集群。

2.3.4.1 提高洱海流域空间集聚度的对策建议研究

从产业空间布局及空间集聚度角度，就洱海流域现有的产业和产业链网开展分产业细化分析。

（1）空间布局重点整合的产业链网

饮料制造、食品制造、农副食品等产业是污染排放强度最大的产业，也是规划调整产业空间集聚度的重点。规划将从以下几方面调整：一是纺织、印刷包装等轻工产业通过企业和行业的整体搬迁改建，大力实施技术改造，提高产业整体实力，并实现产业空间集聚和实施区域集中治污，同时结合"文化大理"与"旅游大理"建设，以贸易和品牌培植为重点，积极在洱海流域文化与旅游集中区发展以扎染、刺绣为主的、污染小而附加值高的民族传统手工纺织品、民族木制品、特色旅游产品；二是食品饮料与农副食品加工产业要不断扩大流域以"果脯、乳品、茶叶"为特色的农产品加工产业规模，通过延长产业链、开展深加工和创立品牌提高产业综合附加值，打造空间集聚度高、产业附加值高、产业竞争力强的产业链网。

（2）区域内严格控制发展的产业链网

对于冶金、采掘等污染排放强度大，对洱海保护构成较大威胁的行业，可以在清洁生产、控制排放的前提下限制其发展。可以通过区位布局调整，结合企业经营组织变革发展和流域总部经济的优势，在流域周边区域拓展这些产业的发展空间，在空间集聚性发展方面实施产业链网上下游的功能分离，并实现总部和生产基地的地域分离。

（3）着力做大做强的支柱性产业链网

流域规划将重点支持市场潜力大、产业规模大的支柱性产业链网。一是烟草及烟辅产业链网，要遵循"稳定、创新、挖潜"的发展思路，建立优质原料基地，强化产业链上下游的烟辅、印刷包装业的业务合作，提升整个产业及产业链各环节的竞争力和效益水平；二是机械加工产业链网，可以以组装总成企业为龙头引进发展配套产业，不断延伸产业链，迅速在特色工业园区、工业集中区做强做大产业；三是建材产业链网，可以借助市场手段和政策引导，加快产业资源整合和空间集聚，淘汰落后产能，组建跨行业的大型建材企业集团，实行集中治污。

（4）绿色、生态产业链网

流域工业将积极鼓励突出区域特色和优势的绿色产业链网、生态产业链网的发展，大力扶持生物开发、新能源、新材料、高新科技等"低投入、低污染、低耗能、高效益"的优势产业，培育新兴产业集群。具体为：①大力发展生物开发产业链网，利用洱海流域多样化的生物资源，加快发展天然生物制药产业，将制药企业与药农相结合，规范原料药材的种植，推进中药产业化进程。②积极扶植以新能源、新材料为主的高新技术产业发展。抓住太阳能非晶硅薄膜光电项目等新引进项目建设的契机，精心孵化培育高新技术产业，以新材料、新能源为突破口，发展非晶硅材料、ITO靶材、纳米金属粉体等新材料产业和风能、太阳能设备制造产业链网。

2.3.4.2 提高洱海流域空间集聚度的保障措施研究

（1）产业及相关政策措施

1）制定实施强有力的产业调整和产业引导政策，加大产业整合和企业重组力度。按照节能减排的要求加快推进流域产业结构调整，重点支持低污染、高附加值、高产出的新型工业产业链网，包括生物资源开发、建筑建材、交运设备与通用设备产业等产业和产业链网，同时结合流域的资源特点和资源优势，大力发展具有洱海特色的农副产品加工产业和旅游产品生产产业，着力打造特色产业链网。流域内要围绕发展优势产业，努力打造形成"产业聚集、企业聚集、产品聚集"的"块状经济"。

2）基于生态保护和可持续发展的要求，实施工业产业空间布局优化调整。流域要以大理创新工业园区、大理经济技术开发区为工业经济增长的"火车头"，开展工业产业区域布局调整，实现规模化、集约化生产，实行污染集中整治。对于目前在流域内污染相对较高的饮料制造、食品制造和农副食品三个行业，要尽力通过产业集中与整合、企业组织调整和区域优化布局，形成地域上集中的优势产业链网，分区域进行有针对性的污染治理和环保配套设施建设，解决分散排污、排污量大、治理费用高的问题。

3）抓实项目开发，迅速扩大产业链网规模。一是通过推行"项目带动"战略，从项目规划建设、土地利用、环境保护、林业、洱海保护等各个方面，全方位谋划项目、支持项目、发展项目，以项目建设促进企业发展，以项目拉动流域工业经济增长；二是流域各级政府积极开展招商引资，主动出击争取大的基础建设和产业发展项目，努力引进适合流域发展、节能减排的工业好项目、大项目，如风力发电等；三是实行"思路项目化、项目数字化、措施具体化、实施快速化、效益最大化"，千方百计争取重大项目立项，形成"向上争取一批、正在实施一批、论证储备一批"的项目发展工作体制，通过大项目带动大企业，以大企业带动大产业，以大项目、大企业、大产业推动流域产业空间集聚与产业链网培育发展。

（2）技术保障及资源引进措施

1）推进企业创新。围绕支柱产业和重点行业，以引进消化再创新和集成创新为主，有选择地推进原始创新，突破产业和产品的关键与核心技术，获取一批自主知识产权，提升和优化产品结构，实现经济增长方式的根本性转变。促进和引导企业加强品牌建设和管理工作，支持重点企业和重点产品向名牌企业和名牌产品转化，培育和形成一批具有相当效益和规模的名牌产品生产企业，力争尽快在每个重点行业中培育 1~2 个名牌产品，并以这些"名品"、"名企"为基础发展优势工业产业链网。

2）发展节能环保和循环经济模式。鼓励企业积极开发工业污染治理实用技术，不断提高流域工业企业的综合技术装备水平，在更大范围内推行循环经济的产业发展和工业生产模式；采取税收、信贷、排污征费等配套手段，形成循环经济发展的激励机制；加快建设环境产业市场，发挥市场对循环经济建设的推动作用；建立信息交换平台，保障信息畅通，促进物质资源的深度开发和循环利用，提高资源的综合利用率，培育和打造多个具有洱海流域特色的生态产业链网。

3）积极而有选择地引进人才、资金、技术等产业发展资源，培育形成更多的高新科技企业和节能环保产业。流域可以充分发挥产业发展的后发优势，依托苍山洱海及大理的品牌效应和得天独厚的自然环境、气候条件，积极开展对外经济交流和要素流动，大规模吸引社会投资和外来投资，引进发达国家和先进地区的资金、技术、管理、人才等生产要素，推动"外源型"工业扩张，并不断引入高层次产业链网，使其在流域迅速发展壮大。

2.4 洱海流域工业产业吸纳劳动力能力研究

2.4.1 研究的主要路径和方法

本部分研究将全面考察洱海流域工业现有结构下吸纳劳动力的总体能力、工业增加值吸纳的劳动力数量、主要工业行业吸纳的劳动力数量等，尤其要考察洱海流域劳动密集型产业发展状况和吸纳劳动力数量，为流域工业领域分阶段接收或吸纳农业转移劳动力提供依据，也为后续的工业规划提供参考。

2.4.2 相关劳动力就业基础理论分析

2.4.2.1 发展中国家农村剩余劳动力就业的理论

（1）刘易斯理论

该理论亦称为二元经济模型。是由美国著名经济学家阿瑟·刘易斯（W. A. Lewis）在20世纪50年代中期创立的。刘易斯的农村剩余劳动力转移理论源于他的"二元经济结构理论"。1954年他发表了《劳动力无限供给条件下的经济发展》，提出了发展中国家农村剩余劳动力转移的理论和方法，其中，他提出了三个理论前提。

其一，发展中国家国民经济中存在现代工业与传统农业两大截然不同的物质生产部门，一个是城市的资本主义化的现代工业部门，该部门集中了大量资本，具有较高的劳动生产率；另一个是传统的乡村农业部门，即生产方式的传统部门，该部门缺少资本，劳动生产率极其低下，存在着大量的隐蔽失业，农民仅能维持最低的生活水平，但拥有大量剩余劳动力。

其二，传统农业部门由于人口众多，自然资源相对短缺，农村剩余劳动力劳动边际生产率等于零，因此存在着劳动力的无限供给，只要工业部门需要，就可从农业部门中得到无限的劳动力。在这种二元经济中，当资本家的利润用于不断投资时，工业部门生产规模不断扩大，从而吸收更多的农村剩余劳动力。农业部门剩余劳动力外出就业，农业产量不会减少。

其三，农业部门的收入决定工业部门工资的下限，工业部门平均工资收入高于农业部门平均工资的30%左右，因此，促使劳动力源源不断地从传统农业部门向现代工业部门转移。这种转移一直要到传统农业部门的剩余劳动力全部转移到现代工业部门为止。此时，发展中国家的二元经济变成了一元经济，不发达经济变成现代资本主义经济。

刘易斯理论是研究发展中国家农村剩余劳动力转移的一种理论，其主要内容比较接近发展中国家的实际情况，其二元经济模型的提出，是发展经济学的重大成果。该理论对目前我国新农村建设和农村富余劳动力的转移及就业仍具有重要的理论借鉴作用。

（2）拉尼斯-费景汉理论

拉尼斯-费景汉理论是美国发展经济学家拉尼斯和美籍华人费景汉在刘易斯农村剩余劳动力转移理论的基础上，于20世纪60年代创立的一种理论。

拉尼斯-费景汉理论发展了刘易斯理论，主要体现在以下几方面。

其一，该理论把农村剩余劳动力转移划分为三个阶段。第一阶段，农村劳动生产率等于零阶段，在此阶段中由于农业总产出没有减少，粮价和工资不会上涨，因而农村剩余劳动力转移到工业部门不会遇到困难。第二阶段，农村劳动力生产率大于零小于农业平均固定收入阶段。在此阶段，农村仍存在剩余劳动力。这些劳动力第一阶段的剩余劳动力必然要向劳动部门转移，转移的规模越大，将会使工业资本家的利润越低，最终引起经济增长和劳动力转移过程减缓甚至停滞。第三阶段，农村劳动力生产率等于和大于农业平均固定收入阶段。在此阶段，农村的剩余劳动力全部转向工业部门，农民和工人的收入水平一样由劳动边际生存率决定。这时，传统的农业经济就进入发达的资本主义经济阶段。在拉尼斯–费景汉理论的三个阶段中，最大的难题是如何使农村剩余劳动力持续到第三个阶段，拉尼斯和费景汉认为，解决这一难题的唯一路径是在农村剩余劳动力转移过程中同时提高农业生产率，即使农业生产部门和工业生产部门同时发展。为了保证农业发展部门平衡发展，拉尼斯和费景汉又提出一种发展平衡原则，即工农业生产部门长期持续地保持增长刺激，每个部门的贸易条件都不能恶化。

其二，该理论提出了人口增长对农村剩余劳动力转移的阻碍，确立了"临界最小努力"的概念和准则。拉尼斯–费景汉理论是在假设人口不变的条件下提出的，实际上发展中国家人口增长是迅速的，从而加重了农村剩余劳动力转移的难度。拉尼斯和费景汉认为，要想解决这个问题必须使农村剩余劳动力转移的速度大于人口增长速度。为此，他们提出了"临界最小努力"的概念和准则，即一个国家工业劳动力的增长刚好使农业剩余劳动力全部被工业部门所吸收所做的努力。显然，人口增长率的高低，就决定临界最小努力的大小。

其三，该理论不仅把农业看作为工业提供所需要的廉价劳动力，而且同时看作为工业提供的剩余劳动力，因此，工农业两个部门必须平衡发展；同时，该理论不仅把资本积累看做是扩大工业生产和经济发展的基础，而且同时强调了资本积累和技术进步的重大作用。

其四，该理论强调提高农业生产率的重要意义。对刘易斯理论忽视农业在劳动力转移中的作用，只把农业看成是为工业发展提供劳动力的理论进行了修正。该理论认为，农业劳动生产力的转移，非农产业的扩大，要以农业劳动生产率的提高为前提。如果农业劳动生产率的提高，不足以保证工业和非农业人口增长对农产品的需求，将会阻滞农业劳动力的转移和非农产业的增长。因此，在二元经济结构转换中要重视农业生产，提高农业劳动生产率。

此外，还有一种称为刘易斯–费–拉尼斯模式，在研究劳动力供给与需求问题时，提出了两个非常重要的研究领域。第一，在研究劳动力供给与需求时要注意农村农业部门和城市工业部门之间，存在着结构与经济方面的差异；第二，在研究劳动力供给与需求时，要注意劳动力从农业部门向非农部门流动对社会经济的发展具有重要的作用。刘易斯–费–拉尼斯模式理论假设具有重要的理论研究意义，但该模式与发展中国家的实际情况也不相符。

（3）乔根森理论

乔根森理论是美国经济学家乔根森于1961年依据新古典主义（new classicalism）的分析方法创立的一种理论。该理论认为，农村剩余劳动力转移的前提条件是农业剩余。当农业剩余大于零时，才有可能形成农村剩余劳动力的转移。在农村劳动力存在剩余的前提条件下，乔根森又提出了一种重要的假设，即农业总产出与人口增长一致。在这种条件下，随着农业技术的不断发展，农业剩余的规模将不断扩大，更多的农村剩余劳动力将转移到工业部门。因此,农业剩余的规模决定了工业部门的发展和农村剩余劳动力转移的规模。

乔根森理论与刘易斯和拉尼斯-费景汉理论的区别在于:其一,乔根森理论是用新古典主义分析方法和以农业剩余为基础创立的理论,而刘易斯和拉尼斯-费景汉理论是古典主义分析方法以剩余劳动力为基础创立的理论。其二,乔根森理论认为工资率是随着资本积累上升和技术进步而不断提高的,而刘易斯等人认为,在全部剩余劳动力转移到工业部门之前,工作率由农业人均收入水平决定,是固定不变的。其三,乔根森理论认为,农村剩余劳动力转移到工业部门,是人们消费结构变化的必然结果,而刘易斯、拉尼斯-费景汉理论认为农村剩余劳动力由农业部门转移到工业部门,会提高整个经济的生产率,从而促进经济发展。其四,乔根森理论从马尔萨斯人口论的观点出发,认为人口增长是由经济增长决定的。正因如此,乔根森否定了刘易斯、拉尼斯-费景汉理论的剩余劳动假说和固定工资观点。乔根森理论的缺陷是应用了马尔萨斯人口论的观点,这不符合发展中国家的实际情况。

(4) 托达罗理论

托达罗理论是由美国发展经济学家托达罗在 20 世纪 60 年代末 70 年代初创立的。该理论认为,在许多发展中国家,农村剩余劳动力转移不仅存在,而且事实上正在加速。该理论的主要内容包括以下几方面。

其一,提出农村剩余劳动力转移的新思路。农村剩余劳动力决定是否转移还取决于城市就业率和失业率;依靠工业扩张不能解决当今发展中国家城市严重失业问题;一切人为地扩大城乡实际收入差异的行为必须消除;大力发展农村经济是解决城市失业和实现农村剩余劳动力转移的根本出路,在许多发展中国家,尽管农村边际产品大于零,城市失业率很高,但农村剩余劳动力转移的趋势逐渐加强,为了减少城市的压力,可大力发展农村的各项事业,实施农村剩余劳动力就地转移。

其二,提出托达罗人口流动模式。面对城市存在大量失业人口和农村人口依然向城市流动的现实,托达罗提出了一个合理的解释,即托达罗人口流动模式。首先,促使人口流动的基本力量,是比较收益与成本的合理经济考虑,这种考虑还包含心理因素。其次,是预期的而不是现实的城乡工资差异使人们做出移入城市的决策。所谓预期的差异包含两个因素:工资水平和就业概率。如果城市工资是农村工资的两倍,那么,只要城市失业率不超过56%,农村劳动力就会不断向城市流动。再次,农村劳动力获得城市工作机会的概率,与城市失业率成反比。此外,人口流动率超过城市工作机会的增长率,不仅是可能的,而且是合理的。城市高失业率是城乡经济发展不平衡和经济机会不平均的必然结果。

其三,托达罗模型理论假设具有一定的政策导向。一要尽量减轻城乡经济机会不平均现象,避免过量的劳动力涌入城市。二要提高农村收入和增加农村就业机会,避免更多的城市就业带来更高水平的城乡失业。三要适当控制工资补贴和政府直接雇佣人员的数量。四要从城市就业的需求和供给两个方面制定综合性政策,摆脱只重视城市的偏见,转而注意农村的发展。

托达罗模型的贡献还在于,解释了发展中国家城市出现高失业的原因,并指出片面发展城市工业，只会导致失业在城乡间的转移，应该注重农村的自身能力发展，大力发展农村经济和农村各项事业，缩小城乡收入差距，才会降低总体失业率。该理论比较符合发展中国家的实际情况。

（5）庇奥尔（M. J. Piore）二元劳动力市场（the Dual Labor Market）模型

该模型是庇奥尔在 1970 年最早提出的，是与劳动力分割理论联系在一起的。其基本假设为：整个社会的劳动力市场可以进一步分为第一劳动力市场和第二劳动力市场。第一市场是正规部门和高技能劳动者光顾的市场，其工资较高、劳动条件好、工作岗位较有保障、职业前景较好；第二市场是非正规部门和低技能劳动者光顾的市场，其工资较低、劳动条件差、工作岗位具有不稳定性和暂时性。因种种技术的或制度的因素，两大市场之间的劳动力缺乏流动性，造成了劳动力市场的二元分割。如果出现经济萧条，第一市场劳动力将较容易到第二市场就业。第一市场的工资水平往往由制度性（如工会）决定，而第二市场是完全竞争市场，工资水平由供求力量决定，由于劳动过剩，工资水平极低，经常介于 0 到最低工资之间。可见，第一市场劳动力是既得利益者，享受着高工资和低失业，进一步挤压了第二市场劳动力的就业机会和工资水平。该模型提出了二元劳动力市场的特点及第一劳动力市场对第二劳动力市场的挤压和影响，对我们研究农村劳动力就业结构的优化有一定参考价值。

（6）舒尔茨的"改造传统农业"理论

提出开发人力资本，特别是重视改造传统农业的理论。温家宝总理在回答有关"三农"问题时说："我想起诺贝尔奖获得者舒尔茨的一句话，世界上还有许多贫困人口，如果懂得了穷人的经济学，就懂得了经济学中许多重要的原理。"西奥多·W·舒尔茨认为，贫穷国家经济增长缓慢的原因一般并不在于配置传统农业要素方式的明显低效率，也不能永对这类传统要素的储蓄和投资率低于最优水平来解释，在农业要素确实有利可图时，农民工就会作为新要素的需求者来接受这些要素。最后取决于农民学会有效使用现代农业要素，在这一点上，农业迅速增长主要依靠向农民进行特殊投资，以便他们能获得新技能和新知识，从而成功地实现农业经济增长以及就业的广泛而深入地安置。舒尔茨提出要开发人力资本，扩充了传统经济学的投资概念，认为人所获得的能力并不是免费的，而是实在的、可确定的成本，其收益也不是完全不能衡量的。实质上，人的能力培养是一种人力资本的投入形式。以往许多发展中国家的主要障碍正是技术人才缺乏和劳力素质低下，而人力资本不足所引起的这种资本和人力资本之间的不平衡很难通过引进加以解决。因此，对发展中国家来说，必须注重并依靠自身的努力去改善本国的人力资本状况。教育是人力资本中最主要的组成部分，从现在农业技术的要求考虑，教育和知识的必要性已经无需争辩。就其价值而言，它是最为基础并具有长远影响的投资。这对农民在农业的综合开发中广泛就业能打开多扇门。

（7）钱纳里·塞尔昆的就业结构转换滞后于产值结构理论

钱纳里·塞尔昆在研究发展中国家和发达国家的发展趋势时指出，在发达国家工业化演进中，农业产值和劳动力就业向工业的转移基本是同步的，即农业和工业产值份额此消彼长，农业人口也是相应地向工业转移，如英国便是如此。但是发展中国家，产值结构转移普遍优先于结构地转移。一方面。在于发展中国家面临着越来越多节约劳动地先进工业技术，现代工业部门创造产值的能力大大高于创业就业机会，特别是对人口众多地国家，就业结构地转移在初期必然是相当缓慢的，另一方面，工业产值比重高的部分原因在于发展中国家的价格结构，即工业品价格偏高，农产品价格偏低。因此，相比之下，就业结构变动指标比产值结构变动指标更能真实地反映产业结构的实际变动状况。

(8) 梅勒、韦茨、速水佑太郎等的农业发展阶段理论

美国经济学家梅勒根据发展中国家农业发展的现实，于 1966 年提出"梅勒农业发展阶段论"。该理论着重以技术的高低把农业发展分成三个阶段：以技术停滞、生产的增长主要依靠传统的投入为特征的传统农业阶段；以技术稳定发展和运用、资本使用量较少为特征的低资本技术农业阶段；以技术的高度发展和运用、资本集约使用为特征的高资本技术农业阶段。美国另一位经济学家韦茨根据美国农业发展的经历，于 1971 年提出"韦茨农业发展阶段论"。该理论着重以不同的农业增长方式把农业发展分成三个阶段：以自给自足为特征的维持生存农业阶段；以多种经营和增加收入为特征的混合农业阶段；以专业化生产为特征的现代化商品农业阶段。日本的经济学家速水佑太郎于 1988 年提出"速水农业发展阶段论"。该理论着重以产量与质量的关系把农业发展分成三个阶段：以增加生产和市场粮食供给为特征的发展阶段，其主要任务是提高农产品的产量；以着重解决农村贫困为特征的发展阶段，其主要任务是通过实行农产品的价格政策以提高农民的收入；以调整和优化结构为特征的发展阶段，其主要任务是通过调整产业结构以实现农业现代化。以上三种农业发展阶段论，虽然划分方式不同，但实际代表着农业发展的初级、中级、高级三个阶段。

2.4.2.2　以上就业理论的启示

以上理论说明，发展中国家处于占统治地位的农业部门和逐步发展的现代发达工业部门并存的发展阶段，在其工业化的过程中，城乡间收入、福利差距扩大，农业边际收益递减，教育发展，城市的吸引力扩大，农业部门的劳动力必然流入发达工业部门，最终的结果是有利于推动农业现代化和工业发展。而劳动力的转移率依赖于工业部门利润的增长率，如果工业部门的投资过少，对劳动力的需求就会减少，使工业部门就业停滞。这一结论反映了发展中国家特定发展阶段上普遍的就业发展趋势。同样，在洱海流域现阶段的发展来看，工业成为了吸纳流域农村剩余劳动力转移的主要产业之一，同时，工业内部各产业发展的不均衡，会带来各产业吸纳劳动力能力的动态变化。

2.4.3　洱海流域工业产业吸纳劳动力能力现状分析与问题解析

2.4.3.1　洱海流域工业产业吸纳劳动力能力现状分析

(1) 近年来洱海流域第二产业及工业发展概况

近十年来洱海流域工业经济发展速度迅猛，第二产业总产值由 1998 年的 284 027 万元增长到 2007 年的 647 636 万元，年均增长 9.6%。随着流域产业结构的调整，第二产业虽然发展较快，但在地区国民生产总值的占比由 1998 年的 50.66% 下降为 2007 年的 45.03%。需要注意的是，2004 年以来第二产业占比呈逐年上升之势，也成为拉动流域经济快速增长的主要力量。第二产业包括工业和建筑业，从产业增加值和企业利润总额来看，洱海流域第二产业中工业占比超过了 90%，工业是洱海流域第二产业的主体（表 2-11，图 2-1）。

表 2-11　洱海流域三次产业发展情况

年份	1998	1999	2000	2001	2002	2003	2004	2005	2006	2007
地区总产值（万元）	560 670	626 756	677 891	734 478	800 380	873 321	904 411	1 082 490	1 248 350	1 438 254
第一产业（万元）	107 324	113 734	121 086	126 807	132 141	139 076	129 823	146 992	161 030	186 701
第二产业（万元）	284 027	306 555	315 244	332 511	367 792	405 769	375 263	456 317	541 238	647 636
第三产业（万元）	169 319	206 467	241 561	275 160	300 447	328 476	399 325	479 181	546 082	603 917
第二产业比重/%	50.66	48.91	46.50	45.27	45.95	46.46	41.49	42.15	43.36	45.03
工业总产值（万元）	468 266	514 078	446 618	491 837	565 612	671 325	792 146	986 481	1 167 712	1 415 212
轻工业（万元）	322 935	352 167	301 962	347 685	389 407	431 657	492 351	533 030	622 168	722 702
重工业（万元）	145 331	161 911	144 656	144 152	176 205	239 668	299 795	453 451	545 544	692 510
轻工业占比/%	68.96	68.50	67.61	70.69	68.85	64.30	62.15	54.03	53.28	51.07
重工业占比/%	31.04	31.50	32.39	29.31	31.15	35.70	37.85	45.97	46.72	48.93

资料来源：历年大理州统计年鉴。

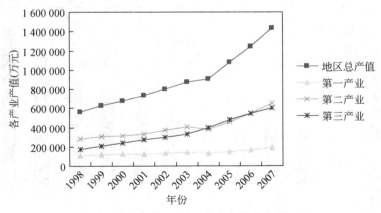

图 2-1　洱海流域各产业产值变化图

　　图 2-2 是洱海流域工业总产值的增长变化趋势图。从图 2-2 可以看到，洱海流域工业发展大致经历了两个阶段。第一个阶段为 1998 年至 2002 年，这一阶段工业经济呈现一种相对平稳的增长态势，工业总产值年均增长率为 4.8%；第二个阶段为 2003 年至 2007 年，

这一段时间工业增长速度明显加快，工业总产值年均增长率达到了 20.4%，是第一阶段增幅的 4.25 倍，说明 2003 年以后，随着我国国民经济进入新一轮的高速发展期和流域《"十一五"工业发展规划》的制定与实施，工业产业规模和工业生产效率都得到较大程度的提高，带来工业经济的快速发展。

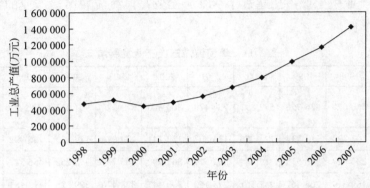

图 2-2　洱海流域工业总产值变化图

（2）近年来流域工业内部各产业发展情况及结构变化

1）近年来流域轻重工业发展情况。

从图 2-3 可以看出，近年来洱海流域工业产业结构中重工业占比持续上升，2007 年洱海流域重工业在工业总产值中的占比达到了 48.93%，比 2002 年提高了 17 个百分点，说明随着流域各类资源的有效利用和基础设施的完善，流域工业化和城镇化进程加快，对重工业产品的需求迅速提高，流域工业发展有向"重化工业"时代过渡的趋势，重工业也成为了流域经济快速发展的主要推动力。

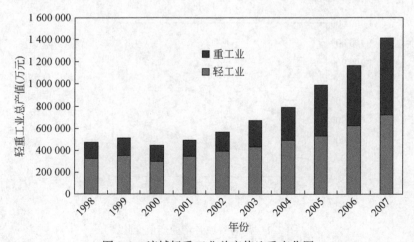

图 2-3　流域轻重工业总产值比重变化图

这一趋势是与中国经济的整体发展阶段和云南省的经济增长特征是密不可分的。2003 年我国人均 GDP 突破 1000 美元，从经济发展一般进程看，人们生活从吃和穿为主转向了住和行为主，对房地产和以汽车为代表的交通工具的需求大增，这一需求的变化表明了中国经济进入重化工业阶段。从日本等发达国家经验看，日本的重化工业阶段从 1955 年开始，到 20 世纪 70 年代才结束，经历了 20 年左右的发展时间。中国重化工业阶段，一般认为至少延续到 2020 年。而云南省又拥有发展重化工业所需要的得天独厚的资源优势，因此从一段相当长时间来看，云南省的经济可能处于重化工业为主导的工业化快速发展阶段。

2）近几年流域工业产业分产品产量的发展状况。

洱海流域的主要工业产品包括卷烟、啤酒、茶叶、水泥、汽车等，近几年来各工业产品的产量变化见表 2-12。

表 2-12　洱海流域工业产品近几年发展情况

产品 产量	茶叶（t）	卷烟（箱）	啤酒（kL）	水泥（t）	发电量 （kW·h）	纱（t）
2005 年流域总产量	6 823	402 010	87 720	36 228	75 433	3 538
2007 年流域总产量	6 695	404 991	112 705	37 336	50 600	2 633
2007 年比 2005 年增减	-1.88%	0.74%	28.48%	3.06%	-32.92%	-25.57%

产品 产量	布（万 km）	纸制品（t）	硫酸（t）	塑料制品（t）	大理石板材（t）	变压器
2005 年流域总产量	502	7 389	18 744	4 421	73 805	221 564
2007 年流域总产量	443	14 920	43 111	5 262	90 008	147 674
2007 年比 2005 年增减	-11.76%	101.93%	130.00%	19.02%	21.95%	-33.35%

产品 产量	混合饲料（t）	软饮料（kL）	乳制品（kL）	液体乳（kL）	载货汽车（辆）	砖（亿块）
2005 年流域总产量	73 848	86 656	23 856	60 351	12 077	3 693
2007 年流域总产量	80 630	99 795	29 565	143 967	24 563	5 504
2007 年比 2005 年增减	9.18%	15.16%	23.93%	138.55%	103.39%	49.04%

近几年重化工业的产品产量迅速提高，像载货汽车、硫酸等，农副产品加工类的产品产量也增长较快，如乳制品、软饮料、混合饲料、啤酒等，而传统的轻工业产品产量趋于下降，如纱、布等。尤其值得注意的是，高污染的行业和产品如硫酸、纸制品等，最近几年产量没有下降，有的甚至快速增长，这与大理生态州建设和洱海保护的要求有一定的差距。

3）近几年流域工业产业分行业规模以上企业主要经营指标变化情况。

洱海流域的主要工业行业有烟草、纺织、食品饮料、医药制造、交运设备①等，2007年各主要行业的规模以上企业②经营总体情况见表2-1。

从行业规模来看，烟草、交运设备、电力生产、非金属矿物（主要是水泥）、饮料制造这五大行业，其中烟草、非金属矿物（主要是水泥）、饮料制造是流域传统优势工业产业，交运设备是近几年迅速发展起来的流域工业经济主要增长点。从流域实际情况来看，烟草、交运设备、非金属矿物等是水环境影响相对较小的流域"环保产业"，具有"低投入、低污染、低耗能、高效益"的特点，也是流域鼓励发展的优势产业。下面重点分析流域五大主要工业产业的发展现状。

从各行业企业的经营总量规模来看，洱海流域的烟草行业一枝独秀，其工业增加值在工业总增加值（图2-4）中的占比接近50%，销售收入在规模以上工业企业总销售收入（图2-5）占比超过30%，交运设备行业的销售收入最近几年大幅增长，成为流域工业领域的两大龙头产业。

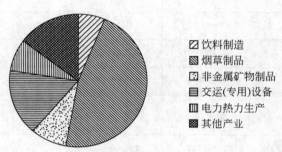

图2-4   流域主要行业工业增加值占比

图例：
▨ 饮料制造
▧ 烟草制品
▤ 非金属矿物制品
▦ 交运(专用)设备
▥ 电力热力生产
▩ 其他产业

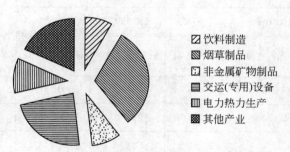

图2-5   流域主要行业销售收入占比

图例：
▨ 饮料制造
▧ 烟草制品
▤ 非金属矿物制品
▦ 交运(专用)设备
▥ 电力热力生产
▩ 其他产业

从各行业企业的经济效益（图2-6）来看，洱海流域烟草行业效益非常好，烟草行业在各行业的利润总额占比达到了63%，烟草行业为地方财政和经济增长做出了巨大的贡献，饮料行业、交运设备、非金属矿物制品等行业效益也较好，但是五大行业之一的电力

---

① 工业行业数据系按照《国家经济行业分类》（GB/T4754–2002）的标准来进行分类统计。
② 规模以上工业企业按照目前统计年鉴的分类是指全部国有和年销售收入500万元以上的非国有独立核算工业企业。

热力生产，由于属于公用事业，受政府政策影响较大，部分年份可能会出现政策性亏损。

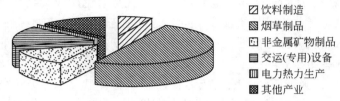

图2-6　流域主要行业利润总额占比

4）近几年流域工业产业分行业规模以上企业户数及吸纳劳动力就业情况。

从图2-7和图2-8可以看出，五大行业的企业在流域规模以上企业总户数中占比较低，而从业人员数量则超过了其他行业之和，其中交运设备与非金属矿物制品行业从业人员较多，交运设备行业是流域吸纳劳动力能力最强的行业，非金属矿物制品行业是流域吸纳劳动力能力排第三的行业。此外，农副产品加工、纺织、饮料制造、电力热力生产等行业也是流域吸纳劳动力能力较强的主要行业。

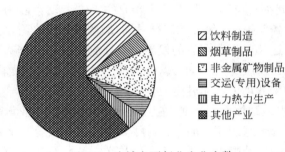

图2-7　流域主要行业企业户数

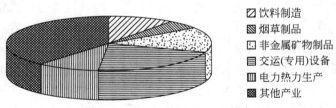

图2-8　流域主要行业从业人数占比

2.4.3.2　洱海流域工业产业吸纳劳动力能力存在的问题解析

近几年来大理州提出了"把工业建成富民强州的最大产业"的战略思想，制定实施了"工业强州"战略和工业经济"倍增计划"，大理市和洱源县在大力开展洱海保护的前提下狠抓工业发展，工业产业规模快速发展，工业产业结构也得到了有效的调整。通过取缔小造纸、小纺织等"五小"企业，实施流域内污染型企业的搬迁改造，培育壮大烟草及烟辅、交运设备、建材机械、生物开发、新能源等"低投入、低污染、低耗能、高效益"的优势产业，流域的环保产业、"绿色工业兵团"正迅速崛起，交运设备行业、非金属矿物制品行业、电力热力生产行业等水污染相对较少的优势特色产业吸纳劳动力就业能力逐步增强，工业经济呈现产业规模与质量效益同步提高的良性发展态势。但是结合上面的产业调查资料和企业从业人员统计数据，我们仍然可以发现目前流域工业产业在吸纳劳动力就业方面仍存在着一些明显的问题。

1）流域工业中，吸纳劳动力就业能力较强的产业有很大一部分污染相对严重，产业结构尚需进一步调整。流域工业整体上仍处于高投入、高能耗、高排放、低效益的传统粗放型经营阶段，主要靠资源、能源的消耗来换取经济的增长。目前洱海流域吸纳劳动力能力强的工业主导产业基本是资源开发型的产业，如非金属矿物制品、农副产品加工、纺织、饮料制造、电力热力生产等行业，这些行业今后的发展有的会面临流域资源不断消耗的制约，如非金属矿物制品、电力热力生产等行业，有的还会受到环境保护政策日趋严格的限制，如农副产品加工、纺织、饮料制造等行业，随着今后日益严格的环保措施和排污政策的出台，这些行业在流域内的生存发展将会受到更大的挑战，有的企业可能需要整体变迁，有的则需要投入资金完善污染物处理设施，或者需要承担更多的环境成本（资源税和生态补偿税等），由此都有可能给流域工业产业的吸纳劳动力能力带来负面影响。另一些行业如烟草、通用设备制造等行业，虽然从目前的调查数据来看水污染影响较轻，吸纳产业工人也较多，但是这几个行业今后的发展可能受到资源获取能力和区域市场规模的限制，产业成长空间有限，持续吸纳劳动力就业的能力比较缺乏。目前来看，只有交运设备行业具有持久的大量吸纳劳动力就业的企业。

2）流域工业产业组织结构落后，劳动力就业的层次低，产业竞争力和可持续发展能力较差。流域的工业企业普遍规模小而散，除了烟草行业和交运设备行业外，其他行业中的龙头企业对产业发展的带动能力有限；企业结构单一，管理水平低下，产品档次低，缺少品牌，产业经营整体效益不高。在滇西相对偏僻狭小、竞争不甚激烈的市场条件下，各行业中的规模以上企业经营大多保持平稳发展的态势，经营效益也较稳定，容易形成"小富即安"的思想，现代化经营意识不强，缺乏在激烈市场竞争中求生存、求发展的应变能力和抗风险能力。产业资源特别是优势资源分散，产业整合、企业重组力度不大，阻碍了产业优势资源的集中和集聚，也不能很好地促进大企业的培育与发展。而大企业与各产业中的优势资源不能大规模快速有效整合，这不利于产业实现规模化生产和集约化经营，目前众多的中小企业虽然解决了很多劳动力就业的问题，但由于这些企业对资源的综合利用水平和加工深度差，产业链短而细，精深加工环节较少，产品附加值较低，劳动者大多数从事低端、初级劳动，从业人员收入普遍较低。由此带来了一个更为严重的问题是：这些企业在滇西区域市场迅速开放、物流成本不断降低、外来商品和竞争者大量进入、市场竞争日益激烈的挑战面前，有可能逐步被市场所淘汰，而已经吸纳的产业工人有可能成为下岗工人，造成工业产业吸纳劳动力人数的总体下滑。

3）整体上洱海流域缺乏环保工业、新兴工业的资源与产业基础，多数现有行业今后吸纳劳动力能力可能有所下滑。虽然通过数据可以看出流域工业产业部门较多，但是多数产业规模不大，整体素质不高，与"环保工业"、"绿色产业"的要求有较大差距。近几年大理市工业经济虽然取得了跨越式的发展，基本实现了工业化初期向中期阶段的跨越，但产业基础仍然比较薄弱；而洱源县由于地处洱海上游的水生态保护区，工业发展受到了严格的限制，近几年工业增长速度不是太快。流域内的成熟型产业规模占比较大，发展稳定，如烟草、水泥、啤酒、食品加工、纺织等，具有明显的资源优势和地域优势，吸纳劳动力能力的继续快速增长可能性较小；而成长型产业规模占比迅速提高，像交运设备、医药制造、农副产品加工业等产业逐步建立起自身的竞争优势，这些产业有可能成为今后流域工业持续增长吸纳劳动力的主要产业源。

4) 高新技术产业发展基础差，提供给高层次人才就业的机会较少。流域内高科技产业发展滞后，信息产业、光电子产业等尚属空白，拥有资源优势的新能源产业（风能、太阳能等）刚刚起步，以资源节约和循环利用为特征的循环经济生产模式在流域工业产业中尚需普及发展。这样在今后一段时间流域传统工业行业包括资源开发型行业可能因为环保和资源枯竭丧失发展的基础，而新兴资源依赖度低的高新技术产业又发展滞后，可能造成流域工业产业结构调整中的吸纳劳动力减少及就业人员收入有所降低等严重问题。

2.4.4 提高洱海流域工业产业吸纳劳动力能力的对策建议及保障措施研究

2.4.4.1 提高洱海流域工业产业吸纳劳动力能力的对策建议研究

1) 加大产业整合和企业重组力度，打造有持久竞争力的产业链和产业群，确保这些产业今后持续吸纳更多的劳动力。结合前面的现状分析与问题解析，建议可以在流域内有重点、有选择地大力发展低污染、高附加值、高产出的新型工业，例如，抓好烟草及辅料、绿色食品等生物资源开发；水泥和新型材料为主的建筑建材；同时可以大力发展资本与劳动密集型现代工业，如以机械、汽车制造为主的交运设备、通用设备产业以及食品加工、饮料制造产业；还可结合流域的资源特点和资源优势，大力发展具有洱海特色的劳动密集型产业，如农副产品加工和旅游产品生产。以此确立流域新型工业化产业发展战略，探索流域农村剩余劳动力转移发展路径。

2) 基于生态保护和可持续发展的宗旨，以工业园区建设为载体和抓手，实施工业产业空间布局优化调整，实行新型城镇化发展策略。流域要以大理创新工业园区、邓川工业园区为工业经济增长的"火车头"，开展工业产业区域布局调整，实现规模生产和区域集聚。

3) 大力引进人才、资金、技术等产业发展资源，培育形成更多的高科技企业和节能环保产业，吸引更多的高层次人才就业与创业，提高劳动力工作岗位层次，不断改善劳动者的待遇和工作生活条件。流域可以充分发挥产业发展的后发优势，不断增强开放意识，积极开展对外经济交流和要素流动，大规模吸引社会投资和外来投资，引进发达国家和先进地区的资金、技术、管理、人才等生产要素，推动"外源型"工业发展，在产业资源引进方面要有所侧重，力争培育更多的高科技企业和节能环保产业。可以依托苍山洱海及大理的品牌效应和得天独厚的自然环境、气候条件，集聚人才，实施高科技战略，通过工业园区配套的软硬环境建设，加速科技孵化器的建设，逐步健全服务体系，为创新产业的发展提供优良的环境，推进高新技术和节能环保产业的发展。

4）着力扶持中小型企业。中小企业在发展初期大多数属于劳动密集型企业，提供的就业岗位相对较多。对中小型企业，可以在工商、税收、资金等方面多方给予政策扶持。条件具备时，还可以考虑以政府的名义，担负一定的在中小企业就业者的各类保险支出，以减轻中小企业的负担，并促使其规范化经营。

2.4.4.2 提高洱海流域工业产业吸纳劳动力能力的保障措施研究

1）推进市场机制和企业体制创新。一方面要着力健全和完善劳动力市场机制。近年来洱海流域就业服务机构已形成并不断完善，但组织体系还需进一步健全，职能还需继续强化，市场就业机制建设仍需加强。今后在流域范围应当继续深化体制改革，加强劳动力市场管理，打破地区封锁、部门垄断，尽快形成城乡一体的统一、开放、竞争、有序的劳动力市场体系，进一步发挥市场机制对劳动力配置的基础性作用。另一方面要大力推动企业体制创新，围绕支柱产业和重点行业，有选择地推进现代企业制度，不断提高企业的管理水平。促进和引导企业加强品牌建设和管理工作，支持重点企业和重点产品向名牌企业和名牌产品转化，培育和形成一批具有相当效益和规模的名牌产品生产企业，形成一批有持久竞争力、现代公司制度健全的优势企业。

2）健全工业招商引资机制，通过引进企业带动劳动就业。抓实项目开发，以产业项目为抓手，迅速扩大产业规模。要着力策划、创意和寻找大项目，及时从国家产业政策导向中搜索项目，从区域经济结构调整中发现项目，从区域的资源优势和地域优势中找寻项目，从宏观经济形势变化中发掘项目；通过积极论证项目、大力推介项目，综合运用媒体、网络、商务活动等各种手段，全方位、多层次推介本地项目和引进外来项目；推行"项目带动"战略，以项目拉动流域工业经济增长；按照"思路项目化、项目数字化、措施具体化、实施快速化、效益最大化"的要求，建立"向上争取一批、着手实施一批、论证储备一批"的梯度工作机制，形成以大项目带动大企业、以大企业带动大产业、以大产业带动大就业的滚动发展格局。

2.5 衡量技术进步对工业结构优化、污染治理的贡献度

2.5.1 研究的主要路径和方法

本研究将采用 DEA–MALMQUSIT 生产率指数技术和方向性环境距离函数模型方法，度量技术进步对工业产业的一般贡献。通过分析技术进步在增强企业竞争力与环境保护方面的综合作用，结合洱海流域科技创新的发展态势以及工业产业的发展现状，研究技术进步对流域工业产业发展的贡献，以及技术进步对流域工业产业发展规划和结构调整的影

响，为后续的工业规划和建设方案提供依据。

2.5.2 相关概念与基础理论分析

2.5.2.1 技术进步贡献度的含义与计算公式

技术进步贡献度衡量的是在产业和企业增长的速度中，技术进步因素所占的比例，其综合反映了技术进步对经济增长贡献的大小。

其计算公式是：技术进步贡献度（%）=技术进步增长速度/产出增长速度×100%。

2.5.2.2 基于 DEA-MALMQUSIT 生产率指数技术的理论分析

理论上来说，可以运用基于 DEA 的经济增长核算模型与 MALMQUSIT 的指数方法，将劳动生产率的变化分解成由技术效率的变化、技术进步和资本深化所引致的三大部分。一般来说，生产率是反映一个国家、地区、行业或企业生产力发展水平的重要标志，是衡量经济运行状况的主要指标之一。

（1）国内相关研究进展

迄今为止，一些学者从不同角度对中国工业劳动生产率进行了分析：如蔡金续（2000）、吴玉鸣和李建霞（2006）等分别运用柯布-道格拉斯生产函数模型和空间自相关 Moran 指数、空间滞后模型及空间误差模型对中国各省工业生产率进行测定与分析，结果发现资本投入的不均衡是影响生产率差异的主要因素；沈能等（2007）采用基于非参数的 MALMQUSIT 指数方法探讨了 1978 年以来中国地区间工业全要素生产率差异，认为技术进步是促进中国工业全要素生产率增长的主要动力；近几年来也有不少学者运用 Kumar 和 Russell（2002）提出的基于数据包络分析法（Data Envelopment Analysis，即 DEA）的经济增长核算模型对中国工业行业经济运行进行了研究，如林毅夫和刘培林（2003）、颜鹏飞和王兵（2004）、杨文举（2006，2008）及陶洪和戴昌钧（2007）等，这些研究运用 DEA 来确定经济中的最佳实践前沿，并结合 MALMQUSIT 全要素生产率指数，对劳动生产率的变化进行分解，这对于深入分析中国工业产业间的增长差距及其根源具有十分重要的借鉴意义。

（2）DEA 相对效率评价模型分析

数据包络分析（Date Envelopment Analysis，即 DEA）是美国著名运筹学家 A. Charnes，W. W. Copper 和 Rhodes 等基于相对效率的概念发展起来的。其原理主要是通过保持决策单元（Decision Making Units，DMU）的输入或者输出不变，借助于线性规划技术将 DMU 线性组合起来，构造出"悬浮"在整个样本观测点上的生产边界面，即相对有效的生产前沿面，再将各个决策单元投影到 DEA 生产前沿面上，并通过比较决策单元偏离 DEA 前沿面的程度来评价他们的相对有效性。利用 DEA 方法可以分析经济社会中各决策单元投入的"技术有效"和"规模有效"。

DEA 相对效率评价模型分为投入型和产出型两种形式，投入型导向模式是给定产出水平使投入要素最少，产出型导向模式则是给定投入要素使产出最大。其中 CCR 模型是 DEA 模型中最基本、最重要的技术。CCR 模型假设固定规模，以线性规划方法估计生产边界，然后将每一决策单元的相对效率同生产边界（生产前沿面）相比，凡落在生产边界上的决策单元即为投入产出的最优组合，其效率值为 1；而远离生产边界的决策单元，则没有达到投入产出的最优组合，其效率值介于 0~1 之间。CCR 模型假设固定规模报酬，但这种假定往往难以满足，因此，如果研究的决策单元不是全部处于最佳规模时，利用 CCR 模型就难以区分其技术效率与规模效率。由 Banker、Charnes 和 Copper 提出的 BCC 模型，放松了 CCR 模型中规模报酬不变的假设，以可变规模报酬代替。BCC 模型将 CCR 模型中的效率值分解成纯技术效率（PTE）与规模效率（SE），可以测度决策单元在既定生产技术下是否处于规模最优状态，也可以分解效率变动（提高或降低）的原因是由于纯技术效率变动引起的还是由于规模效率的变动引起的。

（3）全要素生产率测算——MALMQUSIT 指数分析

MALMQUSIT 生产率指数的构造基础是距离函数，Fare 等证明，MALMQUSIT 生产率指数可以分解为技术和效率变化，效率变化还可以进一步分解为纯技术效率变化和规模效率变化。效率变化指数（TE）是规模报酬不变且要素自由处置下的效率变化指数，测度从 t 时期到 t+1 时期每个观测对象到最佳前沿面的追赶程度。效率变化指数（TE）可以进一步分解为纯技术效率变化指数（PE）和规模效率变化指数（SC）。

基于 DEA–MALMQUSIT 生产率指数技术研究中国工业产业的发展，学者们得出了以下的结论：①2003~2007 年，中国工业劳动生产率整体上有所提高，技术效率的变化和技术进步对此具有促进作用，其中技术进步的贡献较为显著。②工业行业间劳动生产率差距扩大，主要源于行业间技术进步和资本深化的不均衡，而技术效率变化在一定程度上遏制了差距的扩大。显然，为促进中国工业经济的进一步增长，引进先进技术是动力，加大资本投入和提升生产效率是关键。为促进中国工业经济协调发展，则应不断加大落后行业的资本投资，同时快速改善其技术效率至关重要。③2003~2007 年，中国制造业全要素生产率平均增长率 10.97%，主要得益于技术进步和纯技术效率的作用，而规模效率则产生负面影响，平均增长率为–0.13%。表明中国制造业生产率的增长主要依赖于技术进步。尚有一半以上的行业没有达到规模有效状态，需要调整行业规模以达到行业投入与产出的最优组合。从技术进步的角度看，提高生产设备技术水平和生产工艺水平，可以提高行业产出水平，进而提高劳动生产率，减少投入，提高投入产出效率。作为技术进步的间接形式——制造业人力资本质量的提高即劳动力素质、技能及知识水平的提高，也可以与先进设备、工艺等相互配合，共同发挥其在生产效率提高中的作用，经济产出和效益也会相应提高。④由综合制造业相对效率和全要素生产率的测算结果看出，行业技术效率和规模效率连续保持较高水平，且全要素生产率保持持续增长的行业只有烟草制造业、皮革毛皮羽毛（绒）及其制品业、通信设备计算机及其他电子设备制造业共 3 个行业。其余大部分行业或者表现为技术无效或者表现为规模无效。在制造业总体全要素生产率提高的同时，部分行业仍然存在规模不经济问题，其原因在于各种投入要素在现有技术条件下并没有得到充分利用，即行业技术效率低下。在工业化和城市化进程不断加快的背景下，提高制造业行业全要素生产率，必须从行业生产的技术进步和技术效率方面加以改进。⑤中国是一个发展中的大国，各行各业在国民经济中共同发挥作用，因此不可能只发展一个行业，但可以发挥行业优势互补的作用。今后可以优先扶持发展的具有比较优势的行业有：通信设备计算机及其他电子设备制造业、石油加工炼焦及核燃料加工业、纺织业和纺织服装鞋帽制造业、交通运输设备制造业。

2.5.2.3　方向性环境距离函数模型方法分析

目前一些生产率模型已经开始考虑环境因素的影响，比如方向性距离函数模型。这一类模型的优点在于，它既可以考虑环境因素的影响，又继承了传统生产率分析技术的系统性和结构性框架，相对于目前流行的直观的绿色 GDP 推算方法有着较为广泛的应用前景。另外方向性距离函数模型在测算绿色 TFP 时不需要污染排放的价格数据。

对方向性距离函数进行较早讨论的有 Chambers 等（1996）。投入距离函数与成本函数互为对偶关系，产出距离函数与产值函数互为对偶关系，而方向性距离函数的一个经济学意义是它与利润函数互为对偶关系，并且可以证明投入和产出距离函数是方向性距离函数的特例（Fare et al.，1994）。较早将方向性距离函数应用于考虑环境因素的生产率测算的有 Chung 等（1997），该研究定义了以方向性距离函数来表述的 Malmquist–Luenberger 生产率变化指数，并可将生产率拆分为技术进步和技术效率改善两个部分。

基于方向性环境距离函数模型技术研究中国工业产业的发展，学者们得出了一些有益的结论。

1）伴随着中国的经济发展，环境因素对于 GDP 的影响已经越来越受到关注。从测算情况看，中国东部地区考虑环境因素的技术效率最高，中部地区次之，西部地区最低。在考虑单一环境因素的估计中，地区技术效率分布呈现出技术效率越高的项目地区差距往往也较小的情况，这说明环境因素对于技术效率的影响存在梯度，越是影响小，容易解决的项目（如废水），各地区的技术、投入差距就小，技术效率差距就越小；反之影响大、难于解决的项目（像 SO_2 和固体废弃物），各地区的技术、投入差距就大，技术效率差距就大。另一方面，测算看出，中部地区对东部地区不断追赶，技术效率水平提高，差距缩小，而西部地区技术效率水平下降，和东部地区的差距不断拉大。这说明在"西部大开发"战略实施以后，西部地区虽然增长迅速，但是却忽视了效率的提高，增长模式趋向"粗放"。

2）从技术效率的排名来看，在考虑与忽略环境因素情况下的差异反映了各地区环境因素对于产出影响的强弱。此外考虑单一环境因素和考虑两环境因素组的技术效率排名则基本比较接近，而技术效率排名在时间维度上的变化一般都远远小于在不同环境因素（组）之间的差异，这说明环境因素对技术效率排名的影响是比较稳定的，同时各地区在不同环境因素之间具有比较明显的偏向。

3）从生产前沿分析来看，考虑了环境因素的前沿面构成，除了有传统意义的高技术效率地区，如上海、江苏，还包括辽宁、安徽、云南等在考虑各类环境因素下的高技术效率地区，这也表明，在排除了环境因素的影响下，可以更清晰地认识地区生产率绩效的特征。同时，在不同环境因素的估计中，还有部分地区在考虑特定的环境因素（组）的估计中，处于生产前沿面。

4）各地区考虑环境因素技术效率的进步与地区增长模式具有重要的关联，一个地区增长模式越是接近"集约式"，其技术效率的进步就越快；反之，一个地区增长模式越是接近"粗放式"，其技术效率的进步就越慢，这一结论对于指导地区经济增长道路的选择具有重要的指导作用。实际上在近年来中国总体 TFP 增长放缓的大背景下，扭转地区经济普遍的"粗放式"增长模式，提高地区技术效率的进步，对于保持中国长期可持续增长具有重要的意义。当然，进一步的工作就是要以定量的方法，来找出其他影响技术效率进步的因素以及影响地区增长模式的因素，从而为地区经济增长提供更为充分的政策分析。

2.5.3 洱海流域工业产业技术进步发展的现状分析与问题解析

2.5.3.1 洱海流域工业产业技术进步发展的现状分析

据大理州相关部门的统计，在大理州各级政府的高度重视下，"十五"和"十一五"以来，大理州科技创新工作稳步推进，技术进步对经济的贡献率达43.7%，极大地促进了全州经济社会健康稳步协调发展。而就洱海流域来说，从以下两方面我们可以更进一步地认识到技术进步的发展现状和作用。

（1）企业技术进步方面

在流域工业企业发展中，工业技术进步也取得了长足的发展和丰硕的成果。具体表现在：一是力帆骏马车辆有限公司近年来建设的前、后桥生产线和为扩大出口新建的汽车驾驶室总成项目，大大提高了流域乃至全州的汽车产业的科技水平。二是太阳能食品烘干技术在洱源果品加工中的应用，取得了较好的效果。三是红塔滇西水泥股份有限公司和大理红山水泥有限责任公司的"干法旋窑水泥熟料生产工艺"的应用，降低了企业的运输成本，提高了企业的生产效率。四是大理来思尔乳业有限责任公司的水牛奶干酪加工技术及产业化开发，填补了市场空缺，为企业发展开创了一条创新发展的路径。五是云南清逸堂纸业有限公司药物卫生巾、一次性纸内裤等新产品开发，为公司占领市场份额起到了关键的作用。六是回收啤酒液生产营养白醋产品、乳业产品和熊胆茶等产品的开发，使食品饮料制造企业产品附加值增大，企业效益明显提高。

（2）区域工业产业发展方面

在流域区域工业经济的发展中，技术进步也起到了至关重要的作用，这一点在大理经济技术开发区表现得尤为突出。大理经济技术开发区近几年以"天然药物产业园区、绿色食品园区、新材料新技术园区"三个高新产业园区建设为重点，努力提升开发区的科技创新水平。一是大力招商引资，制定了与企业科技创新水平相挂钩的优惠政策，现有东亚乳业有限公司、通大药业有限公司、云南南药制药有限公司 3 家高新技术企业，其中东亚乳业有限公司被农业部认定为国家农业产业化龙头企业。二是引进庆中科技公司利用自己发明的低品位硅藻土提炼技术和硅藻土污水处理技术，在污水处理上取得较好的成绩。三是近几年开发区共组织区内企业申报省部及国家级科技计划项目几十项，通过各级财政资金的投入，重点支持高新技术企业开展技术创新工作。

2.5.3.2 洱海流域工业产业技术进步发展方面存在的问题解析

洱海流域科技创新与技术进步方面取得了较好的成绩，有力地促进了流域工业的发展，但同发达地区相比仍有着较大的差距，与流域经济社会发展和绿色流域建设的要求还有许多不相适应的地方，主要是：一是创新人才不足，严重制约着流域可持续发展的能力和后劲。二是总体投入不足，特别是企业用于科技创新，以现代科技改造传统产业的投入比例低于全国水平。三是创新产品较少，名牌产品不多，产品档次普遍较低，企业创新能力较弱，缺乏用创新支撑的支柱产业。四是农业及农副加工产业创新能力有待提高，成果转化率较低，农产品加工工艺落后，新技术、新设备、新工艺的研发滞后。五是在招商引资过程中注重创新人才和创新能力的引进力度不够，企业的科技创新和提质增效工作需要进一步加强。六是单位能耗普遍偏高，资源浪费较为严重，科技对经济的贡献率总体不高。七是大理经济技术开发区土地资源紧张，成为了制约开发区发展新型工业和提高科技创新能力的困难问题，节约化用地的任务十分艰巨。八是流域原创性开发能力很低，自主知识产权的科技成果偏少，据国际和国内经验，在激烈的竞争中，真正的原创性核心技术是市场换不来的，是花钱买不到的，引进技术设备并不等于引进创新能力，忽视创新特别是原始创新的后果就会陷入"引进—落后—再引进—再落后"的泥潭和怪圈。

2.5.4 提高洱海流域工业产业技术进步贡献度的对策建议及保障措施研究

流域要发展建设更高水平的小康社会和打造绿色流域，很大程度上要依靠科技进步和创新能力的有力支撑。在发达国家经济增长的75%左右是靠科技进步和创新能力，25%左右是靠能源、原材料和劳动力的投入，而中国的情况恰好相反，流域工业产业科技进步现状与全国全省的情况基本一样，与国内发达地区的差距主要体现在科技创新能力的薄弱。对此要切实抓好创新人才的培养、创新项目的开发、创新企业的培植，特别是抓好创新产品的研究和推广，努力加快富民富州富县富流域的步伐。

2.5.4.1 提高洱海流域工业产业技术进步贡献度的对策建议分析

(1) 增强科技创新的紧迫感、责任感和危机感
思路决定出路，定位决定地位，态度决定高度，要切实增强科技创新的紧迫感、责任感和危机感。一是提高认识，加强领导，增加投入，把科技创新工作摆在重要的位置加以落实，积极争取国家和省级科技项目在大理实施，努力建设具有科技创新能力的重点企业；二是依托大理学院等流域内外大专院校，抓好多种形式的院企及院际合作，充分发挥专家学者的作用，设立科技创新专项资金，建立一批创新产品研发中心，加大新产品的研发和推广应用，努力构建以企业为主体、市场为导向、产学研相结合的技术创新体系；三是实施知识产权、标准、品牌三大战略，大力培植支柱产业、创新企业、知名品牌，走"大理生产—大理制造—大理创造"的路子，不断增强流域企业和产品的市场及品牌竞争能力。

（2）下大力培养和引进科技创新型人才

千军易得，一将难求。科技创新，人才为本。人才兴旺，事业发展。事实反复证明：一个创新人才可以做强一方产业，繁荣一方经济。"有非常之人，然后才有非常之事；有非常之事，然后才有非常之功"。一是要树立人才资源是第一资源的观念，在创新实践中发现人才，在创新活动中培育人才，在创新事业中凝聚人才；二是要努力营造鼓励人才干事业、支持人才干成事业、帮助人才干好事业的社会环境；三是要充分发挥人才的积极性、主动性、创造性，发展一方产业，繁荣一方经济，富裕一方群众。同时在招商引资中，不仅要注重资金的引进，更要引导企业注重人才、技术的引进，特别是现代企业的管理人才和创新能力的引进，努力提升流域食品工业、制药工业、建材工业、电力工业、机械工业、纺织工业的科技创新水平。

（3）扎扎实实地实施品牌战略

品牌是重要的无形资产，是迈向市场的通行证，是提高经济效益的金钥匙，昨天在价格上竞争，今天在质量上竞争，明天将在品牌上竞争。任何一个企业的核心竞争力，最终要体现在其品牌的市场竞争力上，地区间的竞争力也已经演变为产业品牌的竞争力。没有国际名牌的企业不是真正的国际企业，同样没有中国名牌产品的企业也不是名优企业。一个城市、一个地区如果没有名牌产品，就好比一个民族没有英雄，这是一件非常遗憾的事情。对此必须树立品牌战略，争创品牌；利用各种有效手段，保护品牌；采取良好的营销策略，扩展品牌。一是切实打造工业品牌。要动员和组织流域内有希望的企业开展"关注名牌、培育名牌、争创名牌、保护名牌、宣传名牌"活动，力争经过 3 至 5 年的扎实工作，努力实现"到 2010 年流域争创 20 个以上云南名牌产品，争创 5 个以上中国名牌产品，10 个以上国家质量免检产品"的目标任务，进一步提高下关沱茶、邓川奶粉、大理啤酒、中成药、扎染、木雕、大理石等名优产品的档次、科技水平和知名度，切实增强流域工业产业的核心竞争力和提高流域经济实力。二是大力发展品牌农业。充分发挥流域气候、资源、区位等优势，发展特色产品，提升产品品质，培植优势产业，巩固提升烟草、蚕桑、优质稻、啤大麦、甘蔗、亚麻等产业，创出一个品牌，带动一片产业，振兴一方经济。三是重视知识产权工作。没有知识产权的保护，就不可能有科技创新，也不可能有知名品牌的生存和发展。今后的工作中要进一步加强知识产权工作，促进流域品牌产品的保护和扩展。

（4）提高大理经济技术开发区产业园区和流域内县市工业园区的创新能力

一是科学规划，合理用地，解决好大理经济技术开发区产业园区和县市工业园区建设用地问题，为招商引资打好基础；二是切实做好大理经济技术开发区产业园区和县市工业园区的基础设施建设，为招商引资创造有利的条件；三是树立"高水平是财富，低水平是包袱"的观念，继续以招商引资为突破口，引进高水平的技术装备、生产工艺、管理和技术创新人才，努力提高大理经济技术开发区产业园区和县市工业园区的科技创新整体水平。

（5）努力推动科技创新在生态环保方面的应用力度

坚持节约资源和保护环境的基本国策，切实探索和推动科技创新在发展循环经济、加强环境保护、搞好生态建设以及洱海保护治理等方面的应用力度；利用科技创新成果着力推进节能、节水、节地、节材工作的效果，节约资源、保护环境、减少污染；努力做到安全生产、节约生产、清洁生产，积极建设资源节约型、环境友好型绿色洱海流域。

2.5.4.2　提高洱海流域工业产业技术进步贡献度的保障措施研究

要实施流域范围的"科教振兴"和打造"人才高地"战略，需要健全的教育、科技、人才体制和制定、实施相关保障措施。

（1）优先发展教育事业

坚持把教育摆在优先发展的战略地位，深化教育体制改革，加快教育结构调整，促进各级各类教育协调发展。以全面普及和巩固义务教育为重点，加强基础教育，大力发展职业教育，促进中等职业教育和普通高中教育协调发展。积极发展远程教育和高等教育。完善以政府投入为主，多渠道筹措教育经费的投入机制，大力发展各种形式的民办教育。加强基础教育，积极发展普通高中教育，大力发展职业技术教育，同时尽快推动高等教育发展。通过采取远程教育等先进教育技术形式，推进流域广大民众整体素质的提高，全面实施素质教育，转变教育观念，端正办学思想，切实加强受教育者的思想政治教育、品德教育、纪律教育、法制教育、国防教育和社会实践。

（2）推进科技自主创新和科技进步，增强发展动力

以改革为动力，以市场为导向，用先进实用技术改造提升传统产业，用高新技术开发优势资源，加快新技术、新工艺、新成果的转化和普及。深化科技体制改革，建立完善科技发展与科技进步的环境和体制。整合科技资源，推进科技成果商品化、市场化，充分调动各类科技人员创新科技、普及科技的积极性、主动性和创造性。对于技术开发类科研机构，要以产权制度改革为重点，加快建立现代企业制度，全面实现企业化运行。对于社会公益型科技机构，要实行岗位竞争聘用制、人员合同管理制、报酬浮动制。不断优化创业环境，吸引国内外优秀人才来流域创业。构建激励机制，建立健全知识产权管理机构，积极鼓励知识产权、技术、管理等要素参与投资、分配，充分发挥人才资源在技术创新中的主导作用。加大科技投入力度，构建全社会多元化科技投入体系。以集成创新和消化吸收创新为重点，组织实施一批对经济增长和社会发展有重要带动作用的科技项目，加速先进适用技术在第一、第二、第三产业尤其是工业中的推广、普及，提高科技进步对经济增长的贡献率。加快建立以企业为核心、产学研有机结合的创新体系，加强科技基础设施建设，促进科技基础条件的共建共享。加强科技合作与交流，组织开展与发达地区的信息交流、人才交流，实施项目开发、基地共建等多种形式的合作，带动流域共性、关键、核心技术的突破及其产业的跨越式发展。强化科普基础设施建设，提高科普能力。繁荣和发展哲学和社会科学，积极推动理论创新，进一步发挥对经济社会发展的重要促进作用。

（3）实施打造流域"人才高地"的发展战略，加快人才队伍建设

抓住人才培养、使用、吸引三个环节，以壮大队伍、能力建设和优化结构为重点，为发展提供坚强、可靠的人才保障和智力支持。一方面要抓好党政、专业技术人才尤其是企业经营管理人才队伍建设，增加人才队伍总量，提高人才队伍素质。立足培养现有人才，积极引进急需紧缺人才。始终把提高各类人才的学习能力、实践能力和创新能力作为整个人才队伍建设的重点。建立人才终身教育体系，不断提高人才素质。加强人才队伍的能力建设，注重在实践锻炼中培养人才，为不同类型的人才创造学历教育、各种培训、下派上挂、交流的条件，促进各类人才不断更新知识，提升能力。把坚持党管人才与发挥市场配置人才资源的作用相结合，促进人才资源的优化配置。进一步完善机制，建立健全人才评价机制、人才选拔任用机制、人才激励和分配机制、人才合理流动机制、人才的社会保障机制，为人才工作营造良好的环境。

2.6 保有经济增长率的流域现代工业专题研究

2.6.1 研究的主要路径和内容

本研究将依据大理市作为滇西中心城市的战略定位和"1+6"城市圈产业分工，对流域优势工业产业和现代工业（机械制造产业、资源优势产业等）的发展模式进行深入研究。研究包括：如何确保较快的经济增长率；如何以重大战略产品为导向，实现关键领域的集成创新与关键技术突破；如何有效运用高效、节能、环保的新制造业技术和产品对制造业进行改造和嫁接，最终减少环境的污染，提高经济效益，实现装备制造业的可持续发展；如何降低原材料和水资源的消耗，提高资源利用率，实现资源的综合利用等问题。立足走新型工业化道路，以此为后续的工业规划提供参考。

2.6.2 工业化、新型工业化道路的内涵与基础理论分析

2.6.2.1 工业化的内涵、特征、理论依据、阶段及类型

(1) 工业化的内涵

工业化是现代阶级社会中生产、技术革命引起的一个经济转变过程，是推动一个国家或地区从不发达到发达这一过程的最重要的动力，其影响渗透到经济和社会生活的各个层次。工业化的定义有狭义和广义之分。狭义的工业化认为，工业化是工业（特别是制造业）在国民经济中比重不断上升的过程。如 A·K·Bagchi 在《新帕尔格雷夫经济学大词典》中认为工业化是一个过程，其基本特征是："首先，一般来说，国民收入中制造业活动或第二产业所占比例提高了；其次，在制造业或第二产业就业的劳动人口比例一般也有增加的趋势。在这两种比例增加的同时，除了暂时的中断以外，整个人口的人均收入也增加了。"广义的工业化，如著名发展经济学家张培刚先生在其哈佛博士论文《农业与工业化》中将工业化定义为，"一系列基本生产函数连续发生变化的过程"，后来又将工业化定义修改完善为"国民经济中一系列基本的生产函数（或生产要素组合方式）连续发生由低级到高级的突破性变化（或变革）的过程"。总之，工业化是指随着工业生产技术的变革以及工业文明、工业生产方式或在农业和服务业中的渗透、拓展和运用，工业和服务

业在国民收入（国内生产总值）和劳动人口中的份额连续上升的、长期的、动态的过程。工业化定义可以反映产业革命以来经济社会的重要变化，既包括工业本身的机械化和现代化，也包括农业的机械化和现代化，这与一般只强调工业自身现代化的工业化定义明显不同。

（2）工业化的特征

一是生产技术的突出变化，具体表现为以机械生产代替手工劳动；二是各个层次经济结构的变化，包括农业产值和就业比重的相对下降或工业产值和就业比重的上升；三是生产组织的变化；四是经济制度和文化的相应变化。

（3）工业化的理论依据

无论是经济理论还是实践经验都表明，工业化是世界各国经济发展的规律，是发展中国家走向现代化的必然选择。

支持工业化的理论依据之一是"配第-克拉克定理"。配第和克拉克认为，商业（第三产业）收益高于工业（第二产业），工业高于农业（第一产业），随着人均国民收入的提高，劳动力首先从第一产业转向第二产业，然后更多的转向第三产业。

支持工业化的理论之二是"恩格尔消费规律"。这一规律表明，随着人均收入的提高，食物和必需消费品支出比例下降，舒适品和奢侈品的消费支出比例则相对上升，而舒适品和奢侈品主要是由工业和服务业生产的，因此，工业部门需要更快的发展。

支持工业化的理论依据之三是刘易斯等人的"二元结构理论"。这个理论表明，在人口众多的发展中国家，农业部门的劳动生产率低于工业部门的劳动生产率，将一部分劳动生产率很低的农业劳动力转移到劳动生产率较高的工业部门中去，整个社会的生产率就会提高。

支持工业化的理论依据之四是普雷维什·辛格的"贸易条件恶化论"。该理论认为，国际贸易中初级产品价格与工业产品价格相比呈长期下降的趋势，以出口初级产品为主的发展中国家在国际贸易中处于不利地位，因此，发展中国家应大力发展自己的工业，以代替进口的工业品。

支持工业化的理论依据之五是赫尔希曼的"联系效应理论"。该理论认为，工业部门特别是资本产品工业部门的联系效应比农业部门要大，为了使有限的资本产生最优效果，发展中国家应将资本投入到联系效应较大的工业部门去，实施"不平衡发展战略"。

（4）工业化的阶段和类型

工业化不仅是工业部门比重不断上升的过程，而且是工业部门内部机构不断变化的过程。撒克·霍夫曼等人从理论和经验上证明，工业化过程一般要经历三个阶段，第一阶段是消费品工业，如食品工业、纺织、烟草、家具等，相当于轻工业，居于主导的阶段；第二阶段是资本品工业，如冶金、化工、机械、汽车等，相当于重工业，加速发展并逐步赶上消费品工业阶段；第三阶段是资本品工业居主导阶段。

依据发动者是政府还是个人可将工业化划分为三类：一类是个人或私人发动；一类是政府发动；一类是政府和私人共同发动。现实中究竟一个国家的工业化属于哪一类，有时是难以说清的，但如果允许有一定的误差，则可以将英国、法国、美国的工业化归为私人发动的，前苏联归为政府发动的，日本和德国归为政府和私人共同发动的。一般说来，私人发动的工业化往往属于"渐进型"，政府发动的工业化则属于"激进型或革命型"。渐进型工业化往往始于消费品工业如纺织工业和食品工业，激进型工业化则往往始于资本品工业如重工业。

2.6.2.2 新型工业化道路的内涵、特征与相关理论分析

（1）新型工业化道路的内涵

当前我国整个经济正面临在结构进一步优化升级的基础上，进入新一轮高增长的新机遇。走新型工业化的发展道路，推进产业结构优化升级，形成以高新技术产业为先导、基础产业和制造业为支撑、服务业全面发展的产业格局，就能够在结构优化和提高效益的基础上，国内生产总值到 2020 年实现翻两番，实现全面建设小康社会的目标。

（2）新型工业化道路的特征

一般认为，新型工业化道路具有以下七个特征：

1）新型工业化道路，是信息化与工业化紧密交融的道路。

2）新型工业化道路，是集约型的经济增长道路。

3）新型工业化道路，是经济增长与环境保护、社会发展相协调的道路。

4）新型工业化道路，是人力资源优势得到充分发挥的道路。

5）新型工业化道路，是以人为本的发展道路。

6）新型工业化道路，是追求收入分配相对公平的发展道路。

7）新型工业化道路，是劳动密集型、资本密集型、技术密集型和知识密集型等各种生产要素组合结构共同存在共同发展的道路。

（3）新型工业化道路的理论分析

1）在所有制结构的选择上坚持以公有制为主体，多种所有制经济共同发展。应该毫不动摇地鼓励、支持、引导非公有制经济的发展，使混合所有制经济和民营经济在整个经济的比重达到或接近 70%。

2）资源配置更加市场化。必须建设一个统一、开放、竞争、有序的市场体系。国内民间资本的市场准入进一步放宽，国内资本市场逐步发育完善。

3）政府职能得到切实转变。在实现政企分开的基础上使政府的经济调节、市场监管、社会管理和公共服务职能不断完善。

4）发展战略上要做到人、环境、资源协调发展。也就是说要坚持可持续发展战略，坚持计划生育、保护环境和保护资源的基本国策，把控制人口增长和追求经济增长放在同等重要位置。

5）在经济增长无痕迹方式上要积极进取又要量力而行。既要实现快速增长，又要防止大跃进时期以及 1992 年、1993 年时的经济过热现象。

6）使企业真正成为科技进步的主体。现在我国科技进步中科研院所占的份额过大，在国外，企业持有的专利占全国总量的 80% 以上，我国却远低于这个水平。科研院所的科技进步要么企业化，要么与企业结合，可以通过调整税制和税率以解决科技进步资金来源

问题。在发展教育问题上要做到发展高等教育与巩固义务教育，培养大学生与培养高级技工相结合。

7）坚持用高新技术和先进适用技术改造传统产业，用信息化带动工业化。企业的信息化过程分为三个阶段：管理过程的信息化、生产过程的信息化、营销过程的信息化。从我国的情况看，第一个阶段的信息化发展较快，而生产过程和营销过程的信息化严重滞后。

8）正确处理好城市与农村、工业与农业的关系。城镇化问题不是简单的开放户籍制度，而要建立在产业要素集聚和保障制度健全的基础上，否则户籍开放了农民也不一定愿意搬进城市，就业没着落，生活没保障，还不如在农村。

9）积极利用国外资金和先进技术。要充分利用我国劳动力价格低、有较强的工业配套能力、政治社会稳定、有广阔的国内市场等优势，加大对外开放的力度，提高对外开放的水平。

10）新型工业化必须建立在社会化大生产基础上。这种产业布局有利于培养名牌产品，生产专业化，分工细化，使信息更灵通，生产成本降低；生产配套程度高，可以更好地吸引投资；可以在同行业间创造浓厚的创新氛围等。

2.6.3 洱海流域保有经济增长的现代工业发展路径和总体措施分析

2.6.3.1 洱海流域保有经济增长的现代工业发展路径分析

流域现代工业发展应该坚持以开放市场为导向，以现代企业为主体，以机制和体制创新、技术创新为动力，以工业园区（经济开发区）为载体，着力改善软硬环境，增加投入，优化结构，培育大企业，打造大品牌，形成大基地，在提高工业经济质量和效益的前提下，实现快速发展，促使现代工业为流域经济发展作出更大贡献。流域工业产业发展必须突出增加现代工业各产业的综合附加值和增强产业的关联度，着眼于产业链的延伸和产业竞争力的提高，推行工业产业的循环经济并促进绿色工业的发展，力求达到流域工业"做大求强"的目的，即尽快做大以"奶、烟、果、茶、菜"为特色的流域绿色农副产品加工业，力争做强以机械制造、电力、建材、新能源为代表的新兴产业，并发展成为这些低排放环保型产业的制造中心和各类加工企业的区域总部。

2.6.3.2 洱海流域保有经济增长的现代工业发展总体措施分析

（1）抓大五个支柱产业

机械、烟草、能源、建材、优势生物资源等五大产业是流域现代工业经济的支柱，流域必须采取措施下大力气抓大这些产业。对于机械产业，应该继续加大市场建设力度，积极引进战略合作伙伴，加快高端技术装备，把流域机械工业打造成全省最大、最强的产业基地之一。对于烟草产业，必须继续发挥优势，加快技改步伐，提质量增效益。对于能源产业，要以大电站建设为契机，加强服务，同时充分挖掘流域的能源优势，积极推进一批风能、太阳能电站建设。对于建材产业，应该加大水泥企业兼并重组力度，降低恶性竞争，努力开拓供货半径内的周边市场，实现全行业的提质增效和稳定运行，同时结合地域资源特点，确定一批重点区域、品种的建材资源开发规划，加强行业龙头建设与培育，积极引进先进采掘和加工技术，加快大理石、洱源凤砚等系列石材旅游产品和洱源鑫宝等建筑石材的开发步伐。对于优势生物资源产业，应该通过强化龙头企业培育工作，食品制造、饮料制造、医药制造、农副加工等行业要加大先进技术的引进和提升力度，加强食品与药品安全管理，努力开拓区域外市场，积极创建省级以上名牌产品。

（2）做强亿元以上流域工业龙头企业

销售收入在亿元以上的企业和即将达亿元以上的企业，是流域实现"十二五"工业经济发展目标任务的"火车头"和主力军，对流域经济社会的平稳快速发展起着重要的作用。流域各级政府要认真研究亿元企业的经营问题，提出全套服务和扶持措施，促使企业尽快做大做强。

（3）努力发展高新技术企业

拥有自主知识产权的高科技企业少，产品科技含量低，缺乏全国知名品牌，这是流域工业经济发展的最薄弱的环节。对为数不多但却拥有同行业较高技术研发和开发水平的企业，要制定出台有利于其对外扩张的政策措施，让其尽快成长为全国知名的大企业大集团。同时强化对这类企业和企业家的帮扶工作，使其在流域工业经济与社会发展中承担更多更大的责任。

（4）狠抓招商引资与项目促建工作

招商引资在区域工业经济发展中的作用和地位越来越突出，必须紧紧抓住云南省委省政府大力引进央企入滇战略实施的机遇，引进大企业大集团入驻洱海流域。同时，要充分利用各种形式开展招商引资工作，大胆解放思想，特事特办，把不同行业中的优秀企业和企业家招到流域工业经济战场上来。重大项目的选定及推进工作，是流域"十二五"工业经济发展的提纲挈领性的工作。要认真组织专门力量对各个重大工业项目进行分析论证，认真抓好可行性研究。坚持重大项目联席会议制度，对实实在在的项目给予重点支持。要建立重大项目责任追究制度，加强各类扶持资金管理，完善资金扶持管理办法。

2.6.4 洱海流域保有经济增长的现代工业发展的对策建议及保障体系研究

2.6.4.1 洱海流域保有经济增长的现代工业发展分行业对策建议

以下就洱海流域现有的现代工业产业做分产业细化及量化分析。

（1）重点调整产业

按照工业污染源调查分析，饮料制造、造纸、食品制造和农副食品四个行业是流域污染排放强度最大的行业，另外纺织、印刷也是污染排放强度较大的行业，这些产业大多是流域的传统优势产业，也是流域工业专题研究规划调整的重点。在发展培植新型工业的同时，要力求巩固和提升这些传统优势产业，通过企业的搬迁改建和大力实施技术改造，从区域布局和污染治理等方面做较大的调整与改进，在减少污染排放的前提下加快这些产业的发展，谋求新型工业和传统产业的共同发展。

2003 年以来流域内已经开展了这些产业的调整工作，先后关闭了 1 家人造纤维厂、2 家造纸厂和 5 家织染厂，同时将有发展潜力、技术水平相对较高的大理滇西纺织有限公司、大理民族塑料厂等企业搬迁改造，引入到产业配套完善、污染治理条件齐备的工业园，极大地改善流域环境，也为这些产业的可持续发展奠定了基础，规划将从以下几方面进一步调整与改进这些产业的空间布局和技术水平。

1）纺织、造纸、印刷包装等轻工产业，是流域的传统优势产业。近期规划到 2010 年，力争这些产业实现工业产值 20 亿元的目标，中期 2015 年实现产值 30 亿元，远期到 2020 年争取达到 45 亿元的目标。

印刷包装产业，要结合卷烟辅料的发展需求，加大对相关企业的科技创新和技改工作的支持，重点实施大理九恒印务有限公司、新艺彩印、大理大啤包装有限公司、辉煌纸业等企业的搬迁、提效、扩能与技改工程，使全行业得到协调发展；造纸纺织产业，要加快实施清逸堂纸业卫生巾异地扩建技改项目二期工程和滇西纺织有限公司棉纺搬迁技改项目及纺织服装城建设，推进轻纺行业的效益提升；此外，结合文化大理和旅游大理建设的要求，发挥传统加工优势，展示民族文化特色，以贸易和品牌培植为重点，积极发展以扎染、刺绣为主的民族文化传统手工纺织品，鼓励支持塑料、民族木制品、旅游产品的发展，使产品向"专、精、特、新"方向发展。

2）食品饮料与农副食品加工产业也是流域的传统优势产业，近期规划到 2010 年产业实现工业产值 30 亿元的目标，中期 2015 年实现产值 45 亿元，远期到 2020 年争取达到 70 亿元的目标。

一是重点做好蝶泉乳业、来思尔乳业等奶制品生产企业的生产线技改和东亚乳业的糕点食品及奶粉生产线项目建设，2010 年实现奶制品企业产值 5 亿元；二是加快实施大理啤酒近期"10+10"、中期"20+10"的扩能技改项目和金穗麦芽年产 3 万 t 麦芽搬迁技改项目，2010 年力争实现啤酒及相关产品产值 5 亿元；三是以下关沱茶集团为核心，培植壮大"普洱茶"品牌，不断开发新产品，提高资源综合利用率，优化制茶技术、减少生产中的污染排放，把下关茶厂建成全国普洱茶生产产量最大、效益最好的企业，2010 年达到实现产值 10 亿元的目标；四是加强对大理娃哈哈食品有限公司为龙头的饮料产业的扶持，重点解决该产业发展中的进出物流运力和配套服务的问题，确保生产经营的正常进行和产能的稳步提高，实现 2010 年工业产值 5 亿元的目标；五是不断扩大流域以"精梅、果脯"为特色的农产品加工产业规模，发展培育龙头企业，通过延长产业链、开展深加工和创立品牌、做大精品来提高产业附加值，2010 年力争实现流域农副食品加工产值 5 亿元。

（2）限制发展产业

对于冶金、采掘等污染排放强度大、对洱海保护构成较大威胁的行业，可以在清洁生产、控制排放的前提下适度发展。

最近几年为了保护洱海生态环境，流域内适当限制了冶金、采掘业的发展，给相关区域的经济带来了一定的短期损失。例如，在洱源，一个在 2003 年就招商引资的年产 150 万 t 钛精矿项目，因为必须被布局在远离洱海源头，也远离中心城镇 50 多 km 的炼铁乡而被暂时搁置；而大理大钢钢铁有限公司原在大理市凤仪镇，2003 年进行异地技改，搬迁到大理州漾濞彝族自治县顺濞乡。在企业经营组织变革的发展趋势和流域总部经济模式的客观要求下，对于这些限制发展的产业，可以通过区位布局调整，在流域周边区域拓展发展空间，例如，大理沐鑫弘冶金有限公司注册地在开发区，生产基地选择在紧邻开发区的太邑乡，这样既避免对洱海环境的污染，又可利用洱海流域和大理市的名气和相对成熟的商务环境，提高企业的知名度和市场影响力，同时也为流域工业经济的发展提供了更广泛、更坚实的产业基础。

（3）大力支持产业

流域近期和中远期将重点支持市场潜力大、产业规模大、对流域工业经济和产值税收具有决定性影响的支柱产业。

1）烟草及烟辅产业是流域内目前规模最大的产业，也是排污强度最小的产业之一。烟草、烟辅行业可以遵循"稳定、创新、挖潜"的发展思路，积极支持大理卷烟厂配合红塔集团的发展战略，建立优质原料基地，找准企业发展重点，努力提高企业经济效益；产业链上下游的烟辅、印刷包装业要通过加强业务合作，实现与大理卷烟厂的产业对接，以此提升整个产业及产业链各环节的竞争力和效益水平。但是由于该产业的主导企业生产规模受限，只能依靠提高产品档次和附加值来扩大销售收入，产业发展规模在今后一段时间将保持稳定或小幅增长。规划到 2010 年烟草、烟辅产业实现工业产值 33 亿元，2015 年达到 40 亿元，2020 年达到 50 亿元。

2）机械产业是流域近几年培育发展的新兴主导产业，市场发展潜力大，也是排污强度最小的产业之一。该产业可以以力帆骏马为龙头，充分发挥龙头企业在产业中的带动作用，依托集团积极引进配套厂家，配套发展汽车发动机、车桥、传动轴、活塞、钢板等配件备件，想方设法延伸产业链；重点做好提高载货汽车生产配套能力及工艺技术技改项目，拖拉机厂搬迁项目和相关配套厂家引进工作；加强市场营销和售后服务工作，稳扎稳打，迅速做强做大整个产业，力争到 2010 年实现产能重卡汽车 2 万辆，中轻卡汽车 4 万辆，拖拉机 10 万辆生产规模，实现工业总产值 65 亿元，2015 年达到 120 亿元，2020 年达到 200 亿元。

3）电力产业是流域具有区位特色的优势产业，也是排放很低的绿色产业。该产业发展可以进一步加快地方小水电的建设，力争在 2010~2015 年基本完成有开发价值小水电的开发，抓紧实施锦溪电站、万花溪电站的建设；大力发展风力和太阳能发电，抓紧做好水电十四局、华能集团大理风电场项目的建设工作，力争风力发电取得突破；同时继续推进电网改造工程，提高电网的供电能力和供电质量。该产业 2010 年力争实现工业产值 15 亿元，2015 年达到 25 亿元，2020 年达到 35 亿元。

4）建材产业也是流域的优势产业之一。该产业发展可以借助市场手段和政策引导，加快产业资源整合，淘汰落后产能，组建跨地区跨行业的大型水泥集团，尽快实现流域内规模化、品牌化、效益化的集约经营，提高行业集中度，实现增量增效；大力支持相关企业采用新技术施行技术设备改造,近期重点做好大理水泥(集团)有限公司、红塔滇西水泥股份有限公司、大理红山水泥有限公司和昆钢大理嘉华水泥有限公司等企业的新型干法旋窑水泥项目建设,使流域水泥生产能力达到500万t以上;同时进一步提升传统的砖、瓦、沙、石等建材业和建筑业,积极发展新型墙体、水泥预制品、商品混凝土等新型建材,提高相关产品的附加值。该产业2010年力争实现工业产值20亿元,2015年达到30亿元,2020年达到45亿元。

(4) 鼓励发展产业

流域工业规划将积极鼓励突出区域特色和优势的绿色产业的发展,大力扶持生物开发、新能源、新材料、高新科技等"低投入、低污染、低耗能、高效益"的优势产业,培育新兴产业集群,不断壮大流域的"环保产业"和"绿色工业兵团"。

1)大力发展生物开发产业。洱海流域有着丰富多样的生态系统类型,包括森林生态系统、草甸生态系统、荒漠生态系统、高原湖泊生态系统、湿地生态系统和农业生态系统。这样的生态条件提供了多样化的生物资源,蕴含了种类丰富的动植物种质资源基因库和资源库,包括大量的陆地和水生动植物,药用和经济动植物品种很多,是流域产业发展的优势和基础。可以加快发展天然生物制药产业,充分发挥生物资源多样性的优势,将制药企业与药农相结合,规范原料药材的种植,推进中药产业化进程,重点支持云南白药集团大理药业有限公司技改与扩容、新药的引进与生产销售工作,加快推进大理中药材毛驴养殖加工基地项目建设,促进全行业的快速发展。该产业2010年力争实现工业产值10亿元,2015年达到15亿元,2020年达到25亿元。

2)积极扶植以新能源、新材料为主的高新技术产业发展。抓住太阳能非晶硅薄膜光电项目等新引进项目建设的契机,精心孵化培育高新技术产业,以新材料、新能源的发展为突破口,发展非晶硅材料、ITO靶材、纳米金属粉体等新材料产业和风能、太阳能设备制造产业。可以以大理市建设滇西中心城市为契机,以大理省级高新技术产业开发区为主要载体,加强与国际国内科研院所、大专院校的合作与交流,通过建立国家级、省级技术开发中心、博士后流动工作站等形式,营造最适宜人类居住、创业、科研的良好环境,建立高新技术开发创新平台,吸引国际、国内科研人才、高新技术企业集聚到流域内创业发展。该类产业2010年力争实现工业产值3亿元,2015年达到5亿元,2020年达到10亿元。

2.6.4.2 洱海流域保有经济增长的现代工业发展的保障体系研究

(1) 推进产业发展和企业管理创新体系建设

尤其要加快信息化建设步伐,进一步增强信息化带动工业化的能力。加快工业经济数据库和中小企业网络平台建设,推进政务信息公开,加快共性信息技术的研发和推广,在设计、研发、生产、经营、管理等全过程推行信息化,实施产业信息的企业间共享,逐步实现生产自动化、控制智能化、营销网络化和管理现代化。要在现有工业经济运行分析监测基础上,利用现代信息技术,建立流域工业经济动态监测体系,实现工业管理系统和流域规模以上企业联网。

(2) 加强机制和体制创新工作

进一步深化各类所有制企业的改革,为工业发展扫除机制性障碍。要按国家有关政策，放心、放手发展各种所有制工业，鼓励各类愿意参与流域工业发展的企业到流域内投资办厂。

（3）狠抓创新投融资体制建设

要进一步深化投资体制改革，注重投资平台建设，营造工业投资的良好软硬环境。在确保每年财政预算投入一大笔工业发展资金的同时，探讨政府举债等方式多渠道筹措工业发展资金，并重点用于支持延伸产业链、实施名牌战略、增强核心竞争力，以及中小企业担保资本金和工业基地（经济园区）建设补助。通过加大财政对工业发展的支持力度，进一步强化政府对产业发展的导向作用，引导企业、金融部门和民间资本的投向。要着力构建融资平台，为工业发展提供资金支持。要继续强化以民间经营性担保和企业互助担保为主、政府担保为辅的多层次信用担保体系建设，建立中小企业融资担保平台。要推进企业信用体系建设，以政府信用建设为先导，企业信用建设为主体，公众个人信用建设为基石，构建流域的诚信体系。引进股份制金融企业，建设地方金融企业，拓宽资本融资渠道。

（4）努力改善软硬环境建设

一是要坚持和加强企业评议行政机关的制度和办法，努力为企业发展营造良好发展软环境；二是加强招商引资工作力度，努力营造最适宜投资地域的氛围，在招商工作中要以企业招商、项目招商为主，政府工作的重点则宜放在提供配套服务方面；三是加强基础设施建设力度，要以政府为主，充分运用市场手段，继续加大交通基础设施建设力度，要特别重视重要物产地的交通基础设施建设工作，为企业降低运行成本。洱海流域可以选择2～3个条件好、发展潜力大的工业基地，进一步加大对其基础设施的投入，形成完备、通畅、便捷的硬环境。同时，创新体制，依据地区优势和产业特点，制定相关对策措施（包括电力、土地、资源等方面），构建产业氛围鲜明、运行成本竞争力强的投资软环境，力争把这些基地建成投资环境最好、吸引投资最多、企业发展最快、产业特色鲜明、带动就业有效、具有滇西一流发展环境的平台，成为能在流域工业经济发展中起到支撑作用的经济增长群。

3 洱海流域生态旅游及配套服务业问题研究

3.1 引　言

　　环洱海流域旅游产业调整是以洱海保护作为调整的基础和前提，所有的规划、开发和建设都服从洱海保护的需要，同时，在保护洱海的基础上发展旅游业，提高当地的收入，达到人与自然的和谐相处，实现可持续发展。大理的建设目标是成为"滇西中心城市"和"国内一流，世界知名的旅游胜地"，加大对旅游业的开发建设和管理力度，在大理市产业结构不断完善，综合效益不断提高，发展后劲不断增强，产业体系基本形成，品牌形象基本树立的基础上，为保持大理旅游持续健康发展，就应当把发展生态旅游作为当前工作的主要内容。

　　本研究的指导思想是在保护洱海及周围的生态环境的前提下，改变流域单一的传统观光旅游模式，发展大理的生态型旅游，实现洱海流域旅游业发展，使当地的环境效益、经济效益和社会效益三者有机地结合，实现可持续发展。带动旅游产业结构调整，优先发展购物、娱乐等高产值低污染的旅游形式，增加旅游业效益，控制旅游业污染，削减单位产值的排污量，并完善旅游配套污染物处理设施。保证大理旅游由单一的观光型向观光、休闲、度假、康体、会展多元型转变，在加快推进旅游业由资源型向经济效益型转变的过程中发展减排能力强且经济效益好的生态休闲度假旅游模式，其可同时兼顾生态环境和经济效益。

　　洱海流域的生态型旅游不是一个独立的系统，与之相关的各个体系都会对其产生影响，反过来生态型旅游也会对相关的各个体系产生影响。根据大理的自身条件，从与流域生态型旅游发展相关的形象的塑造与市场拓展，基础设施与保有就业增长的现代服务业发展，旅游产业生态环境保护规划，旅游产业管理体系规划四个方面对洱海流域生态型旅游发展的支持系统进行研究。

　　本研究的规划目标分为总体目标和阶段目标。总体目标是以洱海水环境保护为中心，通过对洱海流域旅游业结构进行调整，使流域旅游业的发展和洱海本身及周围环境达到良性循环。以洱海水环境保护和经济发展为目标的同时，以与旅游相关联的个人消费服务业、公共服务业等多种服务业集聚发展为内容；以农业与旅游业、城镇与旅游业融合发展为指导，形成流域多种旅游及其配套行业综合发展的格局，最终将洱海流域建成集"纯洁自然、南诏风情、地热王国"为一体的世界高原生态观光与民族风情度假休闲地，如图3-1所示。

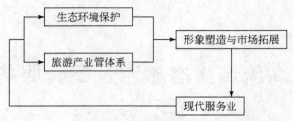

图 3-1　支持系统作用图

阶段目标分为近期阶段，中期阶段和远期阶段。近期阶段，到 2015 年初步控制洱海流域旅游业排放的污染物和污水，在重点对"六都"规划调整完的基础上，开展"一道，一廊，一游线"的建设，初步实现从"点"到"线"的结合。中期阶段，到 2020 年通过海流域旅游业调整使旅游业引起的污染物和污水达到排放标准，初步完成从"线"到"面"的过渡。远期阶段，2030 年完成宏观产业结构调整，实现流域旅游业的整体协调，形成同一板块，并使流域旅游业和保护洱海水质成为良性循环。

对洱海流域旅游业结构和布局进行调整规划主要遵循以下基本原则：①坚持使与流域生态型旅游发展相关的四个体系——形象的塑造与市场拓展，基础设施与保有就业增长的现代服务业发展，旅游产业生态环境保护规划，旅游产业管理体系在以生态理念为核心的基础上保持自身系统的连续性。②在保持四个支持系统的连续性基础上保持各个系统的相互联系性和整体性。四个支持系统既是相互独立同时又是相互联系的有机统一体。③政府、企业、个人在流域生态型旅游业发展建设上目标一致。

3.2　洱海流域生态型旅游发展规划体系与产业升级研究

3.2.1　基于水环境承载力的流域旅游环境容量测算及其分析

3.2.1.1　洱海流域旅游环境容量（TECC）测算

在"流域旅游产业化现状调查及旅游业污染源调查"的基础上，分行业、分模式开展基于洱海水环境承载力的旅游环境容量研究，科学测算流域旅游环境容量允许的"阈值"。

旅游环境容量测算方法比较研究。在分析比较国内外现有旅游环境容量测算方法［限制因子法、面积容量法、卡口容量法、线路容量法、合理环境容量估算法、综合估算法、生态足迹法（ecological footprint analysis）、适应性生态系统管理技术（adaptive ecosystem management）、容量的多特征打分测试技术（multiple attributes coring test of capacity）等］的优劣势的基础上，确定测算基于洱海水环境承载力的流域旅游环境容量的最适方法，如式（3-1）。

$$\mathrm{TEF} = N \sum_{i=1}^{n} r_i c_i \tag{3-1}$$

式中，TEF 为餐饮系统旅游生态足迹；N 为游客总量；r_i 为游客所消耗的第 i 类生物资的当量因子；c_i 为游客对该类生物资源的人均消费量。

旅游环境容量测算。以子课题二的"洱海流域水污染物总量分配方案"给流域旅游业分配的水污染物总量为控制目标，依据子课题一的"洱海旅游污染调查"所提供的数据，针对不同情景的最适方法测算旅游各行业、不同旅游模式的旅游环境容量，包括阈值和最适值，如式（3-2）。

$$L_{观光} = T_w W/E_{观光} \cdot R - L_0 \tag{3-2}$$

式中，T_w 为洱海水环境承载力；W 为旅游发展的环境容量比，它会随着旅游发展取代农业的程度的增加而变大；$E_{观光}$ 为观光游客每人每日消耗的洗衣粉或洗涤剂或生活污水排放量的经验值；L_0 为区域常住人口。

另外，还可如式（3-3）所示，计算特定区域范围内的不同旅游模式的旅游环境容量[①]：

$$ECC_{观光} = \min\left(\frac{N_i S + H_i}{P_i}\right), \quad (i = 1, 2, \cdots, n) \tag{3-3}$$

式中，$ECC_{观光}$ 为旅游地的旅游环境容量，N_i 为每天该区域单位面积对第 i 种污染物的净化能力；S 为旅游区面积；H_i 为每天人工对第 i 种污染物的处理能力；P_i 为每位观光游客一天产生的第 i 种污染物的数量。这种方法不仅考虑了区域的环境自净能力，还考虑了污染治理设施的净化能力；用这种方法，不仅可以计算出不同旅游模式的旅游环境容量，进行旅游模式间的比较，同时，还可以计算出不同区域的旅游环境容量，进行比较，为旅游发展区位的选择提供科学依据。

3.2.1.2　建立基于 TECC 的旅游业发展规划技术体系

基于 TECC 的旅游业发展规划的具体要求，从重视环境保护的视角，结合《旅游规划通则（GB/T18971—2003）》，从旅游主题定位、空间布局、旅游产品设计、旅游商品开发、市场营销、保障体制等方面提出基于旅游环境容量的旅游业发展规划的具体要求。

基于 TECC 的旅游业发展规划的技术体系，以发展减排能力强且经济效益好的生态休闲度假旅游模式为重点，如图 3-2 所示，从以下三个方面进行基于旅游环境容量的规划技术体系的构建。

1）准备和支撑机制研究——资源市场分析，产业优势比较分析，这是旅游发展模式的基础。

2）启动与运行机制研究——旅游发展目标确立、旅游规划编制、运行模式选择等，这是旅游发展模式的核心。

3）控制与保障机制研究——包括政策法规体系的完善、观念的转变、基础设施的完善、人才的配备等，这是旅游发展模式的关键。洱海流域基于旅游环境容量的规划体系，如图 3-2 所示。

---

① 黎洁.2006.旅游环境管理研究.天津：南开大学出版社：193.

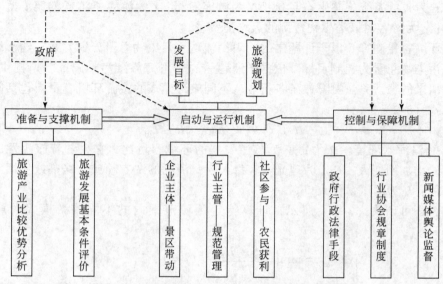

图 3-2 洱海流域基于旅游环境容量的规划体系

3.2.2 洱海流域旅游产业发展战略构架

3.2.2.1 洱海流域旅游产业 SWOT 分析

（1）旅游产业发展优势

1）资源优势。大理市全年气候温和，四季如春。被誉为"文献名邦"的大理，是多元文化与自然和谐的乐土，拥有丰富的自然类和文化类旅游资源优势。大理历史悠久。远在新石器时代，大理就是白族先民的生息繁衍之地；秦王朝统一中国时，大理就已醒目于国家版图上；西汉武帝时期，汉王朝在大理设置郡县，我国最古老的国际通道——南方丝绸之路和茶马古道穿越大理。至今，大理仍是滇西第一大城市。大理文化灿烂，数千年的岁月，给大理留下了大量足以傲世的历史遗存。大理民俗浓郁，白族的服饰、民居、婚嫁、信仰、习俗和庆典节日，都洋溢着浓浓的民族风情。大理佛缘悠远，古有"妙香佛国"之称，史载佛教盛行于南诏国后期和大理国，并被尊为国教，大理国传世二十二代皇帝中，就有九位禅位为僧，这在中国历史上是绝无仅有的，佛寺古刹星罗棋布于苍山洱海之间。大理苍洱景区是大理风景名胜区的主景区，大理苍山洱海是国家级自然保护区，大理古城又是全国首批 24 个历史文化名城之一。大理有国家重点文物保护单位 4 个，省级文物保护单位 10 个，州级文物保护单位 5 个，市级文物保护单位 31 个。南诏风情岛、三塔公园、天龙八部影视城、洱海公园、蝴蝶泉公园等重点景区（点）已步入国家级 4A 级和 3A 级旅游区（点）。

洱源县位于洱海上游，名取洱海发源地之意。该地风光旖旎，四季景色迷人，是大理景区的重要组成部分。洱源素有"温泉之乡"美称，县城玉湖镇被誉为"热水城"，城中温泉遍布，热水沿街渠纵流，冬春热气缭绕，婉若仙都美景，令人神往。洱源也是少数民族聚居地，以白族为主的先民在吸收汉文化优秀成果的同时，形成了一系列独特的民风、民俗和民族传统文化，诸如被誉为白族舞蹈"活化石"的"里格歌"，以及散落在民间的民歌、民乐、耍狮、耍龙、白族调、故事传说、婚丧嫁娶的喜庆祭祀礼仪等。著名的"三雕一炖"（雕梅、雕李、雕杏、炖梅）是享誉国内外的名优土特产品。

2）交通优势。作为茶马古道的枢纽站，洱海流域自古是交通要地。1994 年开始，顺应云南省的要求，大理提出了"旅游活市"的发展战略。经过多年的建设，目前洱海流域已经建成大理机场、大理-昆明铁路专线、大理-昆明及大理-保山等多条高等级公路、大理-丽江旅游公路，并开辟了市内旅游专线，形成了海（洱海）-陆-空立体交通体系。

3）管理优势。洱海流域的旅游业发展得到各级政府的高度重视。2006 年 3 月 15 日，国家旅游局局长邵琪伟听取了大理州委、州政府关于实施旅游二次创业的工作汇报，并指出大理的历史文化、民风民俗在全国所独有，大理旅游资源的品位很高，特色很鲜明；大理的软件与全国其他地方相比也有相当的水平。除了有着很好的旅游基础外，大理发展旅游产业的意识很强，在"十五"期间上了一个很高的台阶，特别是海外游客同比增幅比较高。大理旅游业实现了跨越式的发展，为今后的发展奠定了一个非常好的基础。不仅如此，洱海流域政府一直将环境保护目标和旅游业发展目标加以综合考虑，不为发展旅游业而牺牲环境成为政策基点。

4）企业管理优势。2002 年初大理州、市党委、政府决定组建大理旅游集团，并赋予集团"统一领导、统一线路、统一价格、统一营销、统一结算"的五大权力，着手整合资源、引领市场。2004 年 4 月 1 日，大理旅游集团和大理各大旅行社统一推行"大理旅游交易结算及管理系统"（简称"一卡通"系统）。该系统覆盖在大理地区所有旅游管理部门和旅游企业，并连接结算银行，可实现旅游企业之间的网络电子交易和账务结算，具备全区旅游信息共享、旅游企业动态适时监控等功能。

5）多极优势。洱海流域旅游业的发展逐渐呈现出多点增长的态势。洱源县的旅游业发展近来加快了步伐，使洱海流域旅游业出现了多极增长的良好形势。增长点的培养使洱海流域旅游业后继有力。洱海流域的旅游业发展不能简单地建立在少数传统景点和项目上，只有不断培养增长极，才能保证可持续的发展。目前洱源县在"生态文明试点县"规划指导下，大力发展生态旅游业，是洱海流域生态-经济-社会协调发展的重要一环。

（2）旅游产业发展劣势

1）环境与旅游业发展相互制约的误区。如果说优美的自然环境是洱海流域旅游业发展的重要资源，那么环境保护与旅游业发展的协调问题又一直是困扰洱海流域旅游业发展的瓶颈。课题组在调研过程中，发现苍山上游客寥寥无几，大理古城旅游团成群结队，美好秀丽的苍洱景区居然无人登高欣赏，令人惋惜。

课题组在洱海流域发放游客问卷 120 份，回收有效问卷 107 份，有效回收率为 89.17%。对于"您认为洱海流域的生态旅游资源丰富吗？"的问题回答结果，见表 3-1。

表 3-1　洱海流域生态旅游资源丰富程度问卷调查

选项	很丰富	有点丰富	一般	有点缺乏	很缺乏	不知道
选择数	22	54	14	2	2	13
选择比例（%）	20.56	50.47	13.08	1.87	1.87	12.15
累计比例（%）	20.56	71.03	84.11	85.98	87.85	≈100

　　可见，大部分游客认为洱海流域的生态旅游资源较丰富，这正是洱海流域开展生态旅游项目的良好基础。

　　但对于问题"您这次的洱海流域之行享受到了生态旅游吗？"的回答结果，见表 3-2。

表 3-2　洱海流域生态旅游问卷调查

选项	很多	较多	有一点	没有
选择数	7	10	61	29
选择比例（%）	6.54	9.35	57	27.1
累计比例（%）	6.54	15.89	72.89	≈100

　　可见，和洱海地区丰富的生态旅游资源相比，游客对生态旅游的享受是较少的。洱海流域的生态旅游开发还处于初级阶段。另外，有 12.15% 的样本游客不知道洱海地区的生态旅游资源情况，这说明在宣传上还做得不够。

　　诚然，我们决不能为了经济利益而牺牲环境，但是，真正的可持续发展不是"蓄而不发"，而是妥善规划、良好管理，推动生态和经济的和谐发展。否则，洱海流域得天独厚的自然环境，非但不是旅游业发展的资源，反而是旅游业发展的障碍了。

　　2）旅游资源缺乏广范围和深层次开发。洱海流域的旅游业不仅在历史上有着深厚的基础，而且改革开放以来也经过了 30 年的发展。但是总体而言，目前洱海流域的旅游产品和服务项目乏善可陈，缺乏足够的深度和广度挖掘。对于问题"您认为洱海流域的旅游项目有意思吗？"的回答比例，见表 3-3。

表 3-3　洱海流域旅游项目趣味性问卷调查

选项	很有意思	有点意思	一般	较没意思	很没意思
选择数	3	23	62	14	5
选择比例（%）	2.8	21.5	57.94	13.08	5.67
累计比例（%）	2.8	24.2	82.24	95.32	≈100

　　洱海流域具有价值很高的自然类和文化类旅游资源，但居然有 57.94% 的游客印象一般，只有 2.8% 的游客觉得洱海地区的旅游项目"很有意思"。这说明洱海流域的旅游资源（包括生态旅游资源）开发得还很不够。现有的旅游产品和服务多停留在简单的参观和购物上。大理旅游集团有限责任公司的某副总也指出，目前大理旅游业还没有得到很好的提升，旅游产品相对简单、粗糙。

　　3）洱海流域的旅游业效益尚待提升。从表 3-4 中可以看出洱海流域旅游在整个大理州旅游结构中的比例。

表 3-4　大理市旅游业在大理州所占比重

	海内外旅游总人数（万人）		旅游总收入（亿元）	
	2007 年	2008 年	2007 年	2008 年
大理州	867.6	953.31	66.2	133.35
洱海流域	598.49	573	35.15	41.08
洱海流域/大理州	68.98%	60.11%	53.10%	30.81%

可以发现，洱海流域的游客数虽然占了整个大理州的大头，但流域的旅游业收入却只能占到整个大理州的小头。即洱海流域的旅游业效益还有待提升。

（3）旅游产业发展机遇

1）旅游业发展的大背景。旅游业是应对国际金融危机和扩大内需的优势产业。旅游业具有抗冲击、易恢复的产业韧性，对化解国际金融危机影响和扩大内需具有特殊作用。旅游业是促进"两型社会"建设的先导产业。旅游业具有资源消耗少、环境要求高、可持续性强的特点，是全球公认的"朝阳产业"，是推动资源节约型、环境友好型社会建设的先导产业，是推动社会进步的和谐产业，就业层次多、方式灵活，市场广阔。世界旅游组织统计，全球每 10 个就业岗位就有 1 个与旅游业有关。旅游业在脱贫致富中发挥着重要的作用，具有见效快、返贫率低、示范性强的特点。其所带动的人流、物流、信息流、资金流等，促进了产业结构调整和区域协调发展。此外，通过旅游活动，旅游者不仅增长了知识，也增进了不同人群间的互信，促进了人的全面发展与社会和谐。旅游业还是促进对外交流的"窗口"产业。旅游业已成为"让世界了解中国，让中国走向世界"的窗口，成为国际社会认知中国形象、感受中国发展的重要途径。在这样的大背景下，洱海流域的旅游业改善结构，做到生态–经济–社会的协调发展，正当其时。

2）生态文明理念的推广。生态文明理念促使人们亲近大自然，热爱自然环境，使人们对生态环境保护得好、自然生态资源丰富的地区存在向往之心，希望能通过旅游欣赏自然风光，感受自然气息，在自身和自然的互动中修养身心、享受美好生活，这为洱海流域培养了大量潜在的旅游客源。生态文明理念的推广也促进洱海流域旅游业向生态–经济–社会和谐的方向发展，做到旅游业的产业结构升级和转型。

（4）旅游产业发展挑战

1）其他地区旅游业的竞争。在课题组的问卷调查中，问题"您这次旅行的最终目的地是哪里？"的答案，见表 3-5。

表 3-5　洱海流域游客最终目的地问卷调查

选项	大理	昆明	丽江	其他
选择数	0	3	96	8
选择比例（%）	0	2.8	89.72	7.48
累计比例（%）	0	2.8	92.52	≈100

大理几乎就是游客转道丽江的中转站。可以说，目前以大理为核心的洱海地区旅游业已成为丽江的一个配角，是游客们前往丽江旅游途中的落脚点，这又使大理仿佛回归了她在历史上承担过的驿站功能。

1994年以前，丽江几乎不为人所知，是真正地被遗忘的古纳西国。1994年，云南省政府召开滇西北旅游规划现场办公会，提出了"发展大理，开发丽江，带动迪庆，启动怒江"的发展思路，确定了保护丽江古城的"54321"工程。自此丽江旅游一发而不可收，后来居上，出现完全压倒了大理的风头。

以2007年1~11月为例，比较大理和丽江的旅游业成绩，见表3-6。

表3-6　大理、丽江旅游业比较（2007年1~11月）

	接待总人数（万人）	国内游客数（万人）	海外游客数（万人）	旅游总收入（亿元）
大理	518.92	500.91	18.01	30.38
丽江	492.94	455.7	37.24	57.95

可以发现，虽然样本期内丽江的游客总人数略少于大理（约为大理的95%），但其旅游总收入却是大理的190.75%，海外游客数是大理的206.77%，其旅游业产业结构明显优于大理。除了丽江，洱海流域还面临众多其他旅游目的地的竞争，见表3-7。

表3-7　洱海流域旅游在云南旅游业中的竞争者

昆明区	石林、民族村、昆明、大观公园、九乡风景区
红河区	建水燕子洞、朱家花园、弥勒白龙洞、建水古城、元阳
丽江区	玉龙雪山、丽江古城、玉水寨、泸沽湖、白水河
迪庆区	梅里雪山、硕都湖、天生桥温泉、香格里拉、纳帕海
曲靖区	陆良彩色沙林、罗平、珠江源、九龙瀑布、南盘江
楚雄区	武定狮子山、盘龙寺、元谋人遗址、太阳历公园、永仁方山景区
西双版纳区	原始森林公园、傣族园、野象谷、民族风情园、曼听公园
怒江区	六库、三江并流、怒江大峡谷、秋那桶、怒江
保山区	腾冲热海国家重点风景名胜区、腾冲和顺景区、龙陵邦腊掌度假区、太保公园、北海湿地
昭通区	大关黄连河、大山包、水富县西部大峡谷温泉旅游区、盐津豆沙关、观斗山石雕
玉溪区	汇龙生态园、抚仙湖、红塔山、映月潭休闲文化中心、通海秀山公园
思茅区	梅子湖公园、白塔、澜沧江、小黑江森林公园、哀牢山
临沧区	沧源崖画、西门公园、凤庆凤山公园、五老山国家森林公园、茶文化风景园
德宏区	瑞丽、三仙洞、瑞丽市莫里热带雨林景区、盈江凯棒亚湖景区、潞西市勐巴娜西大花园
文山区	邱北普者黑风景区、西华公园、砚山浴仙湖、富宁驮娘江景区、麻栗坡老山

2）交通优势的"双刃剑"效应。如前所述，大理的交通条件不断得到改变，劣势已经转化为优势，但这种优势同样也可能转化为劣势。因为交通优势具有"双刃剑"效应。建设中的大丽铁路从大理洱海之滨延伸至丽江古城。今后，这一铁路通道还将延伸到香格

里拉乃至拉萨，连通全国铁路网。全长164km的大丽铁路是规划中的滇藏铁路的一段，设计时速120km。线路起自广大铁路大理东站，经洱海东岸至上关、西邑、鹤庆抵达丽江古城。这条铁路预计将于2010年底通车。这对于大理而言，与其说是机会，不如说是挑战。

综上所述，流域旅游业，由于"传统旅游产品的老化，日益凸现出其旅游中转站、二传手的尴尬，与之相应的是游客滞留时间锐减，吃、住、行、游、购、娱的收入不高"，流域旅游业面临周边其他旅游地日趋激烈的竞争。不难发现，目前流域旅游业的发展仍然是在低端徘徊，效益不高，没有充分发掘其丰富旅游文化资源，没有明确大生态旅游的概念。总之，在洱海绿色流域工业化进程中，第三产业的后续拉动作用没有充分显现出来。

3.2.2.2 基于SWOT分析的流域旅游发展战略

综合流域旅游发展的内外环境分析，明确其旅游发展的优劣势、机会与威胁，制定流域旅游发展的战略目标、战略重点、战略方针及战略措施。

（1）战略目标

依靠大理的区位和交通、旅游资源优势，强化各级政府对旅游发展的认识，加强政府旅游主导力度，完善旅游服务系统，做好旅游开发的招商引资工作，努力开拓国内外旅游市场，把优美的自然风光和深厚的历史文化相结合，把观光旅游与休闲度假康体旅游相结合，把硬件建设与软件建设相结合，把以大理苍洱为中心的旅游与全州乃至于滇西旅游区的发展相结合，把强化管理与改革创新相结合，以旅游产业为突破口带动全市各类产业和基础设施的大发展，树立洱海流域旅游品牌形象，增强流域旅游的吸引力和竞争力，推动流域旅游由单一的观光型向观光、休闲、度假、康体、会展多元型转变，加快推进旅游业由资源型向经济效益型转变。争取在未来15～20年将洱海流域建设成为中国一流、世界知名的旅游胜地。流域旅游业推进成为经济重要支柱产业，最具有可持续发展的优势产业，可带动经济、社会的全面发展。

（2）战略重点

根据洱海流域旅游资源的现状和其与洱海水环境的关系，在不污染或极少污染洱海的前提下，以改善洱海流域旅游的环境和提高洱海流域旅游经济效益为目的，结合大理旅游业的现状和目前旅游业的发展趋势，在以保护洱海的前提下，对洱海流域旅游业在空间布局上进行调整，选择"六都，一道，一廊，一游线"进行重点打造，"核心优化，高端发展；域外拓展，网络集成"。逐步实现"点、线、面"（点，流域周边的各个旅游景点；线，流域已经形成和待开发的旅游路线；面，整个流域的旅游业整体）逐渐相互结合，相互渗透，最终形成一个能互有分工、各具特色的统一的整体，达到集群效益和规模效益。通过"六都，一道，一廊，一游线"的打造，形成环洱海流域旅游发展的基本框架，开创全省国内、国际旅游并重的旅游发展格局。

（3）战略方针

1）生态和谐发展战略。

在旅游开发中应坚持把保护自然生态环境和历史文化遗产放在首位，使旅游产业的发展有利于国民经济的协调发展，有利于生态环境的保护，有利于提高当地居民的生活质量，有利于子孙后代的发展，协调处理好经济效益与社会效益、环境效益的关系，形成旅游产业与资源环境的和谐发展。大理的风花雪月、苍洱毓秀，在全国乃至世界都是唯一的。在保护好苍山生态环境和景观的前提下，积极申报苍山国家公园，加快建设苍山大索道及核心景区的步伐，做好苍山"世界地质公园"和"世界自然遗产"的申报工作，把苍山打造成为独具特色的地质生态精品区；建设大理下关西洱河旅游文化生态长廊；加快大理市海东片区高尔夫球场建设和康体旅游设施建设。创新生态旅游的开发模式，把苍山建设成与国际接轨的国家公园生态旅游区，着力打造一批精品生态旅游区，把大理建成国内一流、国际知名的生态旅游目的地，建成保护自然遗产资源和民族文化资源的典范，为生态环境的保护和旅游资源的开发利用提供新经验和新模式，带动特色生态旅游地区的经济社会持续快速健康发展。

2）文化与旅游互动战略。

旅游发展有利于文化的挖掘和传承，文化挖掘则有利于丰富旅游的内涵、提升旅游的品质。要加大旅游的吸引力，必须大力推进文化产业与旅游产业的结合，对历史文化、民族文化等文化旅游资源进行重点开发。大理是全国唯一的白族自治州，白族厚重的历史文化、多彩的民族风情，在全国乃至世界都是唯一的。恢复重建南诏国、大理国王宫，展示白族优秀的建筑风格和建筑艺术，展示自史前以来大理的出土文物、碑刻石刻、名人字画、民俗民风，提升大理的文化品位；打造大理千年洱海渔村双廊，把双廊古镇建设成为集历史文化、民族文化、明星名人文化和白族民居建筑为一体的千年洱海渔村；提升改造大理古城，科学规划，调整功能，划行归市，深入挖掘历史文化、民族文化和宗教文化内涵，恢复重要的历史文化遗迹，保护和恢复文庙、武庙、考试院、教堂、古院落及兵马大元帅府等，增强大理古城的吸引力，打造新的亮点，使大理古城的旅游精品地位得到巩固；把喜洲古镇建设成为集白族民居建筑、商帮文化和白族风情习俗三位一体的"全国旅游文化名镇"；开发建设大理下关龙尾古街。

3）城乡旅游一体化战略。

大力发展以乡村生态旅游开发为主导的城乡一体化发展模式，实现以城带乡、以城促乡的旅游发展格局，为农村产业调整、劳动力转移等问题的解决提供新的途径。加快实现农村城市化、城乡一体化的目标。充分发挥旅游产业的关联带动作用，依托丰富的乡村旅游资源，按照"政府引导、市场运作、企业主体、群众受益"的管理机制和社会主义新农村建设的总体要求，加大对旅游与城镇、农业农村资源的整合力度，再继续巩固提升现有大理镇、喜洲镇、创建大理双廊村、南门村。通过5年努力，基本形成种类丰富、档次适中的乡村旅游产品体系，不断丰富全市旅游产品内涵；形成连通城乡的旅游大市场，成为国内旅游市场的重要支撑体，推进全州城镇化的步伐，拓展农村就业新渠道，带动农村居民脱贫致富，形成以农兴旅、以旅促农、农旅结合、城乡互动的良性发展格局，成为特色鲜明的乡村旅游区。

4）区域联合战略。

洱海流域具有丰富的旅游资源，以大理州的旅游业为依托，"六都，一道，一廊，一游线"构成洱海流域旅游业"核心区"。另外，通过整合资源，与流域外其他景区相连接，形成旅游业"辐射区"。核心区与辐射区交相辉映、统一规划管理，使旅游线路在州内，乃至滇西"1+6"城市圈内形成环线，让游客不走冤枉路，变着景色看。核心区和辐射区相互带动，促成大理州，乃至滇西"1+6"城市圈旅游业的整体发展和产业结构调整。

5）休闲度假康体旅游产品战略。

要充分发挥大理四季如春、气候宜人、适宜人类居住的优势和众多的休闲度假旅游资源及良好的生态环境，依托于省级旅游度假区的度假设施，突出特色，抓住重点，扩大容量、注重配套，高起点、高标准、大手笔地试点开发以高原湖泊度假、温泉康体休闲、休闲运动、森林休闲康体度假等为主要内容的休闲度假型产品，不断拓展旅游新业态。大力开发确立一批休闲运动、温泉康体、湖泊休闲、特色度假酒店、高档休闲娱乐设施、会议中心和功能配套的旅游城镇开发建设项目，积极建设大理古城休闲度假旅游区、海东康体休闲旅游度假区、苍山生态旅游区等康体休闲度假基地。打造满足不同客源市场需求的中高档旅游休闲度假旅游产品体系，建成国内一流、世界知名的休闲度假旅游胜地，云南旅游产品转型升级的示范区和推进旅游产业要素聚合的重要基地。

（4）战略措施

依据以上优劣势分析，构建洱海流域旅游发展 SWOT（stengths weakness opportunity threats）分析矩阵，并依据优劣势分析制定了对应的发展措施，见表3-8。

表3-8 洱海流域旅游业 SWOT 分析矩阵

	S（优势）	W（劣势）
	（1）资源优势 （2）交通优势 （3）管理优势 （4）多极优势	（1）环境与旅游业发展相互制约的误区 （2）旅游资源缺乏广范围和深层次开发 （3）洱海流域的旅游业效益尚待提升
O（机遇）	SO 战略	WO 战略
（1）旅游业发展的大背景 （2）生态文明理念的推广	（1）政府主导，加强旅游集团建设，完善旅游的组织结构和治理结构 （2）充分发掘生态旅游资源，优化旅游产品结构 （3）加强宣传，树立洱海地区生态旅游形象，引来游客	（1）合理规划，规范管理，推动生态环境和旅游产业的协调发展 （2）开发高质量、多品种旅游产品，争取留住游客驻地旅游、多日旅游
T（威胁）	ST 战略	WT 战略
（1）其他地区旅游业的竞争 （2）交通优势的"双刃剑"效应	（1）充分与其他地区合作，化竞争为互补，打造云南旅游圈，同存共荣 （2）整合资源，多项统一，将交通优势转化为共同的效益优势	（1）突出自身生态旅游特色，形成各具特点的大旅游圈 （2）不搞同质化价格竞争，而是用良好的旅游项目引来游客、留住游客

3.2.3　洱海流域旅游产业升级

3.2.3.1　基于全球价值链的旅游产业升级研究

旅游业由于其综合性和外向性的产业特点，其生产要素的配置和组织必定在宽领域、广范围内展开。在全球价值链下研究旅游产业的升级问题，必须把它放在全球化的背景下进行旅游资源的开发利用和旅游生产要素的配置，形成一条全球旅游产业链，并把握旅游产业发展的每一阶段，在哪些环节升级可以创造和提升价值，哪些环节可以优化，这些环节升级过程中的内在行为和外在表现如何，它的升级轨迹又如何。只有把握好和解决以上问题，才能明确旅游产业升级的方向、步骤和路径，从而找到相应的措施办法，提升旅游产业素质。2004 年 7 月，由国家发展和改革委员会、国家旅游局共同研究的《中国旅游业就业目标体系与战略措施研究》把旅游业分为三个层次：一是旅游核心产业，包括旅游住宿、旅行社、景区、旅游车船公司等其他旅游企事业单位；二是旅游特征产业，包括直接为游客服务、与旅游密切相关的餐饮、娱乐、铁路、航空、公路、水运、公共设施服务等 13 个部门；三是旅游经济部门，是通过旅游经济活动所拉动的直接和间接企事业单位。

旅游产品是比较复杂的产品。既有一般服务产品的共性：无形性、不可储存性、不可移动性、生产与消费的同步性；同时又有特殊性：产品的消费过程是一种主观的体验，产品的不流动而消费者流动，产品须由多项子产品组合，是为满足生活基本需求之外为更高层次需求的产品，是弹性较大的软需求。旅游产品的形成跨部门跨行业，涉及面多、关联度广，涵盖了吃、住、行、游、购、娱六要素各环节，是一种综合性复合型的产品。旅游业作为依附性的产业，产业的边界模糊，可以说是靠产品聚集产业。有产品则形成相关的上下游企业，构成产业链；未形成产品，企业则各行其道、各为其主，产业处于松散状态。从这个意义上讲，旅游产品是旅游产业的核心。我们从广义的旅游产业来分析，旅游产业链可以由以下几方面构成，如图 3-3 所示。

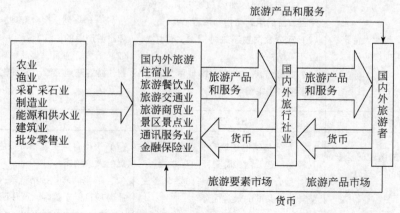

图 3-3　旅游产业价值链

从以上旅游产业价值链分析我们可以看出，第一产业、第二产业为与旅游相关产业提供物质支持；旅游相关产业发挥资源优势，通过旅游要素市场组合成相关旅游产品和服务；再由旅游服务提供商——旅行社这个中介渠道向旅游者提供市场所需的服务，从而完成货币的回笼，形成一条完整的旅游产业链。这条产业链既适合国内旅游又适合国际旅游，因此它可以在全球范围内对旅游要素市场进行配置，为中外旅游者提供服务。当然，随着电子商务应用的深入，旅游者也可以越过旅游服务提供商而直接消费旅游产品和服务。企业的价值创造是通过一系列基本活动和辅助活动，构成一个创造价值的动态过程，即价值链。分析价值链的目的在于实现竞争优势，而竞争优势来源于价值链上各价值活动间的联系。价值链理论揭示了企业与企业的竞争，不只是某个环节的竞争，而是整个价值链的竞争，价值链在旅游经济活动中是多向度存在的，上下游关联企业与企业之间存在产业价值链，企业内部各业务单元之间也存在着价值链联系。旅游产业是综合性极强的产业，涉及的部门有 70 多个，旅游产品的综合性决定了供应链上任何企业都不能仅仅关注单个企业战略价值的实现，还必须关注整个行业价值系统的整体效率。只有当整个供应链上企业行为协调一致时，才能最大限度地满足游客需求，单个企业才能获得最大利益。因此，对旅游产业价值链分析不仅要对旅游企业内部基本活动和支持活动进行分析，还要从整个产业链上下游企业之间、旅游产业集群间、区域旅游协作及国际旅游合作的范畴内加以分析，才能形成一条基于全球价值链基础之上的旅游产业价值链。

3.2.3.2 旅游产业升级方式

在全球价值链下旅游产业升级主要体现在以下四个方面：旅游工艺流程升级、旅游产品升级、旅游产业功能升级和旅游链条升级。旅游工艺流程升级是通过提升旅游链条中某环节的生产加工工艺流程的效益，由此达到超越竞争对手的目的。例如，发展旅游电子商务，拓展旅游接待网络，实现即时生产及销售：旅游管理及旅游经营的创新；跨国旅游经营等。它是通过生产流程的改进或改变来提高旅游生产效率，从而提高效益。旅游产品升级是通过提升引进新产品或改进已有产品，使产品复杂化或难以复制，提高单位价值来达到超越竞争对手的目的。旅游产业功能升级是通过重新组合价值链中的环节来获取竞争优势的一种升级方式，功能升级是上升到具有更多附加值的环节，如从简单的旅游线路组合—独立开发旅游产品—品牌建立—资本及品牌经营的过程。旅游链条升级是从一条产业链条转换到另外一条产业链条的升级方式，如利用在原行业的某种优势，实现旅游与金融业、交通业、房地产业、文化产业的融合和发展。不过，这种转换一般都源于体制和机制的突破性创新。

普遍认为产业升级一般都依循从工艺流程到产品升级再到功能升级最后到链条升级的规律。这一升级规律基本上可以通过东亚众多国家工业化进程来加以佐证。此外，产业升级过程中有一点是可以肯定的，就是随着产业升级的不断深化，也是参与价值链中实体经济活动的环节变得越来越稀少的一个过程。这从一个侧面说明了全球产业转移实际上是高低不同附加值的价值环节在更广阔的空间范围内的一次优化调整和再配置。在全球商品链的研究中给出了全球商品链运行的生产者驱动和购买者驱动两种模式，即全球价值链的驱动力基本来自生产者和购买者两方面。换句话说，就是全球价值链各个环节在空间上的分离、重组和正常运行等是在生产者和购买者的推动下完成的。

3.2.3.3　洱海流域旅游产业价值链分析

大理旅游业是改革开放最早的行业之一，经过多年的发展，形成了一定的产业规模。洱海流域旅游业发展目前正面临着千载难逢的历史发展机遇，从其发展优势而言，旅游资源禀赋比较高，无论物质性的还是非物质性的，适合开发多种旅游产品，为旅游业的进一步发展提供了良好的先天条件；以大理市为龙头的旅游业的改革开放为洱海流域旅游业的加快发展积累了可供借鉴的宝贵经验；加之洱海流域具备了难得的空间区位优势，为加快洱海流域旅游业融入全球旅游产业链中发挥独特的作用。同时，也面临着严峻的挑战：长期以来，由于旅游管理体制改革以及现代旅游企业制度建设的滞后，导致旅游产品开发不足，尤其是缺乏精品支撑；旅游行业信息化建设滞后，科技含量低；旅游行业整体竞争力不强，跨行业、跨地域、跨所有制的旅游行业整合力度不足；旅游行业跨国经营步伐缓慢等。因此，要研究洱海流域旅游产业的升级，必须充分把握旅游产业的优劣势，把它放在一个全球的范围内加以研究。下面结合我区旅游产业价值链各要素，分别从旅游产业的旅游要素、旅游虚拟价值链、旅游价值链跨度分别加以分析。

从价值链上的旅游要素分析：价值链上包括三种旅游要素，即旅游客体（旅游资源和旅游产品）、旅游主体（旅游者）以及旅游媒介（旅行社）。

（1）旅游资源和旅游产品（旅游客体）

旅游资源是旅游业发展最基本的物质保障，是旅游产品开发的前提条件，是旅游产业的核心部分。旅游资源禀赋的高低直接决定了旅游产品质量的高低，对旅游价值起决定性作用。总体而言，洱海流域旅游资源种类各异，内涵丰富，各具特色，只要规划科学合理，开发利用得当，完全有可能把丰富的旅游资源优势转化为现实的经济优势和产业优势。

（2）旅游者（旅游主体）

旅游者是实现旅游价值的关键环节，旅游者是否购买是检验旅游产品质量的重要尺度，国际旅游者的多寡往往体现了一国旅游产业发展的水平和质量的高低。因此，对入境旅游者予以充分的关注和研究是关乎旅游价值能否实现的重要环节。大理州旅游经济指标见表3-9。

表3-9　大理州旅游经济指标一览表（1999～2009年1～10月）

年份	全州国内外旅游者			全州旅游业总收入		
	游客总人数 （万人）	海外游客 （万人）	国内游客 （万人）	总收入 （万元）	创外汇 （万美元）	接待国内旅游 收入（万元）
2009	1 141.22	35.30	1 105.92	922 600	9 983.90	854 700.00
2008	953.31	31.67	921.64	731 800	8 719.64	673 256.7
2007	894.4	26.8	867.6	662 000	7 366.4	654 633.6

年份	全州国内外旅游者			全州旅游业总收入		
	游客总人数（万人）	海外游客（万人）	国内游客（万人）	总收入（万元）	创外汇（万美元）	接待国内旅游收入（万元）
2006	786.56	20.93	765.63	571 996.69	5 705.76	566 290.93
2005	695.3	17.39	677.91	494 691.01	4 327.57	458 642.37
2004	604.57	13.58	590.99	432 024.08	3 501.73	402 854.65
2003	563.98	11.98	552	282 766.29	2 899.75	258 611.29
2002	596	14.5	582	284 606.1	2 827.95	261 049.26
2001	549.57	13.57	536	255 613.94	2 465	235 079.59
2000	525	10	515	221 824.73	1 999.72	205 167.08
1999	540.1	10.1	530	206 892.61	1 850.07	191 481.53

在接待入境旅游者时停留天数相对较低，旅游创汇也跟着走低，旅游附加值相对较低。这表明旅游产业链上的旅游产品建设配套还不够完善，旅游内涵还不够丰富，没有足够的吸引物让入境旅游者充分消费。从 2009 年旅游者地域结构来看，国内旅游者占 96.9% 的比重，入境旅游者占 3.1% 比重，但入境旅游收入占旅游总收入的 7.4%，入境旅游者往往属于高端客户群，产生的旅游价值比较大，因此在旅游市场营销策略上，除了要巩固和扩大国内旅游客户群外，更要积极走出去吸引和招徕海外旅游者，加强旅游信息化建设及旅游电子商务的发展，加入国际著名旅游服务及预订系统，进入全球旅游价值链的高附加值环节。

（3）旅行社（旅游媒介）

在旅游业价值链中，旅游媒介主要是指把旅游产品传递到旅游者手中的中介通道，通常为旅行社。洱海流域旅行社业虽然有一定的规模，但总体实力弱，在旅游价值链中主体的地位尚未能确立。虽然现有旅游供应链中旅行社发挥着把旅游六要素贯穿在一起的协调作用，从功能上讲位于旅游供应链的主体地位，但客观上并非由其竞争实力确定的，而是因其在供应链上的组织协调职能形成的。无论是与国外旅行社还是与国内供应链上的住宿企业、餐饮企业、交通企业相比，在整体上旅行社都呈现出规模小、竞争力弱的特点，旅行社在旅游业中的主体地位不但没有真正显现，而且还处于相对较弱的状态，这极大制约了在整个旅游价值链中价值实现的总量及货币回笼的速度。

洱海流域旅行社主要面临以下问题：一是旅行社市场竞争力不强。旅行社数量多、经营规模小、市场竞争力弱，大多数旅行社仍然沿袭传统国有企业的管理模式，缺乏适应市场经济要求的企业制度和经营机制，缺乏参与国际旅游市场竞争的经济基础和体制支持。二是旅行社国内外横向协作能力弱。旅行社大多数实力较弱，与航空公司、铁路、汽车公司、旅游饭店缺乏协作，尤其与国外的旅游相关机构没有建立联盟关系，因此与国内外相关行业的经营合作能力不强，无法形成互补、共赢、共存的发展格局。三是没有形成旅游商代理经营品牌，无法进行跨国经营和有效竞争。如果不增强自身实力、改变经营方式就很难发挥主导作用，在全球旅游产业链经营主体中必然处于弱势地位，不能很好地发挥旅行社连接旅游主体与客体的关键功能，实现国内外货币的有效回笼。因此，旅行社也要加大改革力度，转变经营模式，走集约化、专业化、集团化发展之路，要建立以旅行社业为核心旅游产业集群。

根据上述对洱海流域旅游产业价值链的具体分析，目前存在的突出问题为：一是旅游产品的附加值不高，缺乏优质旅游产品，导致游客在旅游"六要素"上的消费不足；二是高端客户开发不足，导致旅游人次与旅游人天不匹配，旅游深度消费不够；三是旅游价值链流程不够顺畅，旅游产品的信息可获取性、可购买性不强，缺乏预订、支付支撑体系；四是位于价值链中介环节的旅行社主体功能不突出，物流、信息流、人流、资金流的聚集作用不强；五是旅游产业价值链过短，旅游产业链向境外延伸不长。针对洱海流域旅游产业链存在的问题，旅游产业的升级必然是遵循着旅游生产流程升级—旅游产品升级—旅游功能升级—旅游链条升级这样一条升级轨迹逐步展开。具体表现在旅游产品开发由初级观光型产品向高级体验型转化、旅游客户由低端客户群向高端客户群转化、旅游目的地由国内迈向国外、旅游经营由国内经营向跨国经营转化、旅游价值创造方式由低附加值向高附加值转化这一过程当中。

3.2.4 洱海流域旅游产业发展的功能分区

环洱海流域的县市主要为大理市和洱源县。结合它们的特色，在大理市主要建设"五都"以及相关辐射区域，在洱源县主要是以温泉为特色而发展旅游业。

3.2.4.1 大理市旅游分区

根据大理旅游资源空间分布和基础设施条件，大理旅游发展总体布局"一个旅游中心、九个功能片区、五大精品景区"的布局结构。

（1）一个旅游中心

大理古城作为大理市的旅游中心区，其开发的成功与否，直接关系到大理旅游未来的发展。以大理古城为中心，将其建设成大理市旅游的集散地，带动其他旅游景点的发展。做好古城保护规划，古城保护规划应该对古城功能作全面的研究，增加城市发展和旅游业所必需的功能与内容，激活古城在文化、生活与环境等方面的活力。

（2）九个功能片区

将大理市按照旅游资源开发方向划分为九个功能区。

1）大理古镇文化旅游区。洱海流域是古南诏国和大理国的古都所在地，文明悠久，名胜众多。尤其是大理镇的一系列景点构成了洱海流域的"古都"集群。

2）苍山森林生态旅游区。苍山是大理旅游资源中未开发的一块处女地，其具有垂直气候特征，植物的水平分布带明显，生物资源丰富，山顶有发育明显的古冰川遗迹，山石景观是苍山的重要特色，有黄山奇石之妙。苍山冬有冰雪，夏有碧溪，春花如霞，秋色浪漫，四季景观，变化丰富，皆可细游。苍山登山旅游作为一个重要的旅游产品，要完善道路、服务，急救等基础设施，构成探险、运动、科考、观光等多种旅游方式，适应各种层次的游客需求。

3）周城水乡旅游区。周城是很有特色的白族村寨，四方街、古戏台、民居、石板路及家家户户的扎染作坊，构成了浓郁的乡土特色。

4）喜洲。南诏时称"大厘城"，又称"史城"，历史上是大理地区的一个重要集镇，史称"邑居人户尤众"，明初时大厘城被毁，今喜洲仍有城南、城北、城东遗址。喜洲人民具有经商的历史，史称"喜洲商帮"；喜洲还保留着最为淳朴的民风民俗，特别是民居建设，被认为是白族民居的荟萃和代表，建筑可上溯到朝代，大多是清代和民国时期所建。

5）三塔公园区。现有用地规模 26.6hm²，是国家级重点文物保护单位，也是大理的标志性景点之一。佛都崇圣寺，除了崇圣寺的三塔是大理的标志性建筑，历史上崇圣寺曾作为大理国的皇家寺院，而且大理皇族段氏又有好几位都是在位时出家为僧，故佛都又体现了大理时期皇家寺院的庄严与辉煌。崇圣寺，虽然是寺庙建筑，但不作为宗教建筑使用，具有三项功能，一是作为三塔出土文展览馆；二是作为佛教艺术展览馆；三是天龙八部展厅。

6）太和城遗址区。太和城遗址位于下关与大理中间的苍山佛顶峰麓，南北宽约 1km，东西长约 3km，现状尚保留土夯筑的残墙，基宽 4~5m，高 2~4m。曾为南诏早期的都城，《蛮书》载"太和城苍陌皆垒石为之，高丈余，连绵数里不断"。城里有内城，称为"金刚城"。现遗址内有一块公元 766 年立的南诏德化碑，是国家重点文物保护单位。

7）上关花公园。"上关花"是大理"风花雪月"四大景观之一，通过公园的形式表现上关花的景观，创意是可行的，现上关花公园毗邻蝴蝶泉和龙首送遗址，有云弄峰麓的天龙洞景点，选址基本合理。现状用地约 300 多亩①，种植了 3 万余株木草本花卉，以木连、山玉兰、茶花、杜鹃为主。

8）蝴蝶泉公园。蝴蝶泉是大理一大特色景区，具有丰富的自然风情和文化内涵，承载了人们对美好的无限向往。蝴蝶泉具有悠久的历史，早在明代《徐霞客游记》就对蝴蝶泉的美丽景色进行了记载："泉水大树，当四月初花发，花如蛱蝶，须翅栩然，与生蝶无异，又有真蝶千万，连须钩足，自树巅倒悬而下，及于泉面，缤纷络绎，五色焕然。游人俱从此日，群而观之，过五月仍已。"蝴蝶泉不仅拥有无与伦比的自然风光，而且还拥有美丽的爱情传说，有着白族的深厚文化底蕴。蝴蝶泉围绕一个"情"字，展现蝴蝶泉作为情都的魅力。

9）下关镇。下关镇地处大理州政治、文化、经济中心，是滇西物资集散和交通枢纽的重镇。本镇西依苍山，东有洱海，年降水量 695.3mm、年均气温 15.1℃，昼夜温差小，环境污染少，山林、水、风、地热矿等自然资源丰富。风力资源丰富，常年有风，最大达六级以上。

① 亩：面积单位，1 亩 ≈666.67m²。

（3）五大精品景区

大理市的五大重要精品景区即"五都"——古都、佛都、风都、情都、花都。

1）古都——大理古城。大理古城东临碧波荡漾的洱海，西倚常年青翠的苍山，形成了"一水绕苍山，苍山抱古城"的城市格局。从779年南诏王异牟寻迁都阳苴咩城，已有1200多年的建造历史。现存的大理古城是以明朝初年在阳苴咩城的基础上恢复的，城呈方形，开四门，上建城楼，下有卫城，更有南北三条溪水作为天然屏障，城墙外层是砖砌的；城内由南到北横贯着五条大街，自西向东纵穿了八条街巷，整个城市呈棋盘式布局。

2）佛都——崇圣寺，东对洱海，西靠苍山，位于云南省大理古城北约一公里处，点苍山麓，洱海之滨。以寺中三塔闻名于世，又称"大理三塔"；是中国著名的佛塔之一，1961年被列为国家重点文物保护单位。它似三支巨笔，把古城点缀得更加壮丽，使苍洱风光增添了不少光彩。三塔历来都是大理的象征。是旧时崇圣寺（即金庸武侠小说《天龙八部》中所云"天龙寺"）前的建筑，今古刹无存，唯此三塔依然鼎足矗立。三塔是云南现存最古老的建筑物之一，也是在国内享有盛名的塔群。

3）风都——下关镇是著名的"风都"，风期之长、风力之强为世所罕见。可开发"风都"旅游项目，如观赏风车群组，身临其境体验高原劲风威力等。除了自然风之外，下关作为大理州和大理市党政领导机关所在地，还体现着强劲有力的洱海"改革风"。在旅游项目的开发上，可以安排参观洱海保护及社会经济协调发展的成绩，向世人展现古老苍洱的新风貌。

4）情都——蝴蝶泉。蝴蝶泉现在已经扩展成为蝴蝶泉公园。现在蝴蝶泉公园，修有蝴蝶楼、八角亭、六角亭、望海亭、月牙池、咏蝶碑、蝴蝶标本馆等。蝴蝶泉公园位于大理点苍山云弄峰神摩山麓，距下关市区42km，距大理古城24km，公园总面积141.8hm²。蝴蝶泉周围植被为常绿落叶阔叶混交林，林木苍郁。蝴蝶泉泉水来自有"九溪十八涧"之称的苍山，神摩山峰侧两条溪流流经公园，形成两大清澈水池。蝴蝶泉的蝴蝶种类繁多，共有2科107种，是蝴蝶泉著名的动物资源。蝴蝶泉周围的白族人民，又有独特的民族传统，风俗习惯，每年农历四月二十四日举办蝴蝶会，进行对歌、男女约会等活动。

5）花都——上关为"花都"。上关花可地毯式种植，大面积、多品种、分花期、组色块形成俯瞰型景观。通过精巧的安排，上关花能分期成片开放，起到大自然时钟的作用，做到月月有花，季季有果。上关花既可供游客观光、教育科普，也可销售创收，一举两得。花都的构建可实现农业结构的就地升级，农业功能的高效转换。

3.2.4.2 洱源旅游分区

根据洱源县旅游资源空间分布和基础设施条件，洱源县旅游发展总体布局"一个旅游中心、五个功能片区、四大精品景区、三条精品线路"的布局结构。

（1）一个旅游中心

洱源县的旅游业发展应以洱源县城——茈碧湖镇为中心，依托茈碧湖镇是全县政治、经济、文化中心，人口相对密集和经济条件较好的优势，将茈碧湖镇建设成为洱源县的旅游集散中心。建设内容包括：①游客服务中心；②县城地标建筑；③入城景观大道；④休闲购物街区。

（2）五个功能片区

将全县按照旅游资源开发方向划分为五个功能区。

1）苑碧湖温泉休闲旅游区：范围包括洱源县中部苑碧湖镇。主要旅游景点有苑碧湖、梨园村、地热国、九气台温泉度假村、民居温泉接待点等。主要功能为开展温泉休闲、观光游览，打造中国温泉城旅游品牌。

2）东西湖菏泽水乡旅游区：范围包括洱源县东部右所乡和邓川镇，主要景点有西湖六村七岛、东湖荷野、龙王庙、旧城三塔、弥苴河以及邓川乳业旅游区。主要功能是发展高原湖泊、高原湿地、白族风情旅游，打造高原水乡旅游品牌。

3）凤羽古镇文化旅游区：范围包括洱源县南部凤羽镇和炼铁乡。主要景点有三教宫、凤翔书院、凤羽武庙、镇江塔、镇蝗塔、留佛塔等。主要开展历史文化旅游，打造历史文化名镇。

4）罗坪山森林生态旅游区：范围包括洱源县西部的乔后镇和西山乡。主要景点有黑惠江、鸟吊山、罗坪山、森林、珍稀动物等。主要开展森林生态科考旅游。

5）海西海温泉康体旅游区：范围包括洱源县北部三营镇和牛街乡。主要景点有眠龙洞、赖子塘温泉、炼度温泉、牛街热田、火焰山温泉、西海水库以及海西海周围的森林等。主要开发温泉地产、山地拓展运动、康体运动、茶马古道文化等旅游活动。

（3）五大精品景区

建设洱源县具有支撑性作用的五大旅游景区。

1）苑碧湖温泉景区：以苑碧湖水域风光为背景，以大理地热国温泉度假区为龙头，以梨园特色村落为配套，以滨湖村寨为补充，建设形成"一湖、一区、一村、一带"的滨湖温泉休闲景区。

2）西湖湿地景区：以西湖湿地景观为背景，以七岛六村为吸引物，以水道游览线为载体，集"水域、岛屿、村落、飞鸟、芦苇"为一体的高原水乡生态景区，开展水上运动项目、湿地温泉湖畔休闲度假、紫水鸡等湿地物种探幽活动，积极打造多功能高原生态水乡和国家湿地公园。

3）凤羽古镇景区：以古镇风貌为背景，以茶马古道历史文化为灵魂，以典型建筑物为看点，集"民居、寺庙、塔楼、史迹、风俗"为一体的古城历史文化景区。

4）海西海温泉康体旅游区：海西海高原湖泊以秀丽、迷人的自然山水风光为背景，以温泉、山地、森林、湖光为引擎，开发以山、水为主的温泉度假、运动、养身、休闲、民俗文化、科考等多种功能的综合性旅游区，为避免同质化开发，此项目开发应该注重资源的整合，并整合温泉、湖泊、山水三大资源，采取旅游市场+房产市场+商业市场三轮驱动的开发模式，将海西海打造成为复合型休闲胜地。

5）下山口、炼度、火焰山三个温泉小镇：以居民庭院为背景，以民间洗浴为特色，以乡村温泉农家乐为开发方向，集"洗浴、餐饮、娱乐"为一体的乡村温泉小镇景区。

（4）三条精品旅游线路

洱源县重点培育三条特色鲜明的骨干旅游线。

1）南线——高原水乡旅游线：大理（古城）—邓川（生态乳场）—西湖（东湖）—下山口（温泉小镇）—茈碧湖（温泉城）。

2）北线——地热温泉旅游线：茈碧湖（温泉城）—牛街（火焰山）—三营（海西海）—剑川（石窟艺术）。

3）西线——历史文化旅游线：茈碧湖（温泉城）—凤羽（文化古镇）—清源洞（洱海之源）—鸟吊山（观鸟圣地）—炼铁（森林生态）。

（5）旅游功能分区图

根据总体布局中对旅游功能区的划分，对五大旅游功能区的旅游功能和开发方向规划，见表3-10。

表3-10 洱源县旅游功能区划

旅游功能区	范围	旅游功能	游览景区	支撑项目
茈碧湖温泉休闲旅游区	茈碧湖镇	温泉度假	县城	入城景观大道、梨花林、县城地标建筑、游客服务中心、温泉文化广场、休闲购物街区、温泉房地产
			茈碧湖	景区入口标志、游客码头、景观大坝、滨湖大道、湖滨沙滩、临湖长廊、水上情景剧场、水下餐厅
			大理地热国	高尔夫练习场、SPA水疗馆、温泉娱乐城、空中浴池、儿童水世界、中医养生馆、温泉美食城、景观小品、景区绿化
			梨园村	入口标志、巨型照壁、官梨道、徐霞客亭、马帮驿站、梨花溪、游客服务站、基础设施
东西湖菏泽水乡旅游区	右所镇邓川镇	水乡休闲	西湖湿地	入口景观道、景区大门、游客接待站、湿地博物馆、亲水栈道、烟水鱼庄、观鸟（垂钓）台、旧州三塔、弥苴河
			东湖菏泽	景区大门、游客服务站、观菏长廊、咏菏茶室、菏食馆、龙潭、本主庙、特色商铺
			邓睒诏遗址	邓睒诏宫殿、白洁情园、松明楼、古城墙
			下山口小镇	小镇标志牌、温泉大道、游客服务站、农家温泉、小镇靓吧
			邓川牧业区	游客服务站、乳业科普园、放牧表演场、牧场度假别墅
凤羽古镇文化旅游区	凤羽镇炼铁乡	文化体验	凤羽古镇	古镇标志大门、历史文化街、历史文化博物馆、马帮店铺、文庙与戏台、特产作坊、典型建筑游览点、名人故居游览点、古镇景观小品
			清源洞	洱海源标志石、景区入口大门、游客服务站、游客集散广场、生态停车场、清源洞碑林、洞中石林
罗坪山森林生态旅游区	乔后镇西山乡	生态旅游	鸟吊山	生态服务站、观鸟基地、鸟类标本馆、"百鸟朝凤"雕塑
海西海康体科考旅游区	三营镇牛街乡	康体科考	海西海、炼度	拓展训练基地、野营基地、观音山、眠龙洞、歌会台、农家温泉体验
			火焰山	百态温泉园、地热喷泉园、大地浴池

3.2.5 旅游产业发展的产品设计

3.2.5.1 核心旅游产品

(1) 大理市的五大重要精品景区"五都"——古都、佛都、风都、情都、花都。

(2) 热都——温泉度假休闲旅游

洱源县为云南著名的地热温泉资源区，温泉资源极为丰富，自然出露点达80多处，享有"十里一汤、五里一泉"的"温泉之乡"美称，目前正着手申报和打造"中国温泉之乡"。因此，洱源县拥有地热温泉资源优势，并且拥有相对的区位优势条件。温泉度假休闲旅游是洱源县的拳头旅游产品，其中温泉理疗主要针对老年人市场和女性市场；温泉度假、会议娱乐则主要针对商务市场和中青年人市场；温泉休闲主要针对家庭等市场。

(3) 一道——茶马古道

该道沿214国道开发，长度约46km，规划布局服从控制分区（即上述四区）框架，沿线建设旅游小镇。该道全程提供马匹和仿古马车供游客骑乘，沿线村落的本祖文化相映展示，并充分采用原味道具、服装、器物、设计等。其功能是对史上茶马古道人文、民俗等实施再现，让游客身临其境、感悟源远流长的苍洱文明。依道而设的大量休闲、娱乐、购物、餐饮、住宿等旅游项目和设施充分激发和满足游客的多种需求，充实旅游内容，提升旅游产业结构，增加旅游效益。

(4) 一廊——休闲走廊

"一廊"即休闲走廊，南起下关、北抵茈碧湖，长度约26km，将大理市和洱源县的旅游资源串联，贯穿洱源沿线景区，并向两侧纵深延展，集休闲、体验、科普、教育、康体等多种旅游形式于一线。

(5) 一游线——苍山游线

人们说"到了大理没爬苍山，等于白来大理"。苍山离洱海较远，且植被丰富，故可在苍山原有景点的基础进一步增加苍山游的开发力度。因为苍山不仅有自然之美还有人文之胜，是一个自然文化的综合体。苍山的自然美景除了大理"风花雪月"四大名景之最的苍山雪外，还有石、云、林、水等组成的自然景观。因此可以进一步开发苍山。

3.2.5.2 基础旅游产品

(1) 历史文化旅游

洱海流域的历史文化、民族文化和宗教文化底蕴深厚、丰度较高。具有南诏文化、白族文化和本主宗教文化并存的多元文化形态。以德源城、凤羽古镇、古塔、寺庙、茶马古道、古盐道等历史文化遗址景观为主要依托，开展文化展示和文化体验活动。

(2) 民族风情旅游

洱海流域是以白族为主体的多民族聚居县，有白、汉、彝、回、傈僳、纳西、傣、藏等世居民族，少数民族人口占全县总人口的70%以上。以民族特色民居、民族服饰展示、民族歌舞、风俗禁忌等为游览内容，开展民俗风情体验游和民族村寨观光游。

（3）森林生态旅游

以洱源县罗坪山、西罗坪山和马鞍山的原始森林、特色森林、瀑布景观和黑惠江、弥苴河等为核心吸引物，开展观鸟、科考、森林浴、湿地徒步、丛林穿梭、徒步特色林、观瀑等生态旅游项目和活动。

3.2.5.3 辅助旅游产品

（1）观鸟旅游

云岭山脉罗坪山气候奇特，垂直分布复杂。形成山顶白雪皑皑，寒气逼人；山腰森林茂密，百花盛开；山下万亩油菜翠绿金黄，形成了"一山分四季，上下不同天"的自然景观。农历七、八月，候鸟从东北、中原一带迁往云南省滇西南地区及中南半岛一带越冬，形成了云南境内两条古老的"鸟路"，鸟吊山就是一个必经的点。每年中秋前后，成千上万的鸟类从四面八方飞来，各色各样的鸟儿，色彩斑斓、灿若朝霞，白族乡亲们把这种现象叫"百鸟朝凤"。

（2）科考旅游

罗坪山候鸟自然保护区、西湖国家湿地公园，具有丰富的、特色珍稀的动植物资源及洱源紫水鸡，是动植物观赏和科普科考的理想基地。以青少年为目标市场，以优质的自然生态环境、珍稀植物、野生动物等为资源载体，开展植物观赏科普科考游、动物观赏科普科考游等专题旅游。

（3）采风旅游

西湖渔村、东湖荷塘、凤羽古镇、大理地热国、海西海、罗坪山及多姿多彩的民族风情等，构成了一幅色彩斑斓的山水画卷。山水风光和文化背景的组合如诗如画，可吸引不同的群体爱好者，开展丰富的采风写生活动。

3.2.5.4 其他旅游产品

（1）休闲娱乐产品

休闲娱乐产品主要是依附于温泉度假和水乡度假旅游产品，反过来又能提升度假旅游产品的品位和层次。洱源县的休闲娱乐主要是以温泉理疗、温泉 SPA、温泉游乐等为代表的现代康体休闲娱乐；以农家乐、湖滨垂钓、篝火晚会、游船、茶吧、棋牌等为代表的水乡休闲娱乐；以动感酒吧、劲舞量贩、桑拿等形式表现出来的夜生活活动。

（2）康体运动产品

康体运动主要以人造现代设施和场地为产品依托，开展以康体为主要目的的现代体育运动、竞技运动、水上浮球和拓展训练运动等。

（3）商务会议产品

以大理古城、大理地热国、海西海、西湖为商务会议的主要依托资源，建设商务会议场所，引进高端商务会议设备、优化设施，开展会议招揽、会议管理和服务、会议休闲等活动。会议是一种非常有前景、有赚头，但又具有较大风险的一种产品形态。

（4）影视拍摄产品

洱海流域既有自然山水景观，又有历史文化、民族文化和宗教文化，还有地热景观、高原湖泊湿地水域景观，整个旅游区具有良好的影视背景效果，拥有良好的影视场所和设施。因此，是影视拍摄的理想基地，可以吸引全国各地不同剧组到此拍摄电视剧和电影。影视拍摄是旅游区实现快速打造品牌和提高知名度的有效手段。如"天龙八部"影视城，为配合中央电视台拍摄电视剧《天龙八部》而建，作为影视城，可以大胆地创造场景，在拍摄完成以后，保留下来，开展观众可以参与的一些活动，展示《天龙八部》的片段，演示书中的部分情节和内容。配套以地方风情、旅游商品、地方风味食品等，形成综合性的新的旅游景点。

3.3 洱海流域生态型旅游发展的支持系统研究

3.3.1 基础设施与保有就业增长的现代服务业发展

3.3.1.1 与洱海流域生态旅游相适应的基础设施与现代服务业发展建设方案

生态旅游区的建设使参与者可以获得一般大众旅游无法比拟的康体空间，神秘感、刺激性更强，特有的精神愉悦更难以忘怀。与洱海流域生态旅游相适应的基础设施包括旅行社、宾馆、景区、旅游商品经营、餐饮、娱乐、旅游交通、给排水、通讯、物流等。

1）加强旅游地旅行社、宾馆等的安全防范意识，把安全放在第一位。同时不断提高服务水平，并形成当地独有的特色。分区和项目设置要低干扰，坚持区内游、区外住。

2）通过对当地旅游品牌策略的深入研究，努力提高产品的档次和品位，改进对旅游产品的设计和包装，增加各个景区的吸引力。

3）对景区的基础设施建设中，要做到规划建设无污染、无破坏，并与原始生态环境相协调。避免开发建设过程中的破坏。

4）餐饮业是旅游中收益较小但污染较大的一个项目，因此应当大力提倡使用环保的餐具用品，并杜绝使用含磷的洗涤剂等会污染水质和土壤的化学制品。

5）不同功能区的开发采用关联手法，共同开发，联合策划。通过旅游区内、外的道路系统将各功能区有机联系起来。旅游路线的安排要便于游览和经营管理，主题鲜明，沿线的旅游主体突出，景观丰富，引人入胜。

3.3.1.2 提出培育和壮大环境友好型旅游企业的措施

1）加强政府在建设流域生态型旅游方面的主导作用，做好政府的引导工作，发挥政府在法律规范、政策指导、规划控制、资金引导、市场监管、公共服务等方面的作用。

2）全面提高相关旅游企业的服务质量和经营管理水平，使其具有适应与推进流域基于水环境保护的旅游产业发展的能力。

3）发挥当地群众对旅游企业的支持和监督作用。

3.3.2 旅游产业生态环境保护规划

应在旅游资源等级评价的基础上对景区进行保护性开发，以生态旅游作为项目策划的依据。在洱海流域生态旅游区提出适应旅游发展要求的生态环境保护与建设规划，重点包括以下几方面。

3.3.2.1 生态环境本地检测

在旅游区建成之前，对生态旅游环境进行本底监测。监测的目的是为了了解本旅游区生态环境现状，找出生态环境的优势，如空气负离子含量高或森林中芳香气浓度大等，对旅游区的宣传促销将起到积极的推动作用。有科学理论数据作依据，宣传才有足够的说服力和吸引力。

另外，生态旅游环境本底值的测定有助于及时了解旅游开展后环境的变化，清楚什么因子或地点的情况在恶化，及时提出可行的改善方法。生态环境本底值的监测项目包括大气（二氧化硫、氮氧化物、可吸入颗粒物、硫酸盐化速率、灰尘自然降尘量）、水体（对地下水、地表水进行全面检测）、环境天然外照射贯穿辐射剂量水平、土壤（养分、酸碱性、腐殖质含量、枯落物厚度、土壤紧实度）、噪声监测、空气负离子含量、细菌含量、生物多样性调查等内容。

根据洱海流域的地理条件和旅游区的实际情况，建议对旅游区生态环境进行洱海入湖水质监测、大气质量监测和土壤监测等。对项目的检测，以保证旅游环境质量。

此外还可以结合科学研究工作，进行旅游区的生物多样性监测和气候效应定位监测。通过长期进行生态环境监测，可以建立生态旅游区生态环境监测信息数据库和生态旅游区生态环境评价系统。

3.3.2.2 基于流域旅游环境影响评价的生态环境保护与建设模式

1）流域功能分区以减少旅游开发对生态环境与景观产生的负面影响。

2）对流域旅游区中的动植物资源及旅游区内的环境质量进行长期定位监测及定性、定量研究与评价，以保证旅游业的可持续发展和环境质量的稳定。

3）对流域旅游区实行分级保护。

核心保护区禁止游人进入；苍山探险区以开展森林探险、科考为主，严格限制游人数量；小白石生态旅游区为开展生态旅游活动的主要区域，但也应在环境容量允许范围内进行。规划对各区的环境承载力进行了详细计算，以保证在容量允许范围内开展旅游活动，促进旅游业的可持续发展。

4）在本旅游区内提倡徒步旅游。

在进入景区前的主要道路上可使用畜力、电瓶车等，减少机动车尾气、重量压实土壤等对环境的影响和破坏。

3.3.2.3 绿化与旅游景观建设

1）在景区营造绿化景观。根据本地的自然条件，确定一些优势树种，提高风景质量，调整树种结构，改善风景观赏效果，注重特色绿化景观营造。

2）服务区内裸地应全面绿化。旅游区建设中，应使用符合环境保护规定要求的技术和设施。不能破坏山体、植被，不能破坏野生动物的生存环境。建设项目完工后，要对环境进行恢复。

3）旅游区内的主要道路为石板路、石子路、石块嵌草路等生态型道路，停车场铺地以嵌草为主。在林中植被需要保护的地段架悬空的木质游步道（栈桥），高出地面30～40cm。

4）景区景点策划突出生态型，尽可能保持旅游区的原始性、地方性。

3.3.2.4 旅游污染物收集处理系统

1）尽量使游人少带产生垃圾的物品到生态旅游景区，并做到定点投放垃圾。

2）大力提倡游客使用环保的用品，如产生垃圾可鼓励其将垃圾带回，交给垃圾回收站统一处理。

3）严格实行垃圾的分类存放及转运。在生态旅游区要有统一的垃圾处理系统，如垃圾焚烧炉，进行垃圾的无害化处理及相应的回收利用。

4）生活污水处理：旅游区中服务区生活污水是水质污染的主要因素，在设计施工和管理上，坚持主体建筑与排污治理设施同步进行的原则，并作为工程验收的一个主要内容。服务区设立小型污水处理系统，采用生化结合的方法进行处理，使污水排放符合国家标准要求，并尽可能实现循环使用。

5）粪便处理：根据景区、景点的总体设计，在景点和游人集中的地点设置高科技环保型公厕，严禁随地便溺。对粪便要定期清理，并运出景区用做肥料加以利用。在进行清理时，要注意避免污染周围环境及水源。

6）加强生态旅游宣传教育，在旅游区内设立完善的环境保护标牌系统。

3.3.2.5 旅游用地需求与城乡土地资源及用地规划协调

生态型旅游景区建设用地要结合城乡土地资源及用地规划，使之合理规划，达到与城乡土地使用相协调，既不影响城乡土地使用，又改善洱海流域水质和环境并提高当地经济收入。

3.3.2.6 旅游开发的地质、地貌与动植物资源保护规划

由于传统的旅游开发模式对地质地貌和动植物资源都会形成一定的破坏，生态型旅游开发就必须积极而谨慎地按可行性论证—开发规划—监督管理采用科学的开发程序。在开发规划时，对于旅游承载力的考虑要结合自然保护区的规划和管理，进行保护性开发，注重保护，进行需求预测，采用一些必要的手段调节游客流量，开发要有限度的开发。

3.3.3　旅游产业管理体系规划

3.3.3.1　不同利益主体的责任和义务

以洱海水环境保护为基本出发点，探讨政府、企业、行业、居民等不同利益主体在流域旅游发展过程中的责任和义务，构建政府为主导、企业为主体、行业为主管、当地居民主动参与的旅游管理模式。

(1) 政府

政府部门主要从大的宏观管理监督角度参与流域旅游发展过程。要建立健全目标责任考核机制，制定指标体系和考核实施办法，将流域旅游生态型旅游与可持续发展和结构调整作为主要任务，分解落实到相关部门，加强对目标责任、工作进度的跟踪检查和阶段性问责、问效。政府各部门还应根据各自职能，把旅游产业发展和结构调整的主要任务与本部门年度计划和中长期规划紧密结合，切实保障各项任务的实施和完成。

同时制定并执行一系列与之相关的法律法规，如政府制定"生态补偿制度"向从事对生态环境有不良影响的新建、扩建、改建项目的企业征收生态补偿费，以用于生态环境保护和恢复工作，其中也包括旅游企业在内。

在经济方面，充分发挥政府投入对旅游产业发展的引导性作用，确保发展专项资金的投入，并积极争取国家和上级各级政府的支持，吸引更多社会资金投入旅游可持续化发展的建设，放大政府资金的引导效用。探索建立旅游开发生态补偿基金和生态质量保障基金，为旅游业可持续发展做好经济保障。

(2) 企业

在搞建设项目或产品开发研制过程中要考虑到对洱海流域水质和环境的影响。在对生态环境产生不利影响时有义务配合地方政府部门进行修复和补偿。

(3) 行业

在设计开发流域旅游产品时要充分考虑对流域环境的影响，在出现问题时要主动承担。游客是旅游活动的主体，人数众多、成分复杂、活动范围不定，生态旅游能不能真正实施，达到预期的目的，很大程度上取决于游客的生态环境意识和行为规范。行业可对游客进行教育和管理，可采取下列一些具体措施。

1）在生态旅游区内设立具有环境教育功能的基础设施，如建立生态景观解说系统和废物收集系统，设立环境保护和卫生指示牌。

2）利用多种媒体对旅游者进行环境教育，如免费播放录像片，门票印出警示语句，景区内宣传牌、游览交通图及路牌、标语上印制生态知识和注意事项。

3）增加旅游商品中生态产品的份额，包括天然食品、饮料。

4）制定处罚措施。

5）大力提倡"取走的只是照片，留下的只有脚印"的文明旅游方式，如在旅游区入口处分发印有环保口号的废品收集袋，要求游客把旅行垃圾放在袋中，然后交由出口处的工作人员统一处理。

（4）个人

服务人员和当地居民的言行对旅游环境有很大影响，应通过培训、发送宣传资料等形式向他们灌输环境保护知识，提高职业道德水准和生态文明素质。居留在生态旅游地的居民应了解国家有关环境保护的政策、法令，了解哪些是违规违法行为，杜绝非法狩猎、伐木、垦荒、捕鱼等活动；同时让他们应享有必要的生产、生活条件，逐步改变原有生产、生活方式。

3.3.3.2　分析比较各种理论框架

通过对"可接受的改变极限"（limits of acceptable change system）、"游客影响管理"（visitor impact management）、"游客体验和资源保护"（visitor experience and resource protection）等理论框架在流域旅游环境容量控制过程中的应用价值、可行性、实施途径、效果等进行分析比较，指导旅游景区及游客管理，保障水环境保护目标的实现。

方 案 篇

4 洱海流域农业结构调整初步规划和建设方案研究

4.1 洱海流域农业结构调整规划和建设方案研究的指导思想

洱海流域主要农业产业宏观调整规划应以农业产业污染控制和绿色农业发展为主线，以"水环境保护、农产品消费安全、农业经济可持续发展"为绿色流域农业产业发展目标，围绕农业增效、农民增收的要求，走农业结构调整与生态建设相结合、资源优势与产业优势相兼顾、自然生产与社会再生产相协调、社会经济与生态文明相统一的发展道路。

4.2 洱海流域农业结构调整规划的原则和目标

4.2.1 规划原则

对流域主要农业产业的结构及布局进行调整规划应遵循以下原则：一是以减排目标约束下的重点农业结构调整（大蒜产业、奶牛产业）和生态化现代农业发展为主要着力点；二是以形成绿色环保为主的农产品生产发展格局和形成基于环境承载力的生态化现代农业产业发展模式为主线；三是体现流域农业在"1+6城市圈"中的生态功能定位。

4.2.2 规划目标

以生态化现代农业发展为指导，以循环经济理念，重组农业生产模式，改变价值取向，以发展有机、绿色、无公害、观光、订单农业为导向，选择主导产业，确定区域品牌定位和最适产业规模。根据污染控制目标，通过农业结构调整与优化和农业技术进步，大幅度削减入湖污染物排放，形成绿色环保为主的生态化现代农业发展格局。

4.3 洱海流域农业结构调整规划的初步思路和总体构架与发展路径分析

4.3.1 规划的初步思路

在弥苴河、罗时江、永安江水系范围内，以西湖为中心的周边区域为第一重点调整区。以整村整镇推进的方式，以该调整区农业污染最为严重的奶牛产业和大蒜产业为主要对象，以专业化、规模化为导向，通过土地流转与创新经营模式，利用竞相发展的农民互助合作组织，因地制宜建立若干奶牛专业养殖小区或规模厩养基地、大蒜等农产品规模标准化种植基地，实行集中种植和养殖，推进改进畜禽养殖方式、牛粪处理、测土配方及平衡施肥等工程建设，同时，发展绿色及污染可控的替代产业（如啤饲大麦、双低油菜、无公害蔬菜、优质水稻、优质林果），最终形成以邓川为中心的生态化现代农业示范区。

以弥茨河水系范围内的茈碧湖周边的三营、牛街、玉湖等镇，以及大理十八溪水系范围内的喜州、湾桥、银桥、大理等镇和洱海东岸一线双廊、挖色、海东等镇的广大区域为第二重点调整区。以整村整镇推进的方式，以专业化、规模化为导向，通过土地流转与创新经营模式，利用竞相发展的农民互助合作组织，全面开展农业结构调整，将奶牛产业调整到流域外洱源县的炼铁、西山、乔后等乡镇，以及漾濞、巍山、宾川、鹤庆等县规模养殖或采用股份合作方式建设规模养殖基地 2~3 个，为大理和邓川奶制品加工提供充足奶源。另外，缩减污染严重且受市场影响较大的大蒜种植面积，其余部分集中到具有污染物排放控制条件的合适地区实行标准化种植，同时，大力发展绿色及污染可控的替代产业（如啤饲大麦、双低油菜、无公害蔬菜、优质水稻、优质林果）。

4.3.2 规划的总体构架与发展路径

以"绿色环保，强力减排，增收增效，和谐渐进"思想为指导，在产业功能发展亚区规划的基础上，按"四圈，五带"对农业产业进行规划。即规划形成以流域四湖（洱海、西湖、茈碧湖、海西海）为中心的四个生态农业、设施农业产业发展圈和以洱海西岸十八溪、洱海南岸波罗江沿线、西湖东岸弥苴河沿线、茈碧湖南岸凤羽河沿线、海西海东岸弥茨河沿线的五个粮经轮作、规模化、标准化农业产业发展带。"四圈"布局在限制发展亚区，"五带"布局在优化发展亚区和综合发展亚区。

4.4 洱海流域农业结构调整规划与建设方案研究

4.4.1 洱海流域农业结构调整规划的分产业细化分析

（1）重点调整产业

重点调整产业包括：大蒜、奶牛。大蒜和奶牛分别是流域种植业和养殖业中单位面积（数量）污染排放量和污染排放总量最大的农业产业，而且种养规模扩大的速度非常快，给流域水环境带来的威胁最为严重，因此，必须对这两个农业品种进行规模削减、布局调整和种养方式优化。

（2）限制发展产业

限制发展产业包括：小麦、玉米、马铃薯、蔬菜、黄牛、猪和羊。粮食作物中玉米、马铃薯的单位面积污染排放量较大，而小麦的经济效益不高，应该限制其规模；经济作物中蔬菜的经济效益较高，但是污染排放量很高，且种植规模扩大的趋势十分明显，带给水环境的压力也持续增加，因此，也属于限制发展类产业；综合考量畜牧家禽中羊、猪、黄牛的养殖规模、污染产生总量、单位数量污染产生量，将其归为限制发展类。

（3）鼓励发展产业

鼓励发展产业包括：水稻、大麦、蚕豆、油菜和家禽。粮食作物中水稻种植规模最大，污染产生量最多，但是单位面积污染产生量相对较小，而大麦、蚕豆品种单位面积污染产生量较小，且种植规模不大，考虑到优质水稻、啤饲大麦是流域粮食生产主导产业，结合流域粮食安全保障的需要，对这些品种应该鼓励发展。经济作物中油菜和养殖业中的家禽单位面积（数量）污染产生量很低，也应该鼓励发展。

4.4.2 洱海流域农业结构调整规划建设方案的量化研究

（1）流域农业产业结构调整分阶段规划发展目标

预期通过生态化现代农业发展规划，实现流域农业污染减排和流域农业经济由传统农业向生态化现代农业发展转变，使流域农业产业综合经济实力、农村人民生活水平处于全省领先地位，形成具有较强示范带头作用的生态化现代农业发展模式，见表4-1。

表4-1　生态农业发展规划分阶段预期成效

阶段	产值（亿元）	增加值（亿元）	调整投资额（亿元）	转移劳动力数（人）	同比2004年入湖污染物总量削减率（%）
2009～2010年	39.65	3.3	1.5	56 020	19.45
2011～2015年	61.14	5.22	2.3	70 830	22.97
2016～2020年	94.14	8.1	3.4	95 017	23.23

注：投资包括对深加工企业的财政扶持、污染处理补贴、生态补偿等，以上数值皆为估计数。

（2）流域农业产业结构调整分阶段减排规划方案与目标

针对不同地区、产业的实际情况，结合产业规划中提出的产业调整发展与污染控制思路与目标，可以推算出分行业与分种类控污减排方案与目标，见表4-2、表4-3。

表4-2　流域种植业减排方案　　　　　　　　　　　　（单位：亩）

	规划期	水稻	大麦	玉米	蚕豆	油料	蔬菜	大蒜	茶果
大理市	2010～2015年	+15 000	+5 000	−15 000	—	+5 000	大棚30 000	−10 000	+20 000
	2016～2020年	—	—	—	—	—	—	规模化10 000	—
	2021～2030年	—	—	—	—	—	大棚20 000	规模化15 000	—
洱源县	2010～2015年	+15 000	+5 000	−15 000	+5 000	—	大棚3 000	−10 000	+20 000
	2016～2020年	—	—	—	—	—	—	规模化20 000	—
	2021～2030年	—	—	—	—	—	大棚2 000	规模化20 000	—

表 4-3　流域养殖业减排方案

项目	规划期	黄牛（头）	奶牛（头）	猪（头）	羊（头）	肉禽（只）	蛋禽（只）
大理市	2010～2015 年	—	−4 500	−80 000	+5 000	+290 000	+250 000
	2016～2020 年		−2 000	—	+5 000	+290 000	+250 000
	2021～2030 年	−8 000	−10 000		+10 000	+290 000	+250 000
洱源县	2010～2015 年		−8 500	−20 000	+5 000	+290 000	+250 000
	2016～2020 年		−5 000		+5 000	+290 000	+250 000
	2021～2030 年	−2 000	−20 000	—	+10 000	+290 000	+250 000

注：养殖调减的数量全部迁到流域外。

（3）效益分析与评价

1）农业产业结构调整减排和经济效益。

农业产业结构调整后，氮磷削减量、产值增长率、万元产值 TN、TP 排放量及劳动力转移目标，见表 4-4。

表 4-4　洱海流域农业产业结构调整效益

规划期	氮磷削减量（t）		产值增长率（%）	万元产值 TN 排放量（kg/万元）	万元产值 TP 排放量（kg/万元）	劳动力有序转移目标（人）
	TN	TP				
基期	—	—	—	18.91	2.92	—
2010～2015 年	445.1	64.4	9.74	15.58	2.43	56 020
2016～2020 年	552.9	114.5	19.65	13.92	2.05	70 830
2021～2030 年	1135.3	192.2	40.45	10.17	1.52	95 017

注：氮磷削减量和产值增长率均以基期为基数计算。

2）农业产业结构调整资金需求。

农业产业结构调整分区、分项、分期资金需求见表 4-5。

表 4-5　洱海流域农业产业结构调整资金需求　　（单位：万元）

分区	项目	2010～2015 年投资额	2016～2020 年投资额	2021～2030 年投资额
禁止发展亚区	农业产业削减补偿	500	—	—
	退耕还林、退耕还草建设	250	150	100
限制发展亚区	生态农业建设工程	100	300	300
	农业产业替换补偿	450	—	—
优化发展亚区	生态农业建设工程	100	500	500
	设施农业建设	1 650	—	1 600
综合开发亚区	生态农业建设工程	50	100	100
	农业产业规模化建设	650	650	1 850
合计		3 750	1 700	4 450

注：①禁止发展亚区：农业产业削减补偿按 1000 元/亩的标准进行补偿，四湖周边属于禁止发展亚区的耕地约有 0.5 万亩。②限制发展亚区：农业产业替换补偿标准按油菜 300 元/亩、蚕豆 300 元/亩、大麦 100 元/亩（依据大理市 2009 年洱海保护治理重点工程项目实施方案）计量。③优化发展亚区：设施农业建设（简易大棚）标准按 500 元/亩进行补贴。④综合发展亚区：农业产业规模化建设，大蒜、蔬菜按 100 元/亩进行补贴，大牲畜按 500 元/头进行补贴。

4.5 洱海流域农业结构调整规划与建设所需保障措施分析

4.5.1 保障措施

1）为促进流域农业产业规模化生产提供经济激励政策，通过农业对外开放、招商引资、寻求战略合作伙伴等多种途径，采用土地入股、转租、特色农产品经营合作社等多种形式，建立股份制种养基地。

2）对流域农业产业结构调整涉及的各利益主体进行调查，明确其可能遭受的损失，进而确定对其的经济补偿方式、标准、额度，形成流域农业产业结构调整的经济补偿机制，经济补偿机制的引入可以在洱源县试点实行。

3）对流域农业结构调整中涉及的剩余劳动力问题，通过建立农村富余劳动力技能素质的教育资源整合机制，社会就业援助机制和针对农户家庭手工业（砚、扎染、木雕等民族手工品）、观光农业、旅游农业等劳动密集型行业的企业就业拓展机制，剩余劳动力向流域外输出机制等，促进流域农村富余劳动力有序流动和转移。

4）为流域绿色农业的发展提供优惠政策，并建立农业产业技术推广政策机制，鼓励流域内的农业产业向生态型、清洁型、环保型方向发展升级。

5）农业产业结构调整工作的实施需要流域各级行政区之间进行紧密的配合与协作，这就要求突破行政区划的限制，建立以全流域整体协作为基础的管理机制。需要进一步完善现有的洱海保护治理机构，对相关机构的负责人签订相应的目标责任书，建立和实行严格的检查、监督、考核、奖罚制度，为农业产业结构调整提供有力的管理制度保障。

6）严格执行《大理州洱海管理条例》等法律法规，并组织拟定《洱海流域农业产业结构调整管理办法》，进一步完善洱海保护的法律法规，并加强洱海保护的执法力度，为流域农业产业结构调整提供良好的法制化管理条件。

4.5.2 技术保障及资源引进措施

（1）推进流域优势产业发展，全面提升农、林、牧产品品质

1）按生态建设产业化，产业发展生态化要求，继续推进流域优势产业发展。根据流域洱源县梅果产业发展规划，力争到 2012 年梅果面积达 20 万亩，总产值达 3 亿元，梅农收入 0.8 亿元；到 2010 年将优质稻面积发展到 10 万亩，总产 68 000t，实现产值 3 亿元；扩大蚕豆、大麦等作物和牧草的种植面积，扩大玉米等旱作物种植面积。同时，压缩大蒜、烤烟种植面积，把大蒜种植面积控制在 6 万亩以内并全部施用控释肥。

加大有机、绿色及无公害农产品的发展力度。以绿色环保为方向，加强规模化、产业化、无公害化的农产品基地和无公害禽畜、水产养殖基地建设，着力打造洱源"绿色生态"品牌。结合洱海保护，向省州争取年无公害农产品认证整体推进项目，计划分无公害粮油生产基地（面积 45.7 万亩）、无公害果蔬生产基地（面积 55.3 万亩）、无公害畜禽养殖基地（总量为 71 万头匹）、无公害水产养殖基地整体推进，完成流域主要农产品的无公害生产基地认证，具备条件的申报为有机食品。

2）立足资源优势，以发展山区林果业、野生菌为主，积极推进洱源林产品的开发。流域的林业经济在生态文明建设中发挥着重要作用，在提供木材、林产品、绿色食品、药材、生物能源以及发展相关产业、扩大就业方面有着不可替代的作用。因此，在现有规划实施完成 40 万亩泡核桃的基础上，再新建 30 万亩，到 2012 年实现 70 万亩的目标，2011～2015 年改造野生铁核桃 20 万亩，把洱源建成木本油料基地；在已有规划实施完成 17.15 万亩华山松的基础上，新建 22.85 万亩，实现 40 万亩的目标。积极大力培育具有地方特色的稀有珍贵植物、林药、野生食用菌、森林蔬菜、野生花卉、观赏植物资源，充分发挥洱源丰富的以松茸、牛肝菌、羊肚菌、黑木耳、鸡枞、鸡油菌、竹荪、猴头菌、香菇、奶浆菌和珊瑚猴头菌等为主的野生食用菌，以及以云茯苓、珠子参、红芽大戟、大理藜芦、苍山贝母等为主的森林名贵中药材资源优势，按市场规律走产业化道路，全面提高洱源非木材森林资源保护、利用和人工培育水平，提高产品的加工、营销及新产品的研发等综合开发能力，积极推进洱源森林资源非木材产业体系的建设。

3）以龙头企业带动为导向，大力发展高原生态乳牛养殖业。流域多以传统农户型散养乳牛为主，规模化养殖数量较少。目前洱源县 5 头以上的乳牛有 512 户，20 头以上 4 户，规模化养殖 4 个。立足资源优势，按照"公司+基地+农户"的发展思路，紧紧围绕建设西南最大商品奶生产基地、中国较大的奶制品加工出口基地的目标，以市场为导向，以增加农民收入为核心，以科技为支撑，以防疫为保障，加大高原生态乳畜业发展。

（2）以控制农业面源污染为目标推广环境友好型农业

1）推广环境友好型农业的要求。

在保护优先的前提下，优化现有产业结构，通过鼓励政策措施，促使传统农业向低投入、低废、高效、优质的循环性农业生态产业转变，解决当地群众在发展传统农业生产时，为追求高效益而产生的"高投入—高产出—高废物—高污染"的局面，使当地群众在维护并遵守水源保护政策的条件下，通过发展循环型生态产业，提高农业资源（包括农业废物）利用率，减少农业废物排放，降低生产成本，生产高质、优价农产品，获得较高的经济收益。如此，有助于缓解弥苴河流域内环境保护和区域经济发展的矛盾。

2）推广环境友好型农业的措施。

逐步减少高投入作物面积，增加低投入作物面积，增加林地面积、园林苗木面积，压缩农作物面积的情况下，要加大作物品种结构的调整，大力推广优良、优质、高效益、低污染的品种，增加农民收入，弥补因结构调整给农民带来的损失。

在保护优先的前提下，确保生物多样性。逐步削减需大量化肥农药的农作物种植面积，压缩施肥较多的大蒜、烤烟种植面积，把资源环境优势转化为经济优势，利用经济优势搞好环境保护，从根本上解决环境保护与资源利用之间的矛盾，实现社会经济的可持续发展与农业生态系统的良性循环。

加快开发生物肥、生物农药，大力推广生物防治和精准施药、测土施肥、控释肥等技术，减少农药化肥使用量，提高农药化肥利用率；要制定不同作物无害化生产技术规程，大力开展标准化和无害化生产；要开办农民田间学校，培训农民植保、土肥、环保技术人员，监控有害病虫发生和农业环境污染的变化。

本着无害化、减量化、资源化的原则，运用生物、物理、化学等方法采取过腹还田、直接还田、堆肥处理、沼气生产和秸秆气化等源头减污措施对农村固体废弃物进行综合处置，达到不危害人体健康、不污染周围环境，大力发展农业循环经济，实现农业清洁生产和物质及能源的回收利用。

转变牲畜养殖方式，坚持用生态文明和现代产业发展理念改造提升乳牛养殖业，以有利于粪便无害化处理、提高产奶量、提高奶农收入为中心，抓好奶牛规模化养殖，积极走专业化、规模化养殖的路子。坚持畜禽养殖污染防治强制性技术规范，按照建好卫生厕和沼气池、配套种植无公害蔬菜的模式，积极引导农民发展生态养殖。

果草套种，长短结合。在果树空隙种植紫花苜蓿，绿化抗旱，促进果林生长。保持水土，恢复植被。刈割使用紫花苜蓿，饲养优质牛肉，以养殖收入巩固果林种植。

（3）加强中低产田地改造力度，提高土地的综合生产能力

以流域洱源县为例，洱源县现有 19.81 万亩中低产田，占全县耕地的 52.20%，其中坡耕地 10.23 万亩，占 26.96%；轮歇地 2.27 万亩，占 6.03%。这些中低产田地耕种质量较差，冷浸内涝、干旱缺水、耕层浅薄、质地黏重等障碍因素突出。结合不同生态环境条件和特色产业发展要求，争取用 10 年时间，争取资金 1.6 亿元，完成全县中低产田地改造任务，提高土地的综合生产能力。

（4）强化农业科技培训

洱海流域具有良好的生态环境基础和独特的农业产业优势，要实现生态农业发展目标，必须加强农业科技培训，提高从事农业生产的人员素质。

1）采取轮训与集中培训相结合的方式。聘请有关专家来洱源或派技术人员到省州相关部门进行生态农业、科学种植养殖、农产品安全生产、农业面源污染治理等方面的学习和培训，确保每年有适当数量技术人员接受各类培训。

2）加强对农户的科技培训。一是充分利用数字乡村已建成的网络、电视、报纸、农村集市日，举办内容丰富、形式多样的科普宣传活动；二是以举办现场会、培训会、办科技示范样板，树科技示范户活动，将科技培训作为生态文明的重要基础工作来抓，做到长期坚持。做到户均 2 人次以上受训，掌握 2~3 项科学种、养及环保节能方面的技能，使保护环境、节约能源成为全社会每一个人的共识。

5 | 洱海流域工业结构调整初步规划和建设方案研究

5.1 洱海流域工业结构调整规划和建设方案研究的指导思想

本研究将依据大理市作为滇西中心城市的战略定位和"1+6"城市圈的产业分工，根据流域生态工业问题专题研究成果，结合大理州"快速发展第二产业"的发展战略思路及"重点发展绿色工业"和"强化环境导向的企业和市场准入"的具体要求，制定流域生态化现代工业发展初步规划方案。

5.2 洱海流域工业结构调整规划的原则和目标

5.2.1 规划原则

对流域工业结构及布局进行调整规划应遵循以下原则：一是以减排目标约束下的重点工业结构调整（包括以奶制品加工业为主的农副产品加工与食品饮料制造业、以农用车、拖拉机装配为代表的交通运输设备制造业等）为主要着力点；二是以绿色环保为主和先进工业技术为支撑的现代工业发展格局为主线；三是体现流域工业在洱海流域及"1+6"城市圈地域范围中的生态功能定位。

5.2.2 规划目标

以生态化现代工业发展理念为支撑，以发展绿色环保工业为导向，选择主导工业产业，确定流域工业产业的最适规模和工业企业的准入标准。根据流域污染控制目标，通过工业结构调整与优化，大幅度削减入湖污染物排放，形成绿色环保为主的流域现代工业发展格局。

5.3 洱海流域工业结构调整规划的初步思路和总体构架与发展路径分析

5.3.1 规划的初步思路

按照大理滇西中心城市规划与建设滇西"1+6"城市圈的要求，洱海流域应该抢抓发展机遇，着力打造十大产业集群，即机械加工、烟草及其辅料、建材、优质生物资源、能源五大工业产业集群和金融保险、旅游、商贸物流、通信传媒、建筑五大现代服务业产业集群。同时要切实完善和落实好大理滇西中心城市的规划和建设，抓住打造滇西"1+6"城市圈这个重点，加快漾濞、祥云、宾川、弥渡、巍山、洱源等县城建设，构建以大理市为中心、周边6个县为补充的滇西"1+6"城市圈，积极构架分工合理、功能完善、各具特色、优势互补、充满活力的现代城镇体系，并结合大理自治州的实际情况，发展壮大环洱海经济圈、大理经济圈、滇西经济圈3个经济圈，发挥好承接滇中、服务滇西、在产业与区域方面的传承作用。

工业产业结构调整规划分大理市和洱源县两大层面分别进行：一是构筑以大理市为中心的城市辐射群及其工业体系。依托云南红塔集团，强化骨干企业的配套产业发展，带动相关产业链的形成，发挥卷烟及辅料龙头企业的辐射作用；扶优扶强红塔集团滇西水泥厂、大理水泥集团、大理红山水泥等建材企业和建筑企业，发展石材加工，发挥大理石材的品牌效应，壮大产业规模；充实和加快生物制药、食品饮料加工园区发展，做大做强绿色生态保健食品和生物制药为龙头的生物资源开发产业；开发漫湾、大朝山、小湾、徐村等三江流域范围大型水力发电站及其他新能源发电厂；支持华兴纺织、滇西纺织等棉麻纺织产业，提升产品科技含量，增大市场占有率；由此形成5~7个快速发展的产业群。

二是构筑以洱源县邓川镇为中心的城镇辐射群及其工业发展体系。依托力帆骏马车辆有限公司的拖拉机、农用车装配制造基础，加大扶持力度，打造面向东南亚、南亚的机械制造基地；依托蝶泉乳业，发展相关配套产业，拉长产业链，提高附加值；利用农产品产地集散基础，加强农产品精深加工和保鲜储运业发展；打造形成3~5个快速发展的产业群，建立以邓川为代表的县域生态化现代工业经济中心。

5.3.2 规划的总体构架与发展路径

通过存量调整和增量改进，逐步形成流域内几大特色工业产业功能区：洱海北部生态型工贸区、南部特色工业与特色农产品加工区、西部食品饮料与旅游产品工贸区。洱海北部生态型工贸区的主要范围包括洱源县邓川、茈碧湖和右所，主要工业产业为以农副食品加工行业为主的生物资源开发利用产业；南部特色工业与特色农产品加工区的主要范围包括凤仪、下关、大理开发区，主要工业产业为以烟草制造、机械设备、建筑建材、生物医药为主的特色工业与特色农产品加工产业；西部食品饮料与旅游产品工贸区的主要范围包括银桥镇、大理镇、湾桥镇、喜洲镇，主要工业产业为以食品饮料、旅游产品加工等为特色的低污染、环保型工业。

在构建特色工业产业功能区的发展过程中，将以产业园区建设和产业带扩展为依托，形成以产业园区和产业带为中心、"以点带面"的工业区域发展规划格局。通过产业园区建设，逐步打造出区位集中的、具有区域特色的优势产业，进而发展成若干园区工业集中区，园区主导行业和企业在成长过程中又由中心向外沿轴线扩散，扩展成为区域特色产业带，最终培育形成洱海流域特色工业产业功能区。

5.4 洱海流域工业结构调整规划与建设方案研究

5.4.1 洱海流域工业结构调整规划建设方案的量化研究

（1）流域工业产业结构调整分阶段规划发展目标

流域工业产业结构调整分阶段规划发展目标见表5-1。

表5-1 工业产业分阶段规划发展目标 （单位：万元）

所属产业	2007年产业总收入	规划2010年产业总产值	规划2015年产业总产值	规划2020年产业总产值
烟草制品产业汇总	31.9	33	40	50
交运、机械设备产业汇总	23.5	65	120	200
食品饮料、农副食品加工产业汇总	14.4	30	45	70
电力生产产业汇总	10.8	15	25	35
非金属产业汇总	8.5	20	30	45
纺织、造纸、印刷产业汇总	5.2	20	30	45
医药生物开发产业汇总	3.2	10	15	25
高新技术产业	0	3	5	10
主要产业合计	97.5	196	310	480
流域工业产值总计	139	230	380	600

（2）流域工业产业结构调整分阶段减排规划方案与目标

针对不同产业的实际情况，结合产业规划中提出的产业调整发展与污染控制思路与目标，可以推算出分行业与分种类控污减排方案与目标，见表5-2、表5-3、表5-4。

表5-2 主要工业产业COD减排方案 （单位：t）

所属产业	2007年总COD排放量	设计2010年总COD排放量	预计2015年总COD排放量	预计2020年总COD排放量
烟草制品产业汇总	15.82	15	14	13
交运、机械设备产业汇总	5.29	7	9	10
食品饮料、农副食品加工产业汇总	1 017	950	900	850
电力生产产业汇总	0	0	0	0
非金属产业汇总	2.12	2.5	3	3.5
纺织、造纸、印刷产业汇总	168.91	160	150	140
医药生物开发产业汇总	50.86	55	60	60
高新技术产业	0	2	3	4
主要产业合计	1 260	1 191.5	1 139	1 080.5
流域工业产业总计	1 400	1 350	1 300	1 250

表 5-3　主要工业产业 TN 减排方案　　　　　　　（单位：t）

所属产业	2007 年 TN 排放量	设计 2010 年 TN 排放量	预计 2015 年 TN 排放量	预计 2020 年 TN 排放量
烟草制品产业汇总	1.72	1.9	2	2.1
交运、机械设备产业汇总	0	0.5	0.6	0.7
食品饮料、农副食品加工产业汇总	113.71	105	100	95
电力生产产业汇总	0	0	0	0
非金属产业汇总	0	0.5	0.6	0.7
纺织、造纸、印刷产业汇总	3.62	3.5	3.3	3
医药生物开发产业汇总	2.41	2.6	3	3.2
高新技术产业	0	0.1	0.1	0.1
主要产业合计	121.46	114.1	109.6	104.8
流域工业产业总计	140	133	130	125

表 5-4　主要工业产业 TP 减排方案　　　　　　　（单位：t）

所属产业	2007 年 TP 排放量	设计 2010 年 TP 排放量	预计 2015 年 TP 排放量	预计 2020 年 TP 排放量
烟草制品产业汇总	0.25	0.25	0.25	0.25
交运、机械设备产业汇总	0	0.1	0.1	0.1
食品饮料、农副食品加工产业汇总	12.47	11.5	11	10
电力生产产业汇总	0	0	0	0
非金属产业汇总	0	0.1	0.1	0.1
纺织、造纸、印刷产业汇总	1.45	1.4	1.35	1.3
医药生物开发产业汇总	0.19	0.2	0.2	0.2
高新技术产业	0	0	0	0
主要产业合计	14.36	13.55	13	11.95
流域工业产业总计	16	15.4	15	14

目前流域工业产业总体污染排放入湖比率以 COD 指标统计为 20.71%，以 2007 年为基数，按照 2010 年、2015 年、2020 年工业产业入湖量分别比基期减少 5%、10%、15%，预算规划各期污染物入湖量指标，汇总得到流域工业产业总体控污减排分阶段规划指标，见表 5-5。

表 5-5　工业产业总体控污减排分阶段规划方案

产业排污及入湖指标	2007 年 总量（t）	设计 2010 年 总量（t）	比前期 增减率（%）	预计 2015 年 总量（t）	比前期 增减率（%）	预计 2020 年 总量（t）	比前期 增减率（%）
工业产业 COD 排放量	1 400	1 350	-3.57	1 300	-3.70	1 250	-3.85

产业排污及入湖指标	2007 年总量（t）	设计 2010 年总量（t）	比前期增减率（%）	预计 2015 年总量（t）	比前期增减率（%）	预计 2020 年总量（t）	比前期增减率（%）
工业产业 COD 入湖量	290	275.5	−5.00	261	−5.26	246.5	−5.56
工业产业 TN 排放量	140	133	−5.00	130	−2.26	125	−3.85
工业产业 TN 入湖量	19	18.05	−5.00	17.1	−5.26	16.15	−5.56
工业产业 TP 排放量	16	15.4	−3.75	15	−2.60	14	−6.67
工业产业 TP 入湖量	2.1	1.995	−5.00	1.89	−5.26	1.785	−5.56
总体污染排放入湖率	20.71%	20.41%	−1.45%	20.01%	−1.96%	19.72%	−1.45%

（3） 建设方案总体预期成效分析

预期通过流域生态化现代工业发展规划，实现流域工业污染减排和流域工业经济由传统工业向生态化现代工业发展转变，见表 5-6。

表 5-6　现代工业发展规划分阶段预期成效

阶段	产值（亿元）	增加值（亿元）	固定资产投资（亿元）	新增就业岗位（人）	同比 2007 年入湖污染物总量增加率
2010 年	230	80	118	70 000	−5.00%
2015 年	380	175	222	123 000	−10.00%
2020 年	600	240	325	68 000	−15.00%

（4） 建设方案的综合效益评估

可以从环境经济效益和投资预期效益两方面来分析控污减排的综合效益。

1） 工业产业结构调整规划的环境-经济效益分析。

通过产业规划实施和产业内部结构及空间调整，工业产业的污染排放总量得以进一步控制，在工业总产值不断快速增长的情况下，亿元产值的污染排放量迅速下降，工业经济的质量效能和环境保护效益充分显现，实现"工业发展和环境保护"的双重目标，见表 5-7。

表 5-7　工业产业结构调整规划的环境-经济效益分析

工业产业发展及排污指标	2007 年总量	设计 2010 年总量	比前期增减率（%）	预计 2015 年总量	比前期增减率（%）	预计 2020 年总量	比前期增减率（%）
流域工业产业总产值（万元）	139	230	65.47	380	65.22	600	57.89
亿元产值 COD 排放量（t）	10.07	5.87	−41.71	3.42	−41.74	2.08	−39.18
亿元产值 TN 排放量（t）	1.01	0.58	−42.57	0.342	−41.03	0.208	−39.18
亿元产值 TP 排放量（t）	0.115	0.067	−41.74	0.04	−40.30	0.023	−42.50

2） 工业产业结构调整规划的投资预期效益分析。

流域产业规划的经济效益体现在规划投资的预期效益。

首先我们分析流域工业产业结构调整规划所需的投资概算。流域各级政府所投入资金，包括园区建设和扩建的"三通一平"、相关管网及配套设施投资、污水处理厂新建扩建的投资等几个方面，可以综合为工业产业区建设投资与污水处理厂建设投资两部分。

一是工业产业区建设投资。工业产业区建设预计投资总额为 30 亿元，其中，大理创新工业园区远期规划 $47km^2$，其中工业用地 $21km^2$，目前累计完成基础设施建设投资 1 亿多元，建成新区 $1km^2$，中远期规划园区需要投入"三通一平"、相关管网及配套设施资金 10 亿元；大理经济技术开发区近期规划面积 $7km^2$（已建成），远期规划控制面积 $22.5km^2$，预计需要基础设施建设投资 8 亿元；邓川工业园区目前总体规划面积 $6.5km^2$，2010 年后园区总规面积将进一步扩大为 $20km^2$，预计 2020 年园区建成面积将达 $50km^2$，预计需要基础设施建设投资 5 亿元；银桥食品工业园区近期规划面积 $1km^2$，远期规划面积 $2km^2$，预计需要基础设施建设投资 2 亿元；预计其他产业发展区中远期规划需要各类投资 5 亿元。

二是污水处理厂建设投资。洱海流域内及周边目前共有 3 座污水处理厂，分别是洱源县污水处理厂、大理市登龙河污水处理厂和大理市第一污水处理厂，累计投入资金 1.38 亿元。其中洱源县污水处理厂和登龙河污水处理厂的排放口在流域内，大理市第一污水处理厂的排放口在西洱河。工业产业发展需要配套新建和扩建下列污水处理厂及设备，预计投资总额为 14 850 万元：一是总投资 2450 万元的邓川污水处理厂及配套工程；二是总投资 400 万元的右所集镇西片区污水收集及处理项目；三是洱源县污水处理厂新建处理规模为 4000t/d 的污水处理生化设备一套，预计投资 1000 万元；四是在大理石材加工展销基地污水处理厂的基础上，配合银桥食品工业园建设，通过技改和扩建提高污水处理能力，中远期预计投资 1000 万元；五是中远期需要建设大理市第一污水处理厂二期工程，预期投资 1 亿元。

由此可以进行洱海流域工业宏观调整规划政府投资总体匡算，见表 5-8。

表 5-8 工业产业结构调整规划的政府投资总体匡算 （单位：万元）

投资项目	近期	中期	远期
工业产业区建设	70 000	100 000	130 000
污水处理厂建设	1 850	6 000	7 000
合计	71 850	106 000	137 000
总计		314 850	

之后我们可以进行投资预期收益的预测。收益预测重点分析政府产业投资对流域工业总产值增长的促进作用，以各时期流域工业总产值的增加值与政府投资之比做衡量指标，见表 5-9。

表 5-9 政府投资预期效益分析 （单位：亿元）

指标	近期	中期	远期
政府投资对工业产值的增加值	12.67	14.15	16.06

5.4.2　流域现代工业结构调整的可持续发展方案探讨

在已制定并部分实施的近中期方案的基础上，依托现代信息技术、生物技术带动工业高水平发展，强化工业企业管理，形成适应现代化产业经济要求、发展健全、操作规范、运行高效的发展环境，继续加强凤仪工业园区建设，发挥大理经济技术开发区的产业辐射和总部经济作用，完善配套、辅助产业的发展，持续增强工业产业的体质和吸纳劳动力就业的能力，并积极发展循环经济和低碳经济工业产业。

5.5　洱海流域工业结构调整规划与建设所需保障措施分析

5.5.1　工业产业及相关政策措施

（1）制定实施强有力的产业调整和产业引导政策，加大产业整合和企业重组力度

按照节能减排的要求加快推进流域产业结构调整，重点支持低污染、高附加值、高产出的新型工业，抓好烟草及辅料、绿色食品等生物资源开发；水泥和新型材料为主的建筑建材；机械、汽车制造为主的交运设备、通用设备产业，以此确立流域新型工业化产业发展战略，同时结合流域的资源特点和资源优势，大力发展具有洱海特色的农副产品加工和旅游产品生产。流域内要围绕发展优势产业，努力打造产业聚集、企业聚集、产品聚集的块状经济。

（2）基于生态保护和可持续发展的宗旨，以工业园区建设为载体，实施工业产业空间布局优化调整

流域要以大理创新工业园区、邓川工业园区等为工业经济增长的"火车头"，开展工业产业区域布局调整，实现规模生产、集中排污和综合治污。对于目前在流域内污染相对较高的饮料制造、造纸、食品制造和农副食品四个行业，要尽力通过产业集中与整合、企业组织调整和区域优化布局，形成地域上的优势产业集群，分区域进行有针对性的污染治理和环保配套设施建设，解决分散排污、排污量大、治理费用高的问题。

（3）抓实项目开发，以产业项目为抓手，迅速扩大产业规模

要着力策划、创意和寻找大项目，及时从国家产业政策导向中搜索项目，从区域经济结构调整中发现项目，从区域的资源优势和地域优势中找寻项目，从宏观经济形势变化中发掘项目；通过积极论证项目、大力推介项目，综合运用媒体、网络、商务活动等各种手段，全方位、多层次推介本地项目和引进外来项目；推行"项目带动"战略，以项目拉动流域工业经济增长；按照"思路项目化、项目数字化、措施具体化、实施快速化、效益最大化"的要求，建立"向上争取一批、着手实施一批、论证储备一批"的梯度工作机制，形成以大项目带动大企业、以大企业带动大产业、以大产业带动大就业的滚动发展格局。

5.5.2 技术保障及资源引进措施

（1）推进企业创新

围绕支柱产业和重点行业，以引进消化再创新和集成创新为主，有选择地推进原始创新，突破产业和产品的关键与核心技术，获取一批自主知识产权，提升和优化产品结构，实现经济增长方式的根本性转变。鼓励和引导企业努力掌握核心技术和关键技术，增强科技成果转化能力，推广应用一批先进适用技术，形成一批高附加值、高技术含量、高市场占有率的新产品。促进和引导企业加强品牌建设和管理工作，支持重点企业和重点产品向名牌企业和名牌产品转化，培育和形成一批具有相当效益和规模的名牌产品生产企业，力争尽快在每个重点行业中培育1~2个名牌产品。

（2）发展节能环保和循环经济模式

鼓励企业积极开展技术创新，开发工业污染治理实用技术，不断提高流域工业企业的综合技术装备水平，在更大范围推行循环经济的产业发展和工业生产模式。可以通过进一步完善科技创新和循环经济的配套措施，采取有力措施，大力推行循环经济发展模式；加强对相关法律法规的宣传，强化政策导向，形成循环经济发展的激励机制，在税收、信贷、排污征费等方面引导企业走循环经济的道路；加快建设环境产业市场，发挥市场对循环经济建设的推动作用；加大科技投入，加快相关理论和技术研究，为循环经济发展提供科学技术支持；建立信息交换平台，保障信息畅通，促进物质资源的深度开发和循环利用，提高资源的综合利用率。

（3）大力引进人才、资金、技术等产业发展资源，培育形成更多的高科技企业和节能环保产业

流域可以充分发挥产业发展的后发优势，不断增强开放意识，积极开展对外经济交流和要素流动，大规模吸引社会投资和外来投资，引进发达国家和先进地区的资金、技术、管理、人才等生产要素，推动"外源型"工业发展，在产业资源引进方面要有所侧重，力争培育更多的高科技企业和节能环保产业。可以依托苍山洱海及大理的品牌效应和得天独厚的自然环境、气候条件，集聚人才，实施高科技战略，通过工业园区配套的软硬环境建设，加速科技孵化器的建设，逐步健全服务体系，为创新产业的发展提供优良的环境，推进高新技术和节能环保产业的发展。

| 6 | 洱海流域旅游及配套服务业结构调整初步规划和建设方案

6.1 洱海流域旅游及配套服务业结构调整指导思想及规划目标

环洱海流域旅游产业调整是以洱海保护作为调整的基础和前提,所有的规划、开发和建设都服从洱海保护的需要,同时,在保护洱海的基础上发展旅游业,提高当地的收入,达到人与自然的和谐相处,实现可持续发展。

(1) 指导思想

在保护洱海的前提下,使洱海流域旅游业以空间布局调整,带动旅游产业结构调整,优先发展购物、娱乐等高产值低污染的旅游形式,增加旅游业效益,控制旅游业污染,削减单位产值的排污量,并完善旅游配套污染物处理设施。在各保障措施的支持下,达到减排既定目标,体现旅游业的经济和环境效益。

(2) 规划目标

1)总体目标。

规划以洱海水环境保护为中心,通过对洱海流域旅游业结构进行调整,使流域旅游业的发展和洱海本身及周围环境达到良性循环。

以洱海水环境保护和经济发展为目标的同时,以与旅游相关联的个人消费服务业、公共服务业等多种服务业集聚发展为内容,以农业与旅游业、城镇与旅游业融合发展为指导,形成流域多种旅游及其配套行业综合发展的格局,最终将洱海流域建成集"纯洁自然、南诏风情、地热王国"为一体的世界高原生态观光与民族风情度假休闲地。

2)阶段目标。

近期阶段,到2015年初步控制洱海流域旅游业排放的污染物和污水,在重点对"六都"规划调整完的基础上,开展"一道,一廊,一游线"的建设,初步实现从"点"到"线"的结合。

中期阶段,到2020年通过洱海流域旅游业调整使旅游业引起的污染物和污水达到排放标准,初步完成从"线"到"面"的过渡。

远期阶段,2030年完成宏观产业结构调整,实现流域旅游业的整体协调,形成同一板块,并使流域旅游业和保护洱海水质成为良性循环。

(3) 规划原则

对洱海流域旅游业的结构和布局进行调整规划应主要遵循以下原则:①保护洱海水质

原则；②着力打造旅游精品的原则；③控污减排原则；④以绿色环保为主的旅游。

（4）规划指标体系

规划指标包括：①洱海水质等级；②旅游业利润率；③旅游业对洱海的污染比重；④旅游业收入占当地总收入的比例。

6.2　洱海流域旅游及配套服务业宏观调整规划

6.2.1　洱海流域旅游业的相关现状

洱海流域有秀丽的山水风光，悠久的历史文化，多彩的民族风情和本土特产。虽然所在地大理集历史文化名城、风景名胜区、国家自然保护区于一身，景点众多，吸引了不少游客，但游客主要集中在近海流域且停留时间短。这样游客在近海流域排出大量固体污染物和废水，严重影响了洱海的水质，但带来的经济收益却很有限。

6.2.2　目前洱海流域旅游业发展趋势

根据 2008 年全国旅游工作会议，完善提升旅游产品的同时，要大力发展休闲度假旅游产品，积极培育和发展旅游新产品（《大理滇西中心城市总体规划》）。目前具有潜力的市场是：①蜜月旅游市场；②散客市场；③商务旅游市场；④银发市场；⑤高端豪华旅游；⑥自助式旅游。

6.2.3　洱海流域旅游业总体规划领域

洱海流域旅游资源非常丰富，但很多处在生态敏感区。根据洱海流域旅游资源的现状和其与洱海水环境的关系，在不污染或极少污染洱海的前提下，以改善洱海流域旅游的环境和提高洱海流域旅游经济效益为目的，结合大理旅游业的现状和目前旅游业的发展趋势，在保护洱海的前提下，对洱海流域旅游业在空间布局上进行调整，并按"六都，一道，一廊，一游线"进行整体宏观调整规划，规划的总体设想是："核心优化，高端发展；域外拓展，网络集成"。逐步实现"点、线、面"（点，流域周边的各个旅游景点；线，流域已经形成和待开发的旅游路线；面，整个流域的旅游业）相互结合，相互渗透，最终形成一个能互有分工、各具特色的统一的整体，达到集群效益和规模效益。规划示意如图 6-1 所示。

（1）核心区

1）风都。即下关镇"风都"。规划设计既体现高原"自然风"之美艳，又体现苍山洱海"改革风"之强劲。

2）古都。洱海流域是古南诏国和大理国的古都所在地，文明悠久，名胜众多。尤其是大理镇的一系列景点构成了洱海流域的"古都"集群。在古都的局部区域可依托苍山索

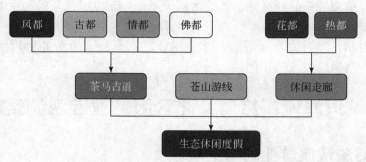

图 6-1　洱海流域旅游业整体规划简图

道，进一步推动苍山游线的保护开发。

3）情都。古都而上，即为情都蝴蝶泉。围绕一个"情"字，展现蝴蝶泉作为情都的魅力，从蝴蝶泉的代表性景观即"蝶·树·水"及人文景观着手，对蝴蝶泉的旅游价值进行深度发掘，充分揭示蝴蝶泉文化对现代社会爱情观与和谐观的意义。

4）佛都。佛都即崇圣寺，除了崇圣寺的"三塔"是大理的标志性建筑，历史上崇圣寺曾作为大理国的皇家寺院，而且大理皇族段氏又有好几位都是在位时出家为僧，故佛都又体现了大理时期皇家寺院的庄严与辉煌，可根据金庸先生的《天龙八部》发掘关于大理段氏尤其是段誉与皇家寺院的联系。

5）花都。上关为"花都"。花都规划设计指导思想将充分体现游客观光、教育科普、花卉植株加工和深加工，以获取高附加值等多项功能。

6）热都洱源即是"热都"。洱源素有温泉之乡美称。温泉水是其特有的资源，温泉开发设计应结合自然环境、人文环境与地域特色形成综合性、多样性的"特色景观"设计。

7）一道。"一道"即茶马古道。该道沿214国道开发，长度约46km，规划布局服从控制分区（即上述四区）框架，沿线建设旅游小镇。该道全程提供马匹和仿古马车供游客骑乘，沿线村落的本祖文化相映展示，并充分采用原味道具、服装、器物、设计等。其功能是对史上茶马古道人文、民俗等实施再现，让游客身临其境、感悟源远流长的苍洱文明。依道而设的大量休闲、娱乐、购物、餐饮、住宿等旅游项目和设施充分激发和满足游客的多种需求，充实旅游内容，提升旅游产业结构，增加旅游效益。

8）一廊。"一廊"即休闲走廊，南起下关、北抵茈碧湖，长度约26km，将大理市和洱源县的旅游资源串联，贯穿洱源沿线景区，并向两侧纵深延展，集休闲、体验、科普、教育、康体等多种旅游形式于一线。

9）一游线。"一游线"指苍山游线。人们说"到了大理没爬苍山，等于白来大理"。苍山离洱海较远，且植被丰富，故可在苍山原有景点的基础上进一步增加苍山游的开发力度。因为苍山不仅有自然之美还有人文之胜，是一个自然文化的综合体。苍山的自然美景除了大理"风花雪月"四大名景之最的苍山雪外，还有石、云、林、水等组成的自然景观。因此可以进一步开发苍山，如图6-2所示。

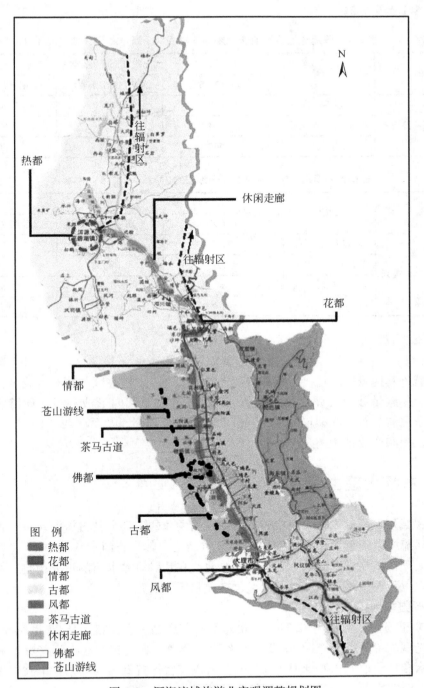

图6-2 洱海流域旅游业宏观调整规划图

"六都，一道，一廊，一游线"在近期规划、中期投入并实施、远期巩固并优化，本着"提升产业结构、控制游客规模、增加单客消费、改善总体效益"的原则，具体规划安排，见表 6-1、表 6-2。

表 6-1　洱海流域旅游业宏观规划安排相对于基准年变化率（基准年：2008 年）

措施	指标	相对于基期变化率		
		近期（2015 年）	中期（2020 年）	远期（2030 年）
核心区宏观调整规划	游客人次	36%	70%	163%
	单客消费金额	95%	202%	688%
	总体经济效益	155%	413%	1976%

表 6-2　洱海流域旅游业宏观规划安排方案（基准年：2008 年）

措施	指标	数量		
		近期（2015 年）	中期（2020 年）	远期（2030 年）
核心区宏观调整规划	游客人次（万人）	779.77	971.74	1 509.08
	单客消费金额（元）	1 397.09	2 168.17	5 648.33
	总体经济效益（亿元）	104.75	210.69	852.67
	新吸纳劳动力（人）	47 000	55 000	65 000

（2）辐射区

"六都，一道，一廊，一游线"构成洱海流域旅游业"核心区"。另外，通过整合资源，与流域外其他景区相连接，形成旅游业"辐射区"。核心区与辐射区交相辉映、统一规划管理，使旅游线路在州内，乃至滇西"1+6"城市圈内形成环线，让游客不走冤枉路，变着景色看。核心区和辐射区相互带动，促成大理州，乃至滇西"1+6"城市圈旅游业的整体发展和产业结构调整。

6.2.4　古都大理古城

大理古城几乎可以成为大理旅游的名片，到大理的人都会到古城游玩。然而在洱海西部入湖的河流中以靠近大理古城的白鹤溪水质最差，其是苍山十八溪中唯——个劣Ⅴ类。鉴于古都大理古城在洱海流域旅游中的重要地位和其对洱海水质的重要影响，可以在环境容量内采取以下调整规划措施、环保优化措施和环保措施。

（1）调整规划措施

1）加速改造和完善低污染的传统观光型旅游产品。大理古城从 20 世纪 80 年代开始一直以观光型旅游为主，经过 20 多年的经营、消费，观光旅游显得有些陈旧和单调，并且不能展示和其他地方相似景观的独特性。所以应在保持低污染的条件下在古城原有的线路和项目上改造完善，并开发一些新的旅游项目。

针对新婚夫妇的浪漫古都游。以体现大理古城的异域风采为目标，以大理古城为中心，结合周围洱海流域的景点，在宣传上突出自由浪漫的主体。

针对银发市场的大理休闲游。随着社会的发展，人口的老龄化也慢慢开始。中老年人不仅时间充裕，而且比年轻人更有经济上的优势，针对这一市场主要要重视服务的质量和生活的品位。所以不管是长期还是短期都要提升针对白发市场的服务人员的素质。这类服务水平和质量的提升将极大地提高收益而且带来的污染是微乎其微的。当前对老年旅游观念的转变和老年旅游商业模式的创新是当务之急。要"摸准老年人的脉"，创新性地对旅游资源、设施和服务进行重组，多开发以医疗为主要目的的养生保健游、适应老年人兴趣与爱好的文化旅游等产品，并进一步提高旅游服务的专业化水平，在食、住、行、游、购、娱各方面满足老年人的特殊需求（《中国约70%老人有出游愿望——银发旅游市场尚需开发》，中国网）。

2）重视散客。散客通常指那些去异地的独立旅游者。散客旅游的旅游日程、线路等都由旅游者自己选定，自己前往旅游目的地并完全独立地完成旅游活动。由于是异地旅游，对当地情况不熟悉，有的委托旅行社做部分的安排，如交通、住宿预订等。他们的共同特点是具备自主性、灵活性和多样性的特征，在旅游产品的购买上强调自我为前提，自定线路，而不是一次性付清旅行费用或完全被动接受既定的旅游项目。近年来散客在旅游市场中所占份额不断上升，散客人数的增加在带来了可观的经济效益的同时，也给环境特别是洱海的水质带来了更多的威胁。所以要改变长期以来重视跟团游客，轻视散客的观念。通过研究散客的发展规律，建立散客旅游信息服务中心，规范散客旅游的促销和接待，可经营一些针对散客的套票。不仅可延长游客游玩时间，延长其游玩线路，同时可加强散客的管理和规范，控制散客在大理古城游览时给洱海带来的污染，这不仅是大理古城面对的新的挑战，也是机遇。

3）在减少古城对洱海水质污染的同时，提高古城游客购物在其整个旅游花费中的比例。游客的购物活动基本上不产生任何污染。游客在古城旅游其购物在整个旅游花费中的比例较小，重要原因有两个：一是在大理古城停留的时间较短，二是旅游商品价格偏高和旅游商品质次价高、以次充好、价实不符并充斥假冒伪劣。针对以上两点首先要增展游期，然后提高旅游商品的质量，经营商品最好明码标价，质量要好并有特色，小到1元到10元的小商品，大到几百元上千元的银饰玉器，件件都要小巧精致，这样才能深受游客喜爱，增加销售量。

4）发展低污染的具有大理特色的手工旅游纪念品。旅游纪念品，是游客在旅游过程中购买的精巧便携、富有地域特色和民族特色的工艺品礼品，并让人铭记于心的纪念品。有人比喻旅游纪念品是一个城市的名片，这张名片典雅华丽，有极高的收藏与鉴赏价值。洱海流域有很多富有地域特色和民族特色的工艺，如扎染、白族刺绣、剑川木雕等，不仅实用，有的还有很高的欣赏价值。因此，可以鼓励手工艺品的开发与制作，使大理古城成为苍洱地区手工艺品设计、制作和销售中心。

（2）环境优化措施

1）营造良好的古城旅游环境。要营造良好的旅游环境，不仅要保持古城古香古色的建筑风格，还要有整洁干净的生活环境。要注意保护现存的古建筑，尽量维护维修。

2）营造绿化景观。根据大理的自然条件，确定一些优势树种，提高风景质量，调整树种结构，改善风景观赏效果，注重特色绿化景观营造。

（3）环保措施

1）坚决禁止使用一次性塑料制品。大理古城不仅是游客游玩的必经之地，也是购物的场所。经营者难免会为了追求自己的利润而大量使用一次性的塑料袋、餐盒等，这将造成大量的白色垃圾。这些垃圾如果焚烧会产生大量的有毒气体，污染空气和环境，如果填埋则很难分化，影响水土环境。所以坚决禁止使用一次性塑料制品。

2）使用环保的洗涤、洗漱用品。据调查，大理旅游业产生的污染主要来自餐饮和住宿，据统计，大理古城有四星级酒店5家，大大小小的客栈300家左右。如果这些酒店和客栈使用含磷或不符合环保标准的洗涤、洗漱用品，给流域水环境带来的污染和威胁是明显的，因此一定要严格管理，规定使用环保的洗涤、洗漱用品，这样才能保持古城旅游业的持续发展，提高旅游的品位和质量。

6.2.5 苍山游线

苍山位于洱海以西，和洱海之间是大理坝子，是世世代代大理人繁衍生息的地方。苍山十八溪流域面积 357.12km²，年地表径流量 1.54 亿 m³，占洱海入湖径流量的 30.7%，对洱海水域的生态环境有重要影响。由于苍山远离洱海，且有丰富的旅游资源，故可以进一步开发苍山，缓解靠近洱海的游客压力，减少近洱海游客对洱海水质的污染，形成对环境较为有利的影响。

（1）开发苍山的环境效益

1）进一步开发的苍山游线业和其他产业相比，是一个投资少、见效快、无污染（相对污染工业而言）的产业。苍山旅游业的进一步开发定能吸引大批海内外游客，在带来相同收入的情况下，对环境尤其是洱海产生的污染是最小的。这样，在迅速提高当地旅游业收入的同时对洱海产生的污染很少。

2）随着苍山旅游业进一步开发，将大批的游客不断地吸引到苍山，从而减轻临近洱海周围游客的压力，减少由此带来的生活垃圾等污染，所以进一步开发出来的旅游资源比原来更能改善洱海的水环境。在苍山的进一步开发利用阶段，若能科学地管理，将能使当地环境进入良性循环。

3）苍山旅游业收入的再分配又会使政府增加对环境的投入以改善旅游环境。如对附近村庄居民产生的生活污水和垃圾进行集中收集处理，都将大大减少对洱海水质的污染和防止污染物流入洱海。

4）苍山旅游的发展提高了附近人民的文明程度，从而减少其对环境的破坏。如随着苍山旅游的开发，附近居民的收入相应增加，增强了对苍山自然环境的保护意识，减少人为的滥砍滥伐和垦殖，防止苍山水土流失，这样就不仅保证了流入洱海溪水的质量，还改善了洱海水质，可实现旅游的可持续发展。

5）随着对苍山旅游业的进一步开发，会对苍山周围和苍山中的十八溪、山川、道路、村庄进行改善。如此将形成一个良性循环。

6）随着苍山旅游业的进一步开发，将为苍山十八溪流域的村庄居民提供较多的就业机会，使他们转向其他行业，减少当地居民养的畜禽，这样将直接减少由畜禽粪便引起的污染，不仅能改善洱海水质，还能改善当地的卫生环境。

在看到苍山进一步开发带来的对环境的正面影响时，还要注意其对环境的负面影响。因此，需要加强相关的宣传教育，增强苍山及附近旅游从业人员、苍山的旅游者和当地居民对周围水环境的保护意识，同时要加强法制建设，依法保护苍山的水资源。

（2）开发苍山的经济效益

进一步开发苍山，除了能带来旅游的环境效益，还有很高的经济效益。不仅能增加大理旅游业的收入，还能增加与旅游相关产业的收入。

1）进一步开发可以带来直接经济效益：一是苍山的门票、苍山索道的售票、与苍山相关的交通费用、与苍山相关的客房和餐饮等收入；二是游客在苍山旅游过程中的购物。

2）进一步开发苍山还可以调整旅游的淡季与旺季，调整由于季节不同引起的洱海西部入湖河流的水质。除了苍山的大理石和人文景观可以一年四季没有什么太大的变化外，苍山的云、林、水四季各有各的不同，可以与每年农历三月十五日至二十一日的"三月街民族节"、六月二十五的"火把节"、每年夏历四月二十三日至二十五日"白族绕三灵"交叉错开，使游客在不同的季节领略不同的大理风光。这样可以使淡季到大理旅游的游客数量大增，同时也增加了单个游客来大理旅游的次数。从总体上增加到大理旅游的人次。

3）由于进一步开发苍山使苍山的旅游项目增加，且游线被拉长，游客不可能在一两天之内游遍所有景点，这就不仅增加了大理淡季的游客量，还延长了游客在大理的停留时间，这必定能带动其和旅游相关的产业特别是餐饮、住宿、购物、与之相关的加工生产业的发展。直接增加了餐饮、住宿、旅游行业的收入，间接地促进购物、娱乐业收入的增加。这就使旅游业对于大理的国民经济收入具有重大的意义。

4）进一步开发苍山旅游业，在增加旅游业和相关产业收入的同时，必定能增加当地和周边地区的就业机会，使更多的人有更多的就业机会，有利于农村剩余劳动力的分流，使他们得到更多的收入，改善他们的生活，进一步促进当地经济的发展。

（3）开发苍山的社会效益

随着苍山旅游业的进一步发展，除了带来经济效益和环境效益外，还能给大理带来不小的社会效益。在自身发展的同时也拉动当地和周围的交通、通讯、医院、学校等的发展。在保护当地传统文化的同时，促进社会文化建设和社会综合保障体系的建设。

（4）开发苍山的项目规划

苍山远离洱海，风景优美，在环境承载力的范围内可以加大苍山游线低污染、高收益的开发力度，以下是几项可供开发的项目。

1）苍山漫步游。依托现有的苍山索道和感通索道，游客可以漫步玉带云游路，玉带云游路都是石板路，不会有危险且沿途风景优美。游客可一路游山玩水，感受苍山山水组合的特色。还可以在不同的角度俯视洱海和大理。同时，玉带云游路还连接了清碧溪、七龙女池、龙眼洞、凤眼洞、中和寺等景点。在路上设三五个提供向导、食品的站点，供游客休息，补充干粮，因为边游边走要一天的时间。

2）登山探险游。每年都有很多人到苍山登山探险，更有探险队开发线路，或者沿着当年忽必烈率军走过的翻山路线翻越苍山。然而几乎每年都有人迷路，因此沿着苍山开发出几条专门供普通游人登山探险的路线，做好明确的路标，游客或是从山脚开始徒步登到山顶，或是先坐索道再爬到山顶。一路上可以观赏到随着海拔的升高，地表植被的变化。"每年 3~7 月生长于不同海拔的各种杜鹃一般由低到高依次开放，3~5 月又是苍山的少雨季节"，期间苍山将是一个繁花似锦的世界，是一个天然的观赏植物的世界。苍山的箭竹林、冷杉林有着高山地带特有的景观。

3）苍山马帮。可以在马能行走的地段成立苍山马帮，如果有人喜欢骑马游苍山可提供令游人乘坐的马匹，如果有负重打算探险的游客，可提供马匹代游客驮重物，这样游客既可以体验轻装游苍山的乐趣，还可以感受有马帮跟随的别样体验，同时还有人做向导。

另外在登山探险的路段提供一些补给水源和食物的站点，或者建几个临时活动的帐篷，人多则加，人少则减，方便灵活。既不用大兴土木，避免对环境造成污染，又方便游人，还可避免游客失踪迷路。

（5）环保措施

1）苍山的十八溪是洱海西部主要的入湖水源，在开发时要科学规划，减少对水质的污染。

2）规划苍山的开发要结合苍山的地理环境和生态特点，以保护生态环境为基础，避免开发过程中带来的破坏。

3）在游客相对集中的地方设置垃圾桶。

4）制定相关的进山规定，如不准携带和丢弃不能自然降解的塑料包装，鼓励游客把自己产生的垃圾带出，集中处理。

6.2.6　情都蝴蝶泉

（1）调整规划指导思想

蝴蝶泉作为大理著名的旅游景点，具有别具特色的自然风景以及深厚的文化底蕴。通过对情都蝴蝶泉的挖掘和推广，可以推进大理旅游业的发展，进而对大理的从高污染低产值的产业调整到低污染（污染可控）高产值的朝阳产业——旅游业的产业调整具有重要的支撑作用。控制蝴蝶泉旅游带来的污染，削减单位产值的排污量，并完善蝴蝶泉旅游配套污染物处理设施，在各保障措施的支持下，达到以产业结构调整控污与经济效益双丰收的目标。

（2）调整规划

本规划从蝴蝶泉的代表性景观即"蝶·树·水"及人文景观着手，以此来挖掘和推广蝴蝶泉作为"情都"的魅力。

1）蝶。蝴蝶泉的魅力来源之一就是蝴蝶。蝴蝶泉正是因为爱情传说中的痴情恋人在无底潭殉情而化蝶，进而无底潭得名"蝴蝶泉"。美丽的蝴蝶代表着人们对美好爱情的向往与祝福。《徐霞客游记》对蝴蝶泉的美丽景色进行了记载："泉水大树，当四月初花发，花如蛱蝶，须翅栩然，与生蝶无异，又有真蝶千万，连须钩足，自树巅倒悬而下，及于泉面，缤纷络绎，五色焕然。游人俱从此日，群而观之，过五月仍已。"然而如今，景观已不复存在。究其原因主要是周围农业的发展中农药的大量使用以及植被的减少，破坏了蝴蝶的生存环境。因此要控制周围农田的数量，还田为林，增加植被数量，降低水污染，培育蝴蝶，让传说中的美景得以复原，吸引游客，让爱情梦想继续编织。

2）树。蝴蝶泉的树木不足，植被结构单一，山坡上部以人工柏树林为主；中部以云南松、华山松、棕榈、滇杨等为主；下部及公园核心区以云南樱花、滇杨、竹类、滇合欢等为主。总体上，大树古树少，高质量的景观树，花灌木少，植物景观差。公园中部植物景观较好，但其余部分，如面山、新增区域、服务区域等，植被景观单一。规划大型林中草地，选择多品种、多层次、季节变化丰富的植物进行配植，如合欢、樱花、杜鹃、山茶、报春、龙胆等。外围的农田景观要与水系廊道景观、山体防护林景观连接起来。建设面山防护林、农田防护林带、水土保持林带等，通过防护林带将上关花公园、花甸坝等景点连成一线。同时，也把农田景色保护下来，展现公园的田园景致，金黄色的油菜花、金色的稻谷，映衬苍山的白雪，景观优美。在 2 条溪流两侧营造大于 25 m 宽的水土保持林带。

3）水。蝴蝶泉，以泉映蝶是其奇观之景的特色所在，但现存景观远没有体现出来，因为公园水资源被过度使用，同时多年来周围山体的植被也遭受了大量毁坏，流过公园的溪流水流量减小，原来众多的泉源出水量也大为减少，伴随着洱海水位下降，地下水位也在下降，因此，总体上来说，公园水体有限，水景观资源不足。通过两条路径来改善水景观不足：一是扩大小山溪的规模，接引山水；二是沿蝴蝶箐山溪，引流进园，补充公园的水源。把南北向的山溪引水入园，将丰富和扩大园内的水体面积，构成一系列由水流形成的动态景观点：溪、涧、瀑、泉、湖等。在水流交汇处的林区中，沿路边设置各种名人诗词歌赋碑刻等，产生富有文化韵味的动态景区。逐渐恢复水道的自然本色，拓宽下游河道，治理污染（特别是下游穿越村镇的区段），并利用河道的自然生态过程进行净化，同时，以河道连接残缺的景点。沿下游逐步完善与洱海湿地保护圈、洱海水域的生境综合体。沿上游与水土防护林带、面山防护林等成为一个整体。

4）人文景观。白族具有独特的民族传统、风俗习惯等，居住在蝴蝶泉周围的白族人民，用美丽的神话传说来述说蝴蝶的成因，揭示了白族人民向往爱情生活的愿望。白族人亦把化蝶的英雄当作周城的本主来祭拜，并在每年农历四月二十四日举办蝴蝶会，进行对歌、男女约会等活动来庆祝这一节日，其民族化的建筑、服饰、语言、风俗等，为蝴蝶泉公园增添了独特的风貌。蝴蝶泉周围全是白族村落，保留着传统的生活习俗。应增加对公园历史文化的了解、发掘地方文化特色。公园内以白族风格为建筑主体，综合展示民族风情：婚嫁、服饰、上新房、对歌等。花海纵横中点缀反映蝴蝶与爱情相关的雕塑、造型等，让怀着美好爱情向往的男女们在花海与缤纷的彩蝶中，默默感受这一缤纷浪漫的情谊，深深地被情都的魅力所吸引，让情都成为美好爱情的象征。可附带开发一些有爱情纪念意义的民俗民间工艺品等作为有情人的爱情信物等，呼应蝴蝶泉"情都"的称号。

（3）控污减排方案

蝴蝶泉对水环境的污染产生的废水主要为生活污水和饮食餐厅产生的餐饮废水。旅游活动中产生的难于降解的垃圾，由于没有及时清理而导致土壤肥力和营养状况下降，对植物的生长产生一定的影响，进而影响水质。生活与旅游污水没有经过处理而排放，其中的化学物质（特别是洗浴中使用的含磷等的洗浴产品）造成对水质的污染，形成富营养化。因此需要对此进行控制，可采取以下规划措施：①增加园内植被以及建立周边生态防护林体系；②提高水质，引水入园；③用"大生态旅游"理念统领蝴蝶泉发展；④加强配套治污工程。

具体的过程如图6-3所示。

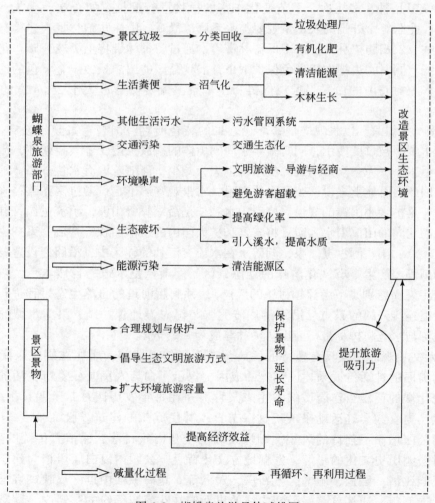

图 6-3　蝴蝶泉旅游具体减排图

（4）结构减排

产业结构调整可以合理利用资源，控制污染，达成环保目标。通过产业结构调整，扶持能耗小、污染少的产业，调整资源的合理分配，一方面可以显著地降低环境污染，达到环境保护的目的；另一方面可以实现经济增长的目标。

在洱海流域，由于农产品加工与社会服务体系落后以及农业生产特征等原因，农业内部结构升级滞后，水利等基础设施整修不力，水土流失严重，抵御自然灾害能力较弱，使农业生产处在"靠天吃饭"的状况，经济效益不高。农产品生产过程中的污染问题严重，生产过程中化肥、农药的无节制使用既影响了农产品的品质，而且对环境污染严重。农业产业结构中的低科技利用率不利于产业内部资源消耗率的降低，容易对生态农业产生破坏。

洱海流域工业产业结构中重工业占比持续上升，重化工业属于高污染、高消耗的产业门类，如果按照传统模式来发展重化工业，将对流域生态环境质量带来较大的破坏。洱海流域的主要工业产品包括卷烟、啤酒、茶叶、水泥、汽车等。重化工业的产品产量迅速提高，高污染的行业和产品如硫酸、塑料制品等，最近几年产量没有下降，有的甚至快速增长。另一方面由于地形地貌条件所限，大理的铁路和机场建设相对落后，公路基础设施也不很发达，大多数公路级别低、通过能力差、抗灾能力弱、运输成本高，致使流域工业产品的对外运输受到极大的限制，很多资源优势不能转变为经济优势。工业产业一方面经济效益受限，另一方面需要控制环境污染。既需要进行工业内部结构调整，也需要进行外部调整，努力发展高产值低污染的旅游业。在节约资源的同时降低环保成本。

蝴蝶泉作为洱海流域旅游业中的代表之一，对环境污染少，且其污染可控。在工业农业转向旅游业的产业结构调整中，值得大力发展蝴蝶泉旅游。发展蝴蝶泉项目可以吸收部分从农业工业转移的剩余劳动力，在保护环境的同时带来经济效益。另一方面，与洱源流域其他旅游资源相比，蝴蝶泉历史悠久，具有独特的白族文化底蕴，具有品牌效应，因此也值得进一步推动蝴蝶泉的发展来带动旅游业的整体提升。

（5）效益分析与评价

1）环境效益。通过图6-3所示的一些环保措施，增加了植被数量与质量，提高水质，降低了能源污染等，可以显著降低对水环境的污染，通过净化系统，可以将污水进行循环使用，对洱海流域的水环境起到保护的作用。

2）经济效益。通过这些措施，提高蝴蝶泉公园的整体水平，增加对游客的吸引力，进而增加客源，提高收入。蝴蝶泉能容纳的从业人员更多，解决了部分就业问题，分担了在产业调整过程中从农业工业中转移的剩余劳动力。发展后的蝴蝶泉在原有的基础上带来更多的旅游收入。

3）社会效益。蝴蝶泉的发展可以很好地带动大理的第三产业，保护和推广了传统白族文化，提高了人们对洱海流域水环境保护的认识以及从自身做起的意识。

（6）保障措施

1）政策措施。建立健全目标责任考核机制，制定指标体系和考核实施办法，将蝴蝶泉旅游可持续发展和旅游结构调整的主要任务，分解落实到相关部门，加强对目标责任、工作进度的跟踪检查和阶段性问责、问效。政府各部门根据各自职能，把旅游产业发展和结构调整的主要任务与本部门年度计划和中长期规划紧密结合，切实保障各项任务的实施和完成。

2）技术措施。要坚持旅游业发展的科学性和合理性，加强蝴蝶泉旅游业生态-经济-社会和谐发展的科学研究和技术支持。做到科学规划、科学设计、科学发展、科学监管。

3）法制措施。在蝴蝶泉旅游发展中，严格遵循和执行《大理州洱海管理条例》等法律法规。加强法制建设，运用法律手段确保洱海旅游业的环境友好型发展。

4）经济措施。充分发挥政府投入对旅游产业发展的引导性作用，确保发展专项资金的投入，并积极争取国家和上级各级政府的支持，吸引更多社会资金投入旅游可持续化发展的建设，放大政府资金的引导效用。探索建立旅游开发生态补偿基金和生态质量保障基金，为蝴蝶泉旅游发展提供经济保障。

6.2.7 热都洱源温泉

（1）调整规划指导思想

洱源具有丰富的地热资源，作为规划中的"热都"，发展温泉旅游可以很好地推动洱源旅游业的发展，吸纳从第一产业第二产业向第三产业调整中的剩余劳动力，降低对水资源的污染，提高人们的收入，改善生活条件。温泉水是一种特有的资源，温泉开发设计应结合自然环境、人文环境与地域特色形成综合性、多样性的"特色景观"设计。洱源温泉开发要注意生态保护与项目开发同步进行；提高温泉资源开发的综合性和开发层次，以适应市场需求；提高环境质量，结合自然地形，创造富于特色的温泉旅游、度假环境。

（2）调整规划

洱源地热资源丰富，洱源县埋藏在地下热储的地热资源量（热储热能）3.025 EJ，可采地热资源量（井口热能）0.844 EJ。有效利用资源量（有用热）0.203 EJ（相当于近3000万 t 标准煤燃烧产生的热量）。洱源拥有 13 处地热区，然而现今仅对洱源盆地北部的牛街地热田开展过地热资源普查和洱源盆地南部的茈碧湖镇地热田进行过较详细的调查。只有茈碧湖镇地热田进行了项目开发。本规划从茈碧湖镇地热田现有项目进行调整升级；对牛街地热田进行未来规划以及对未勘探调查过的其余地热资源进行规划。

1）茈碧湖镇地热田。茈碧湖镇地热田地热资源丰富、景观奇异，具备直接利用和开发容易的地热地质条件，开发利用潜力较大。茈碧湖镇地热田的热水不能作为饮用水和饮用天然矿泉水开发利用，但却是良好的沐浴用水和医疗矿泉水。茈碧湖镇热田内今有地热开采水井 9 口，主要用于沐浴和娱乐康体活动。各开采井情况，见表6-3。

表6-3 苴碧湖镇热田开采情况简表

单位	井号	井深（m）	开采量（m³/d）	开采井启用时间
地热国	1	252.6	120	2003年11月8日
地热国	2	287.54	180	2004年1月6日
地热国	3	329.74	840	2004年7月13日
江干村热水井	2	182	停用	2003年9月12日
九气台宾馆	1	287	300	1996年
洱海源宾馆	1	80	200	2003年
九气台大众浴塘	1	42	60	2002年
九气台名汤澡塘	1	18	60	2002年
九气台新平澡塘	1	24	100	2001年7月
合计开采量			1 860	

现阶段主要的项目有：大理地热国、九气台宾馆、洱海源宾馆、九气台名汤澡塘、九气台大众澡塘和九气台新评澡塘。

依托"地热国"，在现有的基础上增建热矿泉水疗养院一处，国际标准游泳池一个，恢复九气台露型地热景观。九气台周围有众多地热泉群，应改建为休闲、旅游景点，为一处观赏型地热资源地。

文庙温泉改为公园，对院内及附近的温泉及泉华（钙华体）要维护，保留观赏型地热景观点。

2）牛街地热田。1996～1998年，西藏自治区地质矿产厅地热地质大队对牛街地热田进行了普查工作，运用地热地质、水文地质、地球物理、地球化学、测量及综合测井、放喷试验等方法和手段，圈定热田面积2.3382km²。其中：中高温带状热储面积1.1638km²；中低温层状热储面积1.1744km²。热田内施工两口勘探井，其中ZK203井最高温度140.9℃，天然放喷式汽水总量27.1 t/h，发电潜力286 kW。牛街地热田依托苴碧湖镇地热田的开发情况，结合市场需求，进行详查或勘探。从旅游业、农副业、加工工业的角度进行综合利用，如地热温室栽培、育秧、花卉、养殖、人工菌、谷物烘干、蔬菜水果脱水、牲畜屠宰清洗、禽类孵化和育雏、烟草产业中的烤烟、乳业中的牛奶脱水、梅果业中的梅果脱水、制果脯等。

3）其他11个地热区。对全县其他11个地热区开展较详细的调查工作，摸清地热资源的情况，选择资源条件较好的地热区，结合市场需求和环境保护进行勘查工作。

（3）控污减排方案

温泉项目施工期可能对地表水环境造成的不良影响有：建筑材料在雨季或暴雨期随雨水进入水体、混凝土拌和系统废水、施工机械冲洗废水以及生活污水。施工期每天产生的施工废水及生活废水若不经处理直接排入洱海，将会对其水质产生不良的影响。此外施工期施工人员的粪便及生活垃圾若直接排入水体也会产生不良影响。

温泉项目运营期对地表水环境的影响：在运营期产生的废水主要为生活污水和饮食餐厅产生的餐饮废水。旅游活动中产生的难于降解的垃圾，由于没有及时清理而导致土壤肥力和营养状况下降，对植物的生长产生一定的影响，进而影响水质。生活与旅游污水没有经过处理而排放，其中的化学物质（特别是洗浴中使用的含磷等的洗浴产品）造成对水质的污染，形成富营养化。

温泉旅游污染是少量的，也是可以控制的。①施工期：尽可能避开在雨季进行土石方开挖，及时清运施工废渣；加强对施工机械的维护，避免油料泄漏随地表径流进入水体；施工区修建简易旱厕，防止生活污水污染水体；严禁生活垃圾乱丢乱弃污染水体。②运营期：在景区宾馆、住宅群、步行街、饮食等处建设生活污水处理装置，污水经地埋式无动力处理装置，处理达标后排放至市政污水管网，汇入城市污水处理厂；餐饮、酒店的剩余物，应及时处理，不得混入污水中；选用环保型洗涤剂，以减轻对水质的污染；实施中水回用，中水可用于冲洗厕所和灌溉花木，并减少总的耗水量和污染。

（4）效益分析与评价

1）开发利用的经济效益。以地热景观和利用地热资源为特征的"云南九气台旅游风景区"于 2002 年 12 月 28 日破土动工，总投资 3.6 亿元，至 2004 年年底完成投资 1.4 亿元。同年，云南九气台旅游风景区已取得较好的经济效益。2008 年地热旅游总收入 3675万元，占全县旅游业社会总收入 3.6 亿的 11% 左右。

2）社会效益。科学、合理地开发地热田，非常有益于以地热为特色的"云南九气台旅游风景区"的建设和发展，并可更好地带动全县的第三产业。同时，在云南省地热资源、旅游资源较丰富的地区可以起到示范作用。提高洱源地热在全国的知名度及全镇人民对自家宝贵的地热资源和地热景观的认识和保护、爱护地热资源的意识。

3）环境效益。洱源的地热田属于中低温热田，主要利用水中的热能。热水中虽然有些指标对饮用水标准、农灌水标准、渔业养殖水标准超标，但这些有害元素含量较低，地热废水加以处理即可达到排放标准。因此，开发利用地热田热水，不会造成废水危害和有害元素的危害，相反，开发地热水取得了相当的能源，节省了燃料，保护了生态环境。

（5）保障措施

1）规划地热资源的开发利用，要依据地热资源条件和经济、社会发展情况，统一规划，依靠科技，讲求实效的原则。

2）由政府牵头，多渠道融资进行地热田勘探和开发。

3）规划的实施步骤首先是发散、单独供热的项目，进行梯级利用、尾水除污排放等，起到示范作用；第二步先易而后难（应用技术或企业本身）进行推广应用；第三步集中供水、供热区或企业，达到规划目标。

4）政府监督管理到位，建立和完善地热开发利用管理机构、制度，加强法治建设，依法管理。建立健全管理审批制度，同时在地热开采井审批时，多考虑地热资源保护以及环境保护措施的实施。

5）规定温泉洗浴使用循环水，洗浴使用无磷产品，保护水环境。

6.2.8 针对增展游客游期的整体问题和解决方案

（1）旅游现状和问题

从滇西南的旅游线路看大理是旅游线路上不可缺少的一站，但仅仅是一小站而已，在各大旅行社和旅游网安排的游线上大理只有一天。在短短的一天内游人像赶场子一样从蝴蝶泉被带到崇圣寺，再到大理古城，同时很多游客对大理的评价并不高，认为"大理古城只是一个卖旅游纪念品的地方""如果去丽江就不用去大理古城"。虽然大理的景点相对集中，但并不是紧挨着，还是有一定距离的。这样游客把大部分时间都用在路上，所到之地连走马观花都算不上，急匆匆地来，急匆匆地走。这样与旅游相关的餐饮、住宿、交通、游玩、购物、娱乐等基本上没有多大的收入。

从大理旅游的现状不难发现目前大理旅游业面临的首要问题是如何增展游客的游期，改变大理作为旅游集散地的现状。

（2）增展游客游期的指导思想和目标

1）增展游客游期的指导思想。结合大理旅游的现状，以保护作为大理母亲之湖的洱海为首要前提，以流域景区的环境容量为标准，为"六都，一道，一廊，一游线"的实施提供良好的前提条件，同时又使"六都，一道，一廊，一游线"促进增展游客游期目标的实现，制定增展游客游期的总体规划方案。

2）增展游客游期的目标。短期内使打算在大理旅游停留半天到一天的游客延长逗留时间，至少停留两天至三天，长期内使在大理旅游的游客停留时间平均达到五天以上。

（3）增展游客游期的规划原则

1）不增加对洱海水质污染的原则。

2）在环境容量范围内的原则。

3）保护环境的原则。

（4）增展游期的总体规划方案

1）明确旅游的主题定位。以满足游客个人旅游需求、提供新奇经历、创造有吸引力的旅游形象三个方面为导向，明确大理的旅游主题。

2）加强市场意识。主动了解当前国内外旅游市场的新动向，掌握随着时间推移，社会发展变化引起的游客对旅游产品和旅游业服务方面的各种新需求，以游客为导向。

3）合理调整空间布局。在现有的旅游资源基础上，针对不同的游客群体，安排适合不同游客的旅游线路。即使相同的游客，也可提供不同的游线供其选择，因为有些游客会不止一次来大理旅游，让他们有每次来都有不一样的游线，不一样的体会。这样既能增加当期游客旅游选择的多样性，还增加了其再次来游玩的兴趣。

4）借鉴其他地方采取套票促销的形式。在安排不同的旅游线路的同时，可安排有一定优惠折扣的套票，这样既延长了游客的行游路线，增加收入，又使游客得到了实惠。

5）旅游产品设计。通过对当地旅游品牌策略的深入研究，努力提高产品的档次和品位，改进对旅游产品的设计和包装，增加各个景区的吸引力。

6）市场营销。改变以往被动宣传的局面，在当前竞争激烈的旅游市场上，主动出击，充分利用媒体和网络资源，做好大理旅游景区的宣传。

7）政府要对当地的旅游业给予适当的支持，加大投入，随着社会的进步和人们生活方式的改变，改进旅游业的经营方式，提高标准化水平，加大旅游企业收入在总收入构成中的比重。

8）加强旅游业从业人员的职业教育，进一步提高他们的服务水平，并加强其职业道德建设。

6.2.9　推广开展生态休闲度假旅游

为了改变单一的传统观光旅游模式，在保护洱海及周围的生态环境的基础上，更好地实现洱海流域旅游业发展，使环境效益、经济效益和社会效益三者有机地结合，实现可持续发展，洱海流域可以发展减排能力强且经济效益好的生态休闲度假旅游模式，其可同时兼顾生态环境和经济效益。

（1）自身条件

洱海流域有丰富的自然旅游资源和人文资源，且具有独特的高原山水风光。整体给人一种古朴、恬淡的感觉，一直以来都被人们认为是适宜人居住的地方。过去大理一直重视对人文景观的开发和利用，人们想到大理主要是想到大理的三塔、蝴蝶泉、《天龙八部》中的大理国。到大理旅游的人们也主要是去大理的人文景点，很少会想到大理独有的自然景观。事实上，大理的自然资源还处于欠开发的状态。

（2）环境可行性分析

生态休闲旅游简称生态游，国际自然保护联盟（IUCN）特别顾问谢贝洛斯·拉斯喀瑞（Ceballas-Lascurain）于1983年首次提出了两个要点：其一是生态旅游的对象是自然景物；其二是生态旅游的对象不应受到损害。在洱海流域发展生态旅游即是保护洱海及其周围环境的需要，也是顺应旅游业发展趋势的需要。

首先，生态旅游更注重大自然的原生态景观保护和自然环境的保护，其给洱海的水质带来的污染不大，能带来巨大的经济效益。同时发展生态旅游能实现可持续发展的目标，良好的自然环境会反过来促进旅游业的发展，将使旅游和环境保护形成良性循环。

其次，生态旅游的景点大部分都远离洱海，发展生态旅游有利于旨在保护洱海水质的洱海流域旅游业和产业结构调整。保护洱海水质的旅游业调整是要在空间上改变近洱海地区的游客众多、远离洱海地区游客稀少或没有的现状，在减轻近洱海游客压力，减少其对洱海水质的污染的同时，吸引游客到远离洱海的景点。保护洱海的产业结构调整是减少对洱海水质污染严重的产业如农业和养殖业的规模和数量，增加对洱海水质污染少或小的产业如与旅游业相关的几大产业的规模和数量。

最后，发展生态旅游，不仅能提高当地人们保护环境、爱护环境的自觉性，还能使游客在旅游过程中注意对周围环境的保护。

（3）经济可行性分析

经济可行性主要针对生态度假休闲旅游的投资及其产生的经济效益、实现区域经济发展目标、有效配置经济资源、创造就业、提高人民生活等方面的效益。

首先，因为生态度假休闲旅游是以原生的自然景观为主，所以不需要进行大规模的建设，只要适当地采取保护措施，就可以带来巨大的经济收益，同其他项目相比可减少建设投资，节约社会资源。

其次，发展生态休闲旅游不仅可以较长时间地增展游期，还可以在增加游客在洱海流域旅游期间的逗留时间的同时增加与旅游业相关的六大产业——吃、住、行、游、购、娱各种项目的消费，实现洱海流域产业结构调整要实现的提高旅游业收入在地方国民收入中比重的目标。

最后，发展生态旅游业可以提供许多新的就业岗位，增加当地的就业人数，还可以调节当地劳动力就业结构，并提高他们的收入，改善他们的生活。

6.3　洱海流域旅游及配套服务业控污减排方案

洱海流域旅游业控污减排总方案见表6-4、表6-5、表6-6。

表6-4　洱海流域旅游业控污减排方案　　　　　　　（基准年：2008年）

名称	近期（2015年）	中期（2020年）	远期（2030年）	规划措施
旅游业污染物污染相对于基期变化率	-7%	-14%	-25%	①核心区—辐射区分工合作 ②"六都、一道、一廊、一游线"集中规划 ③通过提升旅游产业结构、控制游客规模、增加单客消费、改善总体效益，优先发展高产值低排放的旅游行业 ④用"大生态旅游"理念统领旅游业发展 ⑤近期取缔沿湖农家乐 ⑥规划和实施控制分区 ⑦加强配套治污工程

表6-5　洱海流域旅游业污染物预期污染排放总量（中排放方案）

（基准年：2008年）　　　（单位：t）

近期（2015年）			中期（2020年）			远期（2030年）		
COD	TN	TP	COD	TN	TP	COD	TN	TP
312.86	157.14	14.29	372.14	186.43	15.71	432.80	216.40	18.40

表 6-6 洱海流域旅游业污染物预期污染削减量（中排放方案）

（基准年：2008 年）　　（单位：t）

近期（2015 年）			中期（2020 年）			远期（2030 年）		
COD	TN	TP	COD	TN	TP	COD	TN	TP
21.9	11.0	1.0	52.1	26.1	2.2	108.2	54.1	4.6

6.4 洱海流域旅游及配套服务业控污减排
方案效益分析与评价

6.4.1 旅游业环境–经济效益

洱海流域旅游业环境–经济效益见表6-7。

表 6-7 洱海流域旅游业环境–经济效益（中排放方案）（基准年：2008 年）

	近期（2015 年）			中期（2020 年）			远期（2030 年）		
	COD	TN	TP	COD	TN	TP	COD	TN	TP
游客人均污染物（kg/万人）	0.546	0.274	0.025	0.477	0.239	0.020	0.287	0.143	0.546
旅游业万元产值污染物（kg/万元）	0.299	0.150	0.014	0.177	0.088	0.007	0.051	0.025	0.002

6.4.2 旅游业经济效益

（1）政府投资匡算

洱海流域"六都、一道、一廊、一游线"宏观调整规划所需政府投入，包括地上原有建筑物、构建物拆除费用、场地平整费和通水、通电、通路费用。这些费用可以根据实际工作量，参照有关计费标准估算。经课题组初步匡算，政府投资见表6-8。

表 6-8 洱海流域旅游业宏观调整规划政府投资匡算　　（单位：万元）

景区	近期（2015 年）	中期（2020 年）	远期（2030 年）
风都	100	200	400
古都	100	200	300
情都	100	300	500
佛都	100	200	200
花都	300	200	500
热都	100	200	200
一道	400	400	200

续表

景区	近期（2015 年）	中期（2020 年）	远期（2030 年）
一廊	300	500	200
一游线	300	400	300
小计	1 800	2 600	2 800
合计		7 200	

（2）政府投资效益

政府投资经济及环境效益，见表 6-9、表 6-10。

表 6-9　政府投资经济效益　　　　　　　（基准年：2008 年）

指标	近期（2015 年）	中期（2020 年）	远期（2030 年）
政府投资对游客数量变化的影响（万人/万元）	+0.115	+0.074	+0.192
政府投资对旅游总收入变化的影响（万元/万元）	+353.72	+407.46	+2292.79

表 6-10　政府投资环境效益（中排放方案）

基准年：2008 年（单位：kg/万元）

指标	近期（2015 年）	中期（2020 年）	远期（2030 年）
政府投资对旅游业 COD 污染量变化的影响	−12.17	−20.04	−38.64
政府投资对旅游业 TN 污染量变化的影响	−6.11	−10.04	−19.32
政府投资对旅游业 TP 污染量变化的影响	−0.56	−0.85	−1.64

6.5　洱海流域旅游及配套服务业控污减排方案保障措施

6.5.1　政策措施

建立健全目标责任考核机制，制定指标体系和考核实施办法，将流域旅游可持续发展和结构调整的主要任务，分解落实到相关部门，加强对目标责任、工作进度的跟踪检查和阶段性问责、问效。政府各部门根据各自职能，把旅游产业发展和结构调整的主要任务与本部门年度计划和中长期规划紧密结合，切实保障各项任务的实施和完成。

6.5.2　技术措施

要坚持旅游业发展的科学性和合理性，加强洱海流域旅游业生态–经济–社会和谐发展的科学研究和技术支持。做到科学规划、科学设计、科学发展、科学监管。

6.5.3　法制措施

在旅游业发展中,严格遵循和执行《大理州洱海管理条例》等法律法规。加强法制建设,运用法律手段确保洱海旅游业的环境友好型发展。

6.5.4　经济措施

充分发挥政府投入对旅游产业发展的引导性作用,确保发展专项资金的投入,并积极争取国家和上级各级政府的支持,吸引更多社会资金投入旅游可持续化发展的建设,放大政府资金的引导效用。探索建立旅游开发生态补偿基金和生态质量保障基金,为旅游业可持续发展做好经济保障。

7 | 洱海流域产业结构调整规划的评价研究

7.1 洱海流域产业结构调整的评价体系构建

7.1.1 研究背景

洱海流域的产业结构，经过几十年的努力，已经扭转了以农业为主体、工业十分落后的局面，基本形成了以加工业、商业为主的产业结构。2006 年，第一、第二、第三产业占流域内生产总值比例分别为 27.8%、35.6% 和 36.7%。但从总体上看，其产业结构还不合理，资源优势尚未充分发挥，可归纳为：第一产业在国民生产总值的比重仍然较高，特别是在大农业中，农业所占的比重还比较高，林、牧、副、渔生产水平还比较低；第二产业在国民生产总值的比重虽明显上升，但产业加工层次和技术水平还比较低，吸收现代科技成果的能力还很有限，显得还很不成熟；第三产业虽然加速发展，但市场发育还很不完善，服务能力还有待提高。具体表现为以下几点。

(1) 农业结构单一，布局不甚合理

结构单一、布局不甚合理、抵抗市场风险能力弱是当前第一产业发展面临的突出问题，这不仅限制了洱海流域水污染治理的效果，也直接威胁到农业和农村经济的稳定和可持续发展。

(2) 工业企业规模小、支柱产业单一

洱海流域工业产业的现状可以概括为四个特征：企业规模小，工业集中度低；产品档次低，品牌产品少；支柱产业单一，产业间缺乏关联度；产业内部结构不合理，企业组织形式落后。

(3) 旅游品牌意识不强，质量有待提高

旅游产业已成为本流域的支柱产业之一，基本形成以自然观光旅游为主，以宗教、建筑观光旅游，民族风情旅游为辅的产品格局。但就总体而言，洱海流域的旅游开发还处于初级阶段，还处在靠单纯增加旅游接待人数来提高旅游收入的低级发展阶段，给社会和生态环境造成较大压力。

(4) 流域综合保障体系尚需健全

公共服务体系：在洱海流域，城乡生产和生活污水处理体系才处于起步阶段；水环境监测和评估方案不科学，且水文部门和环境部门的数据不同步，不耦合；新型节能和环保技术推广和应用机制不健全，缺少提高劳动力素质的专门机构和有效的培训方法；服务于弱势群体的社会保障体系也有待建立和完善。上述问题将在即将开展的产业结构调整和社会经济转型中表现得越来越明显。如不妥善处理这些矛盾和问题，必将大大增加洱海流域治理的政治风险、社会成本和财政负担。

（5）产业结构调整所引发的观念转变问题

产业结构调整所引起的教育优化与观念更新将对当地的历史与文化传统、劳动力就业结构、环保意识、娱乐休闲等产生难以预期的负面后果，如对当地延续已久且较为健康的历史传统的冲击，引发排斥心理和文化震荡等问题。

因此，从流域的产业结构现状可以看出，洱海流域的产业结构迫切需要调整，这不仅是由于其自身存在的问题，而且由于其是一项关乎民生的大事。做好洱海流域的产业结构调整，不仅使环境得到改善和保护，也使当地群众得到切实的利益。

7.1.2　研究意义和思路

洱海流域产业调整是以洱海保护作为调整的基础和前提，所有的规划、开发和建设都服从洱海保护的需要，同时，在保护洱海的基础上发展三个产业，提高当地的收入，达到人与自然的和谐相处，实现可持续发展。调整和建立合理的产业结构，能够合理利用资源，提供劳动者充分就业的机会，推广应用先进的产业技术，获得最佳经济效益等。从而更好地促进经济和社会的发展，改善人民物质文化生活。具体地讲，其意义可以归纳为以下几点。

（1）洱海流域产业结构调整是实现流域经济稳定持续发展的一个根本条件

历史经验反复证明：什么时候产业结构严重失衡，经济就得不到稳定持续发展。经济的发展不仅要发展，更要可持续地发展，这是经过历史经验证明了的。

（2）洱海流域产业结构调整是提高经济效益的一个主要途径

洱海流域三大产业结构不是很平衡，经济效益不是很高，一些工业企业虽然效益高些，但是环境代价很高，所以有效的产业结构可以保证较高的经济效益。

（3）洱海流域产业结构调整是促进经济增长方式转变的一个重要因素

目前流域产业结构失衡在很大程度上是同工业过多的低水平的重复生产相联系的。所以，当前调整产业结构的一项重要内容，就是淘汰这些低水平的工业生产。显然，这有力地促进企业由粗放的经济增长方式向集约生产方式的转变。

（4）洱海流域产业结构调整是扩大就业的一个重要渠道

调整产业结构，优先发展第三产业，使其增长速度适当快于工业，对于当前扩大就业有重要的意义。

（5）洱海流域产业结构调整是改善人民生活的一个重要物质基础

当前调整产业结构，适度控制主要提供投资品的重工业增长速度，加快发展提供消费产品和消费服务的农业、轻工业和第三产业，就能为提高人民的物质文化生活提供充裕的物质基础。

（6）洱海流域产业结构调整是降低能耗物耗，减少环境污染，改善生态环境的一个重要抓手

当前工业发展过快，特别是高能耗、高物耗的工业发展过快，导致经济的发展以环境的牺牲为代价，因此，现在的产业结构调整建立在节能减排的环保理念上，在促进经济发展的同时，降低能耗物耗，减少环境污染，走环境友好型的可持续发展道路。

根据子课题二重点任务"湖泊水环境承载力计算与主要污染物控制研究"中确定的主要污染物控制方案和子课题三重点任务"流域社会经济结构优化布局与发展速度研究"成果，结合《洱海保护治理规划》的水质目标（近期Ⅲ类，远期Ⅱ类），分别针对流域生态农业、工业、旅游及配套服务业问题进行研究，进而制定相应的重点产业、产业下行业及经济部类的调整初步规划和建设方案，通过产业结构调整情景设计和风险分析，形成流域产业结构调整最优规划和建设方案，并构建相应的流域产业结构调整评价体系，对产业结构调整的经济效益和生态环境改善情况进行评价，为产业结构调整的后续改进与完善提供科学支持。

7.2 洱海流域产业结构调整的指标体系与评价方法

7.2.1 指标选取的原则

7.2.1.1 指标选取的基本原则

（1）科学性原则

指标体系必须能够全面地反映产业结构调整的各个方面，符合发展目标内涵，具体指标的选取要有科学依据，指标应目的明确、定义准确，而不能模棱两可、含糊不清，因为许多指标体系中的高层次指标值都是通过对大量基层指标值进行加工、运算得来的，如果选取的那些基层指标的含义模糊不清，那么它们的计算公式或运算方法就很难得到统一。同时所运用的计算方法和模型也必须科学规范，这样才能保证评价结果的真实和客观。

（2）简明性原则

目前的许多指标体系，为了追求对现实状态的完整描述，设置指标动辄成百上千个。从理论上讲，设置的指标越多越细，越全面，反映客观现实也越准确。但是，随着指标量的增加，带来的数据收集和加工处理的工作量却成倍增长，而且，指标分得过细，难免发生指标与指标的重叠、相关性严重，甚至相互对立的现象，这反而给综合评价带来不便。因此指标体系应该尽可能简单明了。此外，为了便于数据的收集和处理，也应对评价指标进行筛选，选择能反映该特征的主要指标形成体系，摒弃一些与主要指标关系密切的从属指标，使指标体系较为简洁明晰，便于应用。

（3）协调性原则

产业结构的调整保持人与自然关系的协调。要求人们改变过去那种传统的产业结构模式，对生态环境施加的污染负荷不要超出生态环境的承受能力，不要破坏自然界长期演化逐步形成的适宜于区域生态系统形成和发展的自然环境。自然资源的消耗和对环境质量的损害必须控制在自然生态体系可承受的范围内。同时经济还要保持适度的发展，这样才能更好地贯彻该政策。因此，根据协调性原则，人口、经济、社会的发展必须与自然资源和环境的承载能力相适应。

（4）整体性原则

洱海流域的发展是一个具有复杂性、不确定性、多层次性的开放性系统，不同区域有其不同的特点，而某一特定区域的发展又从属于一个范围更广、层次更高的发展系统。因此产业结构调整指标体系作为任何一个层次区域的总体目标必须是一致的，指标体系的建立就是要使评价目标和评价指标有机地联系起来，组成一个层次分明的整体。此外，设置指标体系时，既要根据区域不同的条件和特点，照顾地方的特殊性，考虑区域的具体情况，更要考虑到整体性原则。

（5）稳定性原则

作为客观描述、评价及总体调控区域产业结构调整的指标体系，在特定的阶段，其侧重点、结构及具体的指标项也就具有相对的稳定性。指标体系的这种稳定性使得其不随区域发展过程中一些非经济因素的变化而发生改变，但会因为区域进入新的发展阶段而产生新的变化。正是由于指标体系具有这种相对的稳定性，使我们有可能在特定的阶段对区域发展进行可持续的衡量、评价和调控，从而有利于区域朝向更为符合产业结构调整目标的方向发展，避免出现区域发展中的短期行为。

（6）动态性原则

洱海流域的产业结构调整是一个动态过程，是一个区域在一定的时段内社会经济与资源环境在相互影响中不断变化的过程。对于同一个区域，不同时期预示着不同的发展阶段。而不同发展阶段，区域发展的目标、发展模式、为达到目标而采取的手段均不相同，因而在构建评价指标体系的过程中侧重点自然也不同，至于处在不同时期的不同区域，受区域差异性、发展阶段性不同的影响，相互之间在可持续能力的建设上，采取的方式方法更是千差万别。作为评价旅游产业结构调整的指标体系，必然也有很大的差异。这就要求用于反映流域发展的指标体系，在动态过程中较为灵活地反映洱海流域的产业结构调整是否合理及完成情况。

（7）可操作性原则

由于洱海系统本身所固有的复杂性，许多指标体系在描述系统状态时，往往是较难操作的定性指标较多，而可操作的定量指标则较少，或者即使有一些定量指标，其精确计算或数据的取得也极为困难。这样就使得指标体系的可操作性不强甚至不具备可操作性。因此，在构建评价指标体系时，应在尽可能简明的前提下，挑选一些易于计算、容易取得并且能够在要求水平上很好地反映区域系统实际情况的指标，使得所构建的指标体系具有较强的可操作性，从而使我们有可能在信息不完备的情况下对区域可持续发展水平和能力做出最真实客观的衡量和评价。

7.2.1.2 评价指标体系的建立

本研究从环境–资源–经济–社会综合角度出发，把洱海流域作为一个复合系统，构建出流域产业结构调整评价度量的指标体系，见表7-1。

表 7-1 洱海流域产业结构调整评价度量的指标体系

目标层（A）	准则层（B）	指标层（C）
流域产业结构调整的评价指标体系构建	社会系统	C1 流域农村居民年人均纯收入（元/人）
		C2 流域城乡居民人均储蓄存款（元/人）
		C3 人口自然增长率（%）
	经济系统	C4 全社会固定资产投资总额（万元）
		C5 财政收入增长率（%）
		C6 第三产业占 GDP 比重（%）
	资源系统	C7 年末耕地总资源（hm²）
		C8 现价工业增加值用水量（m³/万元）
		C9 有效灌溉面积（hm²）
		C10 水产品总量（t）
	环境系统	C11 工业废水达标排放率（%）
		C12 工业固废综合利用率（%）
		C13 农用化肥施用量（折纯吨）（t）

7.2.1.3 部分指标说明

C1 流域农村居民年人均纯收入：指农村常住居民家庭总收入中，扣除从事生产性和非生产性经营费用支出、缴纳税款和上交承包集体任务金额以后剩余的，可直接用于进行生产性、非生产性建设投资、生活消费和积蓄的那部分收入。

C2 流域城乡居民人均储蓄存款：指某一时点城乡居民存入银行及农村信用社的储蓄金额除以城乡总人口。包括城镇居民储蓄存款和农民个人储蓄存款，不包括居民手存现金和工矿企业、部门、机关、团体等单位存款。

C3 人口自然增长率：指在一定时期内（通常为 1 年）人口自然增加数（出生人数减死亡人数）与该时期内平均人数（或期中人数）之比，一般用千分率表示。

C4 全社会固定资产投资总额：固定资产投资是社会固定资产再生产的主要手段。通过建造和购置固定资产的活动，国民经济不断采用先进技术装备，建立新型部门，进一步调整经济结构和生产力的地区分布，增强经济实力，为改善人民物质文化生活创造物质条件。

C5 财政收入增长率：指国家财政参与社会产品分配所取得的收入，用某一年的财政收入总值比上一年的财政收入总值，得到的结果就是某年的财政收入增长率。

C6 第三产业占 GDP 的比重：指第三产业的总产值比整个流域的总产值即 GDP 总值的比例。第三产业是衡量整个国民经济现代化水平的主要指标，对经济发展具有重要意义，其比例越高代表现代化水平越高。

C7 年末耕地总资源：指年末可以用来种植农作物、经常进行耕锄的田地，包括熟地、当年新开荒地、连续荒废未满三年的耕地和当年的休闲地（轮歇地），还包括以种植农业为主附带种植桑树、茶树、果树和其他林木的土地，以及沿海、沿湖地区已围垦利用的

"海涂"、"湖田"等面积。不包括属于专业性的桑园、茶园、果园、果木苗圃、林地、芦苇地、天然或人工草地面积。

C8 现价工业增加值用水量：现价工业增加值用水量（m³/万元）＝工业用水量（m³）/现价工业增加值（万元）。

其中：工业用水量指工矿企业在生产过程中用于制造、加工、冷却（包括火电直流冷却）、空调、净化、洗涤等方面的用水，按新水取用量计，不包括企业内部的重复利用水量。现价工业增加值指按当年的价格标准计算工业产值的增加值。

C9 有效灌溉面积：指具有一定的水源，地块比较平整，灌溉工程或设备已经配套，在一般年景下当年能够进行正常灌溉的耕地面积。

C10 水产品总量：指人工养殖的水产品和天然生长的水产品捕捞量。包括海水的鱼类、虾蟹类、贝类和藻类以及内陆水域的鱼类、虾蟹类和贝类，不包括淡水生植物。

C11 工业废水达标排放率：指城市（地区）工业废水排放达标量占其工业废水排放总量的百分比。工业废水排放达标量是指废水中行业特征污染物指标都达到国家或地方排放标准的外排工业废水量。按照考核要求，工业废水排放达标率要大于95%。

C12 工业固废综合利用率：指每年综合利用工业固体废物的总量与当年工业固体废弃物产生量和综合利用往年储存量总和的百分比。

C13 农用化肥施用量：指本年内实际用于农业生产的化肥数量，包括氮肥、磷肥、钾肥和复合肥。化肥施用量要求按折纯量计算数量。折纯量是指把氮肥、磷肥、钾肥分别按含氮、含五氧化三磷、含氧化钾的百分比成分进行折算后的数量。复合肥按其所含主要成分折算。

7.2.2 洱海流域产业结构调整评价方法

7.2.2.1 评价指标的标准化

本节通过极差法对各评价指标进行标准化处理，旨在消除不同指标间由于量纲所带来的影响，使各种不同含义的指标统一起来，以此表征生态安全的水平。在标准化处理中，正指标和逆指标的计算有所差别，其标准化计算公式也不同。

当评价指标为正指标时：

$$P_i = \frac{X_i - X_{min}}{X_{max} - X_{min}}$$

当评价指标为逆指标时：

$$P_i = \frac{X_{max} - X_i}{X_{max} - X_{min}}$$

式中，P_i 为标准化后该项指标的实际评价值；X_i 为某项评价指标的实际监测值；X_{max}、X_{min} 为时间序列数据的最大值与最小值。评价指标经标准化处理后，其数值介于 0~1。一般对于时间序列数据的正指标最大监测值定义 1，最小值定义为 0；逆指标的最小监测值定义 1，最大值定义为 0。

7.2.2.2 权重的确定

权重（weight）表示在评价过程中，对被评价对象不同侧面的重要程度的定量分配，它表示该指标在整体评价中的相对重要程度。目前，指标权重的确定主要分为主观赋权法和客观赋权法两种。主观赋权法是根据各指标的决策者主观重视程度进行赋权的一种方法，主要有特尔斐法（Delphi）、循环评分法、二项系数法、层次分析法（AHP）、经验估算法、意义推求法等。它反映了决策者的意向，决策或评价结果具有很大的主观随意性。客观赋权法是根据指标反映的一定规则自动赋予权重的一种方法，其评价结果可以尽量减少主观因素对各指标相对重要程度的影响，主要包括墒权法、主成分分析法、均方差法、目标规划法、因子分析法、聚类分析法等。在确定评价指标权重时，本文选取采用 AHP 法来确定权重，这样可以更好地体现在流域产业结构调整中环境改善和经济发展的成果。

层次分析法（analytic hierarchy process，缩写为 AHP）是美国学者 Saaty 在 20 世纪 70 年代提出的一种多目标决策分析方法。它把影响被评价对象的各种错综复杂的因素按照相互作用、影响及隶属关系划分成有序的递阶层次结构。根据对一定客观现实的主观判断，对相对于上一层次的下一层次中的因素进行两两比较，然后经过数学计算及检验，获得最低层相对于最高层的相对重要性权数，并进行排序。这一方法用于评价指标赋权时，有其独特的作用。其基本思路是，首先建立有序的递阶指标系统，然后主观地将指标两两比较构造判断矩阵，再根据判断矩阵进行数字处理及一致性检验，就可获得各指标的相对重要性权数，具体步骤如下。

（1）对指标进行两两比较，构造判断矩阵

判断矩阵见表 7-2。

表 7-2　判断矩阵

指标	X_1	X_2	$\cdots$	X_p
X_1	B_{11}	B_{12}	$\cdots$	B_{1p}
X_2	B_{21}	B_{22}	$\cdots$	B_{2p}
$\cdots$	$\cdots$	$\cdots$	$\cdots$	$\cdots$
X_p	B_{p1}	B_{p2}	$\cdots$	B_{pp}

$B_{pp} = 1 \sim 9$

9 表示 X_i 比 X_j 极重要　　　　　　　　9 表示 X_i 比 X_j 极不重要

7 表示 X_i 比 X_j 很重要　　　　　　　　7 表示 X_i 比 X_j 很不重要

5 表示 X_i 比 X_j 重要　　　　　　　　　5 表示 X_i 比 X_j 不重要

3 表示 X_i 比 X_j 稍重要　　　　　　　　3 表示 X_i 比 X_j 稍不重要

1 表示 X_i 比 X_j 一样重要

注：①1 表示两个元素相比，具有同样的重要性；3 表示两个元素相比，前者比后者稍重要；5 表示两个元素相比，前者比后者明显重要；7 表示两个元素相比，前者比后者极其重要；9 表示两个元素相比，前者比后者强烈重要。②2，4，6，8 表示上述相邻判断的中间值。③倒数，若元素 i 和元素 j 的重要性之比为 a_{ij}，那么元素 j 元素 i 的重要性之比为 $a_{ji} = 1 a_{ij}$。

（2）计算各指标的权数

层次分析方法的原理表明判断矩阵 B 的最大特征根所对应的特征向量就是各指标的权数向量。这样，计算各指标的权数就归结为求矩阵 B 的最大特征根所对应的特征向量。求解这一特征向量的方法很多，简单实用的是方根法。

方根法：

首先计算判断矩阵 B 的每一行元素的积 M_i，公式为

$$M_i = \prod_{j=1}^{n} B_{ij}, \quad i = 1, 2, \cdots, n$$

其次求各行 M_i 的 p 次方根

$$\overline{W_i} = \sqrt[p]{M_i}$$

最后对 W_i 做归一化处理，即得各指标的权数：

$$W_i = \frac{\overline{W_i}}{\sum_{j=1}^{p} \overline{W_j}}$$

（3）对判断矩阵进行一致性检验

第一步，计算最大特征值

$$\lambda_{max} \approx \sum_{i=1}^{p} \frac{(BW)_i}{pW_i}$$

式中，$(BW)_i$ 表示向量 BW 的第 i 个分量。

第二步，计算衡量判断矩阵偏离已执行的指标 CI，公式为

$$CI = \frac{\lambda_{max} - p}{p - 1}$$

第三步，从上式可以看出，一致性指标 CI 与指标个数 p 有关。为了得到不同指标个数均适用的检验一致性的标准，还需计算随机一致性比率 CR

$$CR = \frac{CI}{RI}$$

式中 RI 为随机一致性标准值，见表7-3。

表7-3　随机一致性标准值（RI）表

p	1	2	3	4	5	6	7	8	9	10	11	12	...
RI	0.00	0.00	0.58	0.90	1.12	1.24	1.32	1.41	1.45	1.49	1.52	1.54	...

当 CR<0.10 时，一般认为判断矩阵 B 具有满意的一致性，否则需要调整判断值，直至通过一致性检验为止。

（4）综合各层次的权数，就可求出各指标的最终权数

假定中间层相对于最高目标有 m 个因素，它们的权数分别为 $a_1, a_2, \cdots, a_m$，而第 i 个中间层因素包含 p_i 个评价指标，它们的权数分别为 $w_{1j}, w_{2j}, w_{3j}, \cdots, w_{pj}$，$p = \sum_{i=1}^{m} p_i$。则指标层中各评价指标相对于最高目标的权数为

$$w_i = \sum_{j=1}^{m} w_{ij} a_j, \ (i = 1, \ 2, \ \cdots, \ p)$$

（5）总的一致性检验

设中间层第 i 个因素的一致性指标为 CI_j，随机性一致比率为 CR，则总的随机一致性指标为

$$CR_{总} = \frac{\sum_{j=1}^{m} a_j CI_j}{\sum_{j=1}^{m} a_j CR_j}$$

如果 $CR_{总} < 0.10$，则认为各评价指标的最终权数的确定具有合理性。否则需要调整判断值。

7.2.2.3 评价方法

考察国际和国内通用的评价方法模型，本文采用综合指数法计算洱海流域产业结构调控规划的成效。

（1）评价指标的计算方法

根据评价指标与洱海流域产业结构调控的相关性和变化程度，可以分为正指标和逆指标。正指标是指目标期数据大于基准期数据，该指标越大，表明洱海流域产业结构调控效果越好，对环境改善的影响越大，如农村居民纯收入、工业固废综合利用率、年末耕地总资源等；逆指标是指目标期数据小于基准期数据，该指标越大，表明调控效果不明显，如第三产业产值占 GDP 的比重、现价工业增加值用水量、农用化肥施用量等。

1）正指标：

$$Y_i = \begin{cases} 1 & X_i \geqslant S_i \\ \dfrac{X_i}{S_i} \times 100\% & X_i < S_i \end{cases}$$

2）逆指标：

$$Y_i = \begin{cases} 1 & X_i \leqslant S_i \\ \dfrac{S_i}{X_i} \times 100\% & X_i > S_i \end{cases}$$

式中，X_i（$i = 1, \ 2, \ \cdots, \ n$）为第 i 项指标的目标期数据；S_i（$i = 1, \ 2, \ \cdots, \ n$）为第 i 项指标的基准期数据；Y_i 为第 i 项指标的调控效率指数。

3）单项指标调控效率值：

$$I = Y_i \times W_i$$

式中，I 是单项指标的调控效率值，W_i 是第 i 项的指标权重，通过相乘可以计算得出各单项指标的调控效率值。

（2）洱海流域产业结构调控效率综合值的计算

单项指标的调控效率值只能反映洱海流域产业结构调控效率的某一方面，只有将单项指标的调控效率值合成为综合值才能反映洱海流域产业结构调控效率的效果。

计算产业结构调控效率综合值的方法主要有：指数和法、指数积法和指数加乘混合法

等。考虑到指数和法是将各项指标以一定的权重相加而得到结果的，此方法操作简单，便于应用，故采用指数和法计算土地生态安全综合评价值，公式为

$$T = \sum_{i=1}^{n} Y_i \times W_i$$

其中，T 为洱海流域产业结构调控效率综合值，Y_i 为第 i 个指标的调控效率指数；W_i 为第 i 个指标的权重；n 为指标总数。

7.3 洱海流域产业结构调整评价

（1）2009~2010 年洱海流域产业结构调整测评

由于指标的量纲不同，首先利用前节所述的极差法对各评价指标进行归一化处理，然后运用层次分析法确定各指标的权重，结果见表 7-4。

表 7-4 洱海流域产业结构调整评价指标权重

项目	指标	权重
C1	流域农村居民年人均纯收入（元/人）	0.0317
C2	流域城乡居民人均储蓄存款（元/人）	0.0317
C3	人口自然增长率（%）	0.0106
C4	全社会固定资产投资总额（万元）	0.0289
C5	财政收入增长率（%）	0.0289
C6	第三产业占 GDP 比重（%）	0.1155
C7	年末耕地总资源（hm^2）	0.1131
C8	现价工业增加值用水量（m^3/万元）	0.2226
C9	有效灌溉面积（hm^2）	0.0506
C10	水产品总量（t）	0.0257
C11	工业废水达标排放率（%）	0.0880
C12	工业固废综合利用率（%）	0.0357
C13	农用化肥施用量（折纯吨）（t）	0.2171

（2）2009~2010 年洱海流域产业结构调整测评结果与反馈

通过前节的评价方法，计算得出洱海流域产业结构调控效率综合值为 87.04 分，总体达到近期规划预期效果，符合验收标准，但是部分项目仍有改进的空间。

测评结果表明，洱海流域规划方案整体设计合理，符合当地实际情况，当地政府大力支持，确保了方案的实施。在保证经济稳健、快速、健康发展的同时，使洱海流域水环境逐步改善，产业结构趋于合理化方向，在保证洱海流域经济增长的同时，达到了建设环保集约型社会的目标。

在对洱海流域产业结构调整测评的过程中，通过专家组建议，结合层次分析法设置指标权重，对环境和经济指标赋予较大的权重，突出规划的实施效果。通过测评，洱海流域

环境得到明显改善，水质达到规划的近期目标期望值。产业结构已经由"一—二—三"的产业结构成功转型为"二—三——一"的产业结构。但测评中的一些逆指标，如第三产业产值占 GDP 的比重，现价工业增加值用水量，农用化肥施用量，全社会固定资产投资总额等，同样值得注意。从这些指标的变化我们可以看出，洱海流域产业结构中产业增长速度良好，其中第二产业增长势头迅猛，对整个经济增长有突出贡献，第一产业保持增长的同时，比重稳步下降。第三产业稳定增长，但是在全流域经济发展中所占比重仍然不高，在未来的中长期规划中，产业结构要实现向"三—二——一"的结构转变，就必须大力发展第三产业，依靠旅游业及其配套服务业作为洱海流域发展的主要经济支柱，现阶段仍需加大社会基础设施建设投资，在保持经济稳定、良好、快速发展的同时，加快产业结构向第三产业倾斜。

保持第一产业增速稳定。以生态化现代农业发展为指导，以循环经济理念，重组农业生产模式，改变价值取向，以发展有机、绿色、无公害、观光、订单农业为导向，选择主导产业，确定区域品牌定位和最适产业规模。根据污染控制目标，通过农业结构调整与优化和农业技术进步，大幅度削减入湖污染物排放，形成绿色环保为主的生态化现代农业发展格局，同时调整第一产业比重逐年下降并趋于稳定。

第二产业高速、健康发展。以生态化现代工业发展理念为支撑，以发展绿色环保工业为导向，选择主导工业产业，确定流域工业产业的最适规模和工业企业的准入标准。根据流域污染控制目标，通过工业结构调整与优化，大幅度削减入湖污染物排放，形成绿色环保为主的流域现代工业发展格局。

继续加大第三产业投资。以洱海水环境保护和经济发展为目标的同时，以与旅游相关联的个人消费服务业、公共服务业等多种服务业集聚发展为内容；以农业与旅游业、城镇与旅游业融合发展为指导，形成流域多种旅游及其配套行业综合发展的格局，最终将洱海流域建成集"纯洁自然、南诏风情、地热王国"为一体的世界高原生态观光与民族风情度假休闲地。

保 障 篇

8 洱海流域治理综合保障体系建设研究

8.1 引　言

洱海位于云南大理白族自治州境内，是我国第七大淡水湖，云南省第二大高原淡水湖泊，海拔高度 1966m，湖面积 252.91km²，流域面积 2565km²，地跨大理市和洱源县的 16 个乡镇以及大理省级经济开发区和大理省级旅游度假区，白族、汉族、彝族、回族、傈僳族、藏族、傣族、纳西族等 23 个民族在此繁衍生息，流域总人口约 82.3 万，约占大理州人口的 1/4。

洱海是大理市主要饮用水源地，又是苍山洱海国家级自然保护区和国家级风景名胜区的核心，具有供水、农灌、发电、渔业、航运、旅游以及调节气候、生态平衡和保护水生生物多样性等多种功能，是整个流域经济社会可持续发展的基础。"洱海清，大理兴"，自古以来，洱海就一直被大理人视为"母亲湖"。

多少年来，苍山洱海、青山碧水，造就了大理灿烂的文明，也给生活在此的人们带来富足的生活。然而，随着洱海流域人口的增长和生产的发展，环境污染和破坏给"母亲湖"带来了严重的伤害。特别是人口的增长和资源过度开发，过去一度进行围湖造田，引进外来鱼种，大搞网箱养殖，以及随着流域工业快速发展和城镇迅速扩张，湿地被开垦侵占，原有的大型水生植物及陆生植物破坏严重，致使物种大量消失，流域生态环境逐渐恶化，大量的生活污染、工业污染及农业面源污染排入洱海，造成洱海水质不断下降。水质曾一度降到国家地表水Ⅳ类标准，1996 年和 2003 年洱海更是暴发了全湖污性蓝藻水华。

洱海生态环境的恶化引起了当地政府和中央的高度重视。自 20 世纪 80 年代，大理市、大理州及云南省就着手洱海的保护和治理工作。中央政府也不断加大洱海治理的政策支持和财政投入。一些水环境研究机构也纷纷参与洱海治理工作。不过，湖泊水污染治理是一个世界性的难题，尤其是在过去相当长一段时期，不少人将湖泊污染更多地视为水体污染并依赖工程技术防治。虽然通过修建减排控污设施、改进污水处理技术，在一定程度上缓解了水体污染，增强了水体自净能力，提高了水体品质，但是，面对流域人口急剧增长及快速工业化、城市化和现代化带来的生态环境破坏及污染，单纯的工程技术防治已是力所不及，穷于应付。现在，越来越多的人意识到，湖泊污染不仅与当地的自然环境、技术条件有关，也与湖泊流域的经济社会文化环境有关，尤其是受到流域的人口密度、村镇布局、经济结构、生产方式、行为习惯等深刻的影响。仅仅依靠技术手段和工程治污难以遏制环境恶化，难以根治湖泊污染。在工程技术处理的同时，必须采取社会行动，尤其是优化产业结构、转变发展方式、控制人口规模、合理布局城镇以及消除污染破坏环境的陈规陋习。换言之，在"工程治污"的同时应实施"综合治理"，尤其是通过产业经济结构调整和人口城镇科学规划布局等进行"经社控源"，才可能对湖泊污染进行有效的综合治理。

从洱海的污染源来看，大量的调查表明，农业面源污染占河流、湖泊营养物负荷总量的70%以上，是洱海最主要的氮磷污染源。在各种污染源中，农业非点源污染占河流、湖泊营养物负荷总量的70%以上。① 农业面源污染又主要来自畜禽粪便和化肥的流失。这与洱海流域奶牛养殖、大蒜种植、农业中工业中的乳制品加工有直接关系。为了加快发展经济，洱海流域的一些地方政府还一度将畜牧业、大蒜种植作为地方经济的支柱产业，大力推广，导致奶牛养殖业与大蒜等经济作物种植比例急剧增长。仅"十一五"期间，洱源县就规划将奶牛存栏数从2007年的6万头增加到2010年的10万头，大蒜种植面积也从4万亩跃升至10万亩。由于大蒜经济价值相对较高，连作问题突出，农民舍得投入，施肥量相当于其他作物的8~10倍，单一的种植结构不仅破坏了农田生物多样性，削弱了农田自身抗御病虫灾害的能力，而且增加了农田氮、磷污染负荷，加剧了环境风险；由于奶牛养殖方式比较传统，基本为人、牛同院，这不仅影响了农民居住环境，也为奶牛粪尿的处理和利用带来极大障碍。未经任何处理、裸露堆放的奶牛粪便在雨季很容易随暴雨径流污染洱海。一头奶牛的污染排放相当于30人的排放量。大理及洱海有其得天独厚的旅游资源，大理州2010年的旅游目标为接待国内外旅游者突破1250万人次，旅游社会总收入突破120亿元，年递增19.5%。虽然旅游是一种"绿色经济"，但是，大量的人口聚集也会制造生活垃圾，特别是一些温泉洗浴对水环境造成严重影响。从洱海流域的人口来看，2000年，流域总人口为82.14万人，2005年增长到87.1万人，2010年则达到92万人。据对"十二五"期间的测算，到2015年，洱海流域人口将达到94.65万，年均国民生产总值增长率保持在8%，则洱海水污染负荷的压力将成倍增加，这都将大幅度加重水环境负荷。

显然，洱海污染与过快的人口增长、过度的资源开发及不合理的产业结构、生产和发展方式有关。洱海治理不仅需要进一步加大技术投入，致力于应用现代技术以治理水染污并保护生态环境，同时，要进一步调整产业经济结构、控制流域人口以及转变生产、生活和发展方式，致力于源头治污。也正因如此，从"九五"开始，大理市、大理州和云南省就逐步转变洱海治理的思路，强调洱海的综合治理。至"十一五"，在洱海治理中已经明确提出"围绕'一个目标'（实现洱海Ⅱ类水质目标），体现'两个结合'（控源与生态修复相结合，工程措施与管理措施相结合），实现'三个转变'（湖内治理为主向全流域保护治理转变，从专项治理向系统的综合治理转变，以专业部门为主向上下结合、各级各部门密切配合协同治理转变）的思路"，治理工作突出"四个重点"（以城镇生活污水处理、湖滨带生态恢复建设、入湖河流和农村面源治理为重点），坚持"五个创新"（观念

---

① 据洱海项目课题组调查，洱海流域村镇每年大约产生垃圾15万t，污水1036万t，粪便291万t，由村落污染、牲畜粪便产生的污染负荷为COD 33889.4t/a，TN为7566.1t/a，TP为1552t/a，农村面源污染严重。2004年进入洱海的TP为106.25t，TN为1208.97t。

创新、机制创新、体制创新、法制创新、科技创新），并全面实施洱海保护治理"六大工程"（洱海生态修复、环湖治污和截污、流域农业农村面源污染治理、主要入湖河道综合整治和城镇垃圾收集污水处理系统建设、流域水土保持、洱海环境管理工程），洱海治理进入一个新的阶段。

目前，产业和经济结构调整是洱海综合治理工作的重点。如何在产业经济结构调整及有效减排控污过程中，保障流域经济增长、人民收入增加及社会政治稳定，实现洱海流域综合治理的"减排"、"增长"与"和谐"目标，最终构建生态环境友好的经济社会发展模式，保障人与自然、社会的和谐及经济社会可持续发展，不仅是工作的难点，也是洱海治理最根本的目标。从实践来看，产业和经济结构的调整不仅是产业结构的优化升级，更是一个复杂的生产、经济和社会调适及变革的过程，涉及流域资源的合理利用、资本和资金筹措投入、清洁技术引入更新及人口和劳动力转移以及转变发展理念和发展方式等方面。这些既是综合治理的工作内容，又是实现流域产业结构调整和洱海综合治理得以顺利实现的基本保障条件。正因如此，本报告旨在根据国家重大水专项洱海项目"洱海全流域清水方案与社会经济发展友好模式研究"的要求，对产业结构调整中的"流域综合保障体系建设"进行研究。报告旨在深入调查的基础上，对流域现行保障体系机制的绩效、存在的困难和问题进行分析与评估，根据流域农业、工业、旅游及配套服务业等产业结构的调整，研究相应的产业结构调整生态补偿体系、流域技术推广服务体系、剩余劳动力转移服务体系、社会保障及财政与资金保障体系等建设方案，为洱海全流域产业结构的调整和水污染治理目标的实现提供综合性的保障体系支持。

8.2　洱海流域综合保障体系建设的进展

这些年，流域内的综合保障工作取得了突出的成效。主要体现在如下几个方面。

8.2.1　积极探索洱海流域生态补偿机制

洱海流域是重要的生态功能区，承担了十分重要的生态保护和建设任务。为了苍山洱海的青山碧水，当地人民作出了巨大的牺牲，地方财政投入了巨额的资金，一些产业受到严格的限制，地方经济社会发展也因此受到了更多的制约。2006～2010年，仅洱源县环保投入就超过8000万元，相当于2009年县级财政一年的收入。当地没有上马任何污染项目，巨额的环保投入还使其他方面支出减少，地方财政捉襟见肘。为了进一步加大洱海流域治理及生态建设和环境保护的力度，建立流域污染防治和生态保护的共建共享及可持续机制，洱海流域的政府本着"谁开发谁保护，谁破坏谁恢复，谁受益谁补偿"的原则，积极探索建立资源有偿使用制度和生态环境补偿机制。

8.2.1.1　补偿源头地

治污先治源，洱源县是洱海的重要源头。洱海治理中，作为主要径流的源头地，洱源县责任最重，在经济上的牺牲也最大。作为补偿，2009 年，大理州政府决定实施洱海保护及洱源县生态文明重点建设工程，州财政为此需配套补助资金 8680 万元。在国际金融危机给财政经济发展带来较大冲击和影响、财政收支形势比较严峻的情况下，2009 年州财政仍在预算内安排了资金 2000 多万元。洱源生态文明试点县建设主要是打造以集镇截污治污和湿地净污为重点的生态基础设施体系，以调整和改革种养结构、生产方式为重点的生态农业体系，以造林绿化、林产业发展、生物多样性保护、矿山及小流域治理为重点的生态屏障体系，以打造高原水乡、泽国仙境、地热王国为重点的生态旅游体系，以限制和禁止发展对洱海有污染的产业为重点的生态工业体系，以生态理念规划建设村庄、集镇为重点的生态家园体系，以增强全民生态意识为重点的生态文化体系。

8.2.1.2 落实"三退三还"政策

1998 年修订的《洱海管理条例》将洱海水位提高至 1974m（海防高程，下同），从 1999 年开始实施第一轮"三退三还"（退鱼塘还湖、退耕还林、退房屋还湿地）政策。2001 年大理州政府投资 1300 万元，加大了实施"三退三还"政策的力度。到 2002 年 9 月，共实现"退塘还湖"4444.5 亩，"退耕还林"7274.52 亩，"退房还湿地"616.8 亩，还实现植树造林 5000 亩，种植柳树 48 万株。其中，退耕还林还扩大到洱海流域，共退耕还林 16.2 万亩。2004 年修订的《洱海管理条例》对水位进行了重新调整。根据重新确定的洱海水位高程，2007 年开始实施新一轮"三退三还"工程政策。对已退的 4879.117 亩农田，州、市政府每年每亩补助 100kg 原粮，剩余 2 年，原粮按每千克 1.64 元折价，一次性补偿兑现。对于"三退三还"应退未退的农田，一次性退田还海，每亩补偿 4392 元，并公开补偿标准，接受社会监督。

8.2.2 加强劳动力转移服务支持体系

8.2.2.1 扩大内需、促进发展，带动农民工就业

大理市充分发挥政府投资和重大项目带动就业的作用，大力培植产业，积极争取项目，扩大内需，促进发展，拉动就业，增加就业岗位。2010 年全市计划实施项目 185 个，总投资 277 亿元，年内计划投资 60.87 亿元。在重大项目开工建设时，尽可能为失岗、返乡农民工提供较多的就业岗位。积极扶持中小企业、劳动密集型产业和服务业发展，增强其吸纳失岗、返乡农民工再就业的能力。每年筹集不低于 5000 万元的企业发展基金，加大政策扶持，鼓励支持重点产业和企业发展。州、市党委、政府大力支持云南力帆骏马车辆有限公司等创业发展，带动了 7000 多名农民工就业，支持滇纺重组改制、搬迁技改，带动了 1200 多人就业。

8.2.2.2 强化政策扶持和引导，支持农民工返乡创业和投身新农村建设

大理市强化政策扶持和引导，鼓励支持农民工返乡创业和投身新农村建设，认真贯彻

实施鼓励创业"贷免扶补"政策,力争年内扶持293名创业人员实现成功创业。从2008年开始,大理市进一步加大了对新农村建设的政策、资金扶持,每年由市财政安排2000万元新农村建设专项资金,积极引导返乡农民工投身新农村建设。

8.2.2.3 加强就业服务和职业培训,促进农民工转移就业情况

大理市不断加强就业服务工作,到2010年5月,共为有外出就业意愿的农民工审核发放《云南省农民工服务手册》8669本。大理市积极促进农民工转移就业。三年来共转移就业30 779人,其中省外转移1633人;市外转移8798人;市内转移20 348人。

8.2.2.4 加强和改进农民工服务

积极保障农民工子女平等接受义务教育和开展关爱农村留守流动儿童。大理市深入贯彻《义务教育法》,切实保障农民工子女平等接受义务教育,将农民工同住子女义务教育纳入公共教育体系、城镇发展总体规划和教育事业发展规划。大理市涉及流动人口子女就读学校较多,外来寄读学生主要集中在下关、大理两城区、开发区和城乡结合部的学校。其中城区12所小学在校学生15 457人,外来进城务工人口子女就读学生有5722人,约占在校学生总数的37%;城区7所初中在校生9519人,外来进城务工人口子女就读学生有1397人,约占在校学生的15%。大理市切实加强对农村留守流动儿童的关爱,努力改善留守儿童的生活和学习环境,积极开展"共享蓝天"关爱农村留守流动儿童行动,切实解决农村留守流动儿童迫切需要解决的问题。

改善建筑工地农民工居住条件情况。大理市高度重视改善建筑工地农民工居住条件问题,鼓励和督促建筑企业重点解决农民工由简易工棚向适宜居住的标准化宿舍转变。

引导农民工参与社区事务管理情况。落实优秀农民工在就业地落户政策,使在城镇稳定就业和居住的农民,特别是举家进城并具有合法固定住所的农村居民有序转变为城镇居民。开展符合农民工特点的文化活动,不断丰富农民工精神文化生活。

8.2.3 改革完善新技术新产品推广体系

8.2.3.1 改革和完善基层农技推广体系

基层农业技术推广体系是设立在县乡两级为农民提供种植业、畜牧业、渔业、林业、农业机械、水利等科研成果和实用技术服务的组织。基层农业技术推广体系通过推广先进适用和清洁农业技术及品种不仅提高了农业生产的效率和效益,也有助于降低农业污染,维护生态环境,在洱海治理和生态保护中发挥了重要作用。不过,面对新形势、新任务,基层农业技术推广体系也存在体制不顺、机制不活、队伍不稳、保障不足等问题。为此,大理市和洱源县都大力推进基层农业技术推广体系改革。2009年,大理市入选全国第一批基层农技推广体系改革与建设示范县。根据国务院和省、州政府关于深化改革加强基层农业技术推广体系建设的实施意见,大理市按照明确职能、理顺体制、优化布局、充实一

线、创新机制的目标，对基层农业技术推广体系进行改革。2010 年，全市完成农技推广体系公益性职能设置、机构设置、人员编制核定、管理制度的制定等工作。明确了市、乡（镇）两级农业技术推广机构承担的公益性职能；撤销乡（镇）农业综合服务站，以"一乡（镇）一站"的方式设置，在开发区和度假区分别设置农科站、畜牧兽医站和水保站，并将乡（镇）农业综合服务站农科人员编制全部收归市级主管部门管理，在大理经济开发区、大理旅游度假区和各乡（镇）设立的农科站等为市级部门派出机构，承担基层农业技术推广公益性职能，要求确保三分之二以上农业技术人员在农、畜、水一线工作；实行市级以上业务主管部门为主的管理方式，将乡（镇）农业技术推广人员和业务经费上划市级业务主管部门统一管理。在大理经济开发区、大理旅游度假区和各乡（镇）设立农经站，负责农村土地承包、农民负担监督、农村集体经济组织财务管理等行政职能工作。农业系统人员编制 104 人，乡（镇）上划 130 人，其中乡（镇）农经编制 27 人，人员 48 人。与此同时，全市完成了水稻、玉米、奶牛、蔬菜四个主导产业筛选、推广主导品种和主推技术、100 名技术指导员培育 1000 户科技示范户、建设 10 个农业科技试验示范基地、培训 100 名基层农技人员。通过基层农业技术推广体系改革，着力构建以农业技术推广机构为主导，农村经济合作组织为基础，农业科研、教育等单位和涉农企业广泛参与，分工协作、运转协调、服务到位、充满活力、农民信赖的基层农业技术推广新机制。

8.2.3.2　坚决淘汰污染落后产能和技术

全面取缔湖内挖沙船、机动运输船和渡口船，减半保留了 52 艘小旅游船；依法对云南人造纤维板厂、大理造纸厂、大理市化工厂等一批污染严重、治理无望的高耗能、高污染企业实施关闭，促使大理市洱滨纸厂、大理水泥厂、华能水泥厂、大理市上和水泥厂、大理红山水泥厂等一大批企业完善污染治理设施并实现达标排放；为保护洱海，实现可持续发展和产业聚集，降低分散治污成本；加大工业产业结构和布局的调整力度。在凤仪片区建成占地面积达 1180 亩的创新工业园区一期工程，新建和搬迁了滇西纺织印染厂、力帆骏马、金穗麦芽、大理民族塑料厂等一批大中型企业，实现了环境保护和节能降耗减排、工业经济倍增的多赢目标。全面整治大理石加工业的污水排放，对大理石加工业实行集中生产、集中污水治理；切实加强流域内新建项目的"三同时"现场监察工作，及时纠正违法行为并督促整改，从而有效杜绝了新的污染源。开展流域"三禁"工作，在流域内 104 个自然村全面禁牧山羊，处置山羊 1.76 万只，改造、拆除厩舍 1.28 万 m^3；实施全流域禁磷、禁白工作，坚决禁用含磷洗衣粉，全面禁用无降解塑料袋。严厉查处违法经营工商户，收缴 1726 件含磷洗涤用品、1700 万个塑料制品，减少"白色污染"。

8.2.3.3　加快新型农业生产技术的推广应用

为了控制农业面源污染，洱海流域的地方政府加大新型农村种植业、养殖业和畜牧业新技术的推广应用，以加快农业产业结构和生产方式的转变。2009 年，大理州人民政府安排的第二批洱海保护及生态文明建设重点工程项目资金和计划中，用于农业面源污染综合治理资金达 2000 多万元，主要用于大理、洱源两县市洱海周边部分地区农业种植、养殖业对生态环境污染的治理。包括：推广应用控氮减磷测土配方施肥技术 10 万亩；举办测土配方施肥示范样板 7000 亩；重点进行样品监测，分析测试土壤、植物样品试验，不同作物种植模式监测 11 组，大田示范试验 40 组，主要以水稻–蚕豆、麦类、油菜、大蒜模式，玉米–蚕豆、大蒜模式，烤烟–大蒜、麦类模式，常年豆科牧草模式，常年水田模式，常年蔬菜模式为主；缓释 BB 肥 "3414" 试验 24 组，生物有机肥与缓释 BB 肥配合施用试验 12 组；进行新作物引进筛选试验研究及示范、环保型作物品种选育及优化栽培技术推广；引进农业部认证推广的 "RP—410"、"UV—1600" 型农药快速检测仪，在州、县、市植保站设置 2 个农残快速检测点，开展农药残留快速检测；设立观测点，在规模养殖场进行畜禽养殖、牧草种植、畜禽粪尿处理、循环利用模式定点试验监测，监测畜禽粪尿在不同环境中 BOD、氮、磷的含量；在上关、喜洲、邓川、右所 4 个镇，33 个村委会的 100 个自然村进行生态沟渠建设，共建堆肥发酵池 3.67 万 m³。对规模奶牛养殖场粪便进行无害化处理，在 20 个奶牛场建设堆肥发酵池 2700m³，收集发酵牛粪 2 万 t，干燥处理牛粪 3000t；建设沉淀发酵池 2700m³，收集处理牛尿及冲洗水 3 万 t，对 9 个规模养猪场、3 个适度规模养猪农户、4 个重点镇农户进行畜禽粪便收集和处理，主要进行生物发酵零排放自然养猪法试验、示范、推广；在大理金泰、欧亚 2 个奶牛场投资建设 2 个菇棚约 2000m²，进行牛粪种植双孢菇样板示范及推广；建设大理上关镇河尾畜禽粪便收集站，建立对奶牛场、养猪场、鸡场的畜禽粪便收集及清运，对大理鸡鸣江种鸡养鸡场异地搬迁，对九园有机肥加工厂改扩建等项目。上述治污项目工程的组织实施，将对保护洱海源头清洁、提升入海水质、缓解洱海污染压力、改善洱海生态结构等诸方面发挥重要作用。

8.2.4　构建城乡一体的社会保障体系

围绕 "人人享有社会保障" 的发展目标，大理市不断完善社会保障体系建设。逐步建立了以养老、医疗、失业、工伤和生育保险为主要内容，资金来源多元化、保障制度规范化、管理服务社会化，独立于企事业单位之外，相互衔接、互为补充、覆盖城乡、较为完善的社会保障体系框架。

8.2.4.1　养老保险得到巩固发展

到 2010 年 5 月，全市参加养老保险企业 903 户、76 864 人；1～5 月，发放企业离退休人员基本养老金 13 669 万元。全市企业退休人员，全部移交乡镇、社区实行社会化管理服务，基本养老金全部实行社会化发放。大理市企业退休人员社会化管理服务模式走在全国前列，作为典型经验在全省推广。

8.2.4.2　医疗保险稳步推进

到 2010 年 5 月，市辖区内城镇职工基本医疗保险参保单位 918 户、参保职工 95 962 人，全市城镇居民基本医疗保险参保人数达 78 195 人。1～5 月，支付城镇职工基本医疗保险费 6650 万元；城镇居民累计住院 2327 人次，累计报销 397 万元；城镇居民累计发生门诊 2327 人次，累计报销 6 万元；城镇居民累计发生生育 117 人次，累计补助金额 16 万元。

8.2.4.3　失业保险作用明显，工伤、生育保险同步发展

到 2010 年 5 月，全市失业保险参保单位 834 户、参保人数 48 413 人；1～5 月，累计发放失业救济金 318.56 万元。到 2010 年 5 月，全市工伤保险参保单位 899 户、参保职工 37 320 人，全市生育保险参保单位 896 户、参保职工 32 566 人。1～5 月，发生工伤事故 91 件、96 人次，支付工伤保险金 77 万元；发生女职工生育 269 例，支付生育保险金 157 万元。

8.2.4.4　农村社会保障工作发展较快

农村养老保险顺利推进。到 2010 年 5 月，全市农村养老保险参保人数达 4273 人，领取养老金人数 278 人，累计发放养老金 35 万元。大理市在原有险种基础上，先后启动实施了农村社会养老保险、在职在编村（居）"两委"干部社会保险、被征地人员基本养老保险、城镇居民基本医疗保险。保障面不断拓宽，受惠群众不断增加。新农合发展快，大理市共 11 个乡镇 111 个行政村，总人口为 613 741 人，2010 应参合农业人口数是 382 329 人，实参合 376 768 人，参合率 98.55%。筹资标准提高到人均 140 元，住院报销最高封顶线提高到每人每年累计 3 万元，州、市和乡镇定点医疗机构住院报销比例分别提高到 40%、70%、80%。

8.2.5　健全洱海治理的法规政策体系

为了使洱海治理与生态保护有法可依，有章节可循，自 20 世纪 80 年代开始，大理市和大理州就开始加强洱海管理与治理的立法保护和规制建设，加大依法治海、依法管海的力度。1988 年，大理州制定颁布并实施了《大理白族自治州洱海管理条例》（以下简称《条例》），强调按照"保护第一，统一管理，科学规划，永续利用"的原则，进行有效保护。此后，根据形势的变化，1998 年和 2004 年分别两次对《条例》进行修订，使《条例》成为洱海保护管理的"护身符"。与此同时，大理市也根据本市特点，从实际出发，先后颁布了与《条例》相配套的多项管理制度，制订出台了水污染防治、水政、渔政、航务、流域村镇及入湖河道垃圾径流区农药、化肥使用管理等办法。

"十一五"期间，为了保障洱海保护治理计划的实施，突出治理重点，整合力量，科学规划保护项目建设，大理市委、市政府先后出台了《关于进一步加强洱海治理保护的实施意见》、《关于加强洱海北部生态经济示范镇建设实施意见》、《关于印发〈大理市 2008 年重点项目、重要工作责任分解表〉的通知》，有计划有步骤地实施洱海保护治理"六大工程"建设；组织实施了《洱海北部生态经济示范镇建设规划》、《洱海水污染防治规划》、《海西田园风光保护规划》等一系列生态环境专项规划，确立了以洱海保护为中心，布局城市建设、产业结构和生态农业，规划大理市城市建设。并针对不断变化的洱海保护

形势，立足于市情，调整完善治理思路，树立在保护中发展、在发展中保护、可持续协调发展的生态文明建设理念，提出了建设洱海北部生态经济示范镇的决策，把占洱海70%入湖水量的北部"两江一河"生态湿地建设，作为生态经济示范镇建设的一项重要内容，提升入湖河流水质，发展生态农业经济，通过区域环境改善促进区域经济产业的发展，实现环境经济互动补偿。一系列规章制度的颁布和实施，形成了较为完善的洱海保护治理的法律法规体系，使洱海保护工作逐步走向法制化、规范化的轨道，为洱海治理及生态保护提供了法规、制度和政策保障。

8.2.6　强化流域治理生态保护监管体系

为了使洱海流域治理及生态保护工作落到实处，云南省、大理州及流域内的地方政府大力加强流域治理的综合领导体系、监管执行机制，着力提高洱海治理及生态保护的领导力和执行力。2003年，大理市、洱源县打破行政区划，将洱源县最富庶的江尾（现"上关镇"）、双廊两镇并入大理市，从而解决了长期以来洱海流域区划分割的问题，统一了洱海周边的行政管理体制。随之，大理市成立了由市委、市政府主要领导担任组长，三位副市长担任副组长，市级各有关部门和环湖各镇主要领导为成员的大理市洱海综合治理保护工作领导组，建立统一指挥、综合协调的洱海综合治理保护组织领导机制，强化了对洱海保护治理工作的领导和部门间的沟通、协调、配合和监管；制定了加强洱海综合治理保护的实施意见，明确提出了洱海综合治理保护工作的目标要求、工作任务、政策措施，有计划、有步骤地开展洱海综合治理保护工作；实行了重奖重惩的目标责任制，按照纵向到底、横向到边的工作要求，与各级各部门签订了洱海综合治理保护目标责任书，将任务、目标层层分解，实行风险金抵押和一票否决制，形成了分级负责、分块管理、属地治理、群防群治、齐抓共管、全民参与的洱海治理保护的工作格局；建立洱海流域规划建设项目审查机制。严格流域建设项目审批，对凡是浪费资源、污染环境的项目坚决不予引进发展，一切开发建设和发展都必须服从和服务于洱海保护。建立健全沿湖环保监管网络化管理制度，分别在沿湖10个镇和大理经济开发区成立编制为3~5人的洱海环境管理所，机构设置为事业单位，人员经费由财政拨款，按属地管理的原则，专项负责辖区内的洱海环境保护管理工作。建立综合执法巡查机制，加强对洱海流域环境综合执法管理，坚持每日巡查制度，加大对洱海机动渔船、旅游船、滩涂湿地、渔政资源等综合执法力度；加大对生态资源丰富的北部区域的管护力度，成立了市洱海保护管理局北区分局；在洱海流域大力推广垃圾定点清运模式，实行洱海滩地管理承包责任制，进一步加大洱海流域环境监管力度。针对洱海湖岸线长、入湖河道多、环湖村落多、农村公共卫生管理难度大的具体情况，在沿湖聘请了1366名滩地协管员、河道管理员和垃圾收集员，负责洱海滩地和入湖河道的常年管护及日常保洁，建成了以滩地协管员、河道管理员、各镇洱海环境管理所、市级行政主管部门为主体的多层级流域管理体系；积极发动群众，按照群防群治的工作模式，建立起市、镇、村、组四级联动的监管防治网络，形成了多层次、全方位的全流域管理工作格局，使洱海保护治理工作有了基础性保障。

8.2.7　探索洱海治理资金投入保障机制

无论是工程治污还是产业结构的调整，都离不开财政的支持。如何筹措洱海污水防治及流域生态保护的资金，一直是洱海治理工作的难点。多年来，大理市努力开拓，大胆创新，以筹资社会化、运行市场化、管理专业化的模式推进洱海保护治理工程建设。在资金筹措方面，采用"自筹一点，向上争取一点，向社会融资一点"的办法，到 2009 年已累计投入洱海保护治理专项资金 15 亿多元。大理市还率先在全云南省采用 BOT 方式，引入民营资本参与洱海治理。庆中科技污水处理厂就是由私营企业庆中科技投资公司投资 500 万元，于 2004 年建成投入使用，日处理污水 5000m³，它具有占地面积小、耗能低、成本低且效率高的特点，开创了用硅藻土进行污水处理的先河。2009 年，大理市又搭建了洱海保护建设投融资平台，成立了大理洱海保护投资建设（国有独资）有限公司，注册资本为 1 亿元，经营管理洱海区域内已建成的湖滨带、洱海码头、环湖污水处理设施、旅游基础设施，多渠道筹措资金，滚动发展，深度开发利用洱海资源，进行洱海生态环境基础设施、公共设施等投融资及项目建设，依靠全社会力量进行保护与治理。

经过不懈努力，洱海生态环境不断恶化的势头得到遏制，近两年洱海水质总体上保持稳定并不断改善。2009 年 2 个月、2010 年初连续 4 个月达到 II 类水质，2011 年 1~3 月份也为 II 类水，洱海也因此成为国内保护最好的城市近郊湖泊之一。

8.3　洱海流域综合保障体系存在的困难与问题

虽然洱海流域综合保障体系建设有很大的进展，为洱海保护和治理提供了有力的支持。但是，迄今为止，综合保障体系仍面临不少困难和问题，需要研究解决。

8.3.1　生态补偿机制不完善，补偿资金缺口较大

8.3.1.1　生态补偿的对象不明确、补偿范围有限

"生态补偿（eco-compensation）是以保护和可持续利用生态系统服务为目的，以经济手段为主调节相关者利益关系的制度安排。"虽然近些年来，洱海流域的政府按照"谁开发谁保护，谁破坏谁恢复，谁受益谁补偿"的原则，积极探索建立资源有偿使用制度和生态环境补偿机制。但是，涉及具体补偿行为时，难以确定生态环境的破坏者、生态补偿的付费者及生态效益的创造者及生态补偿的受益者。正如大理州财政局党组书记杨光军局长所说，"建立生态补偿机制有一个难以突破的技术难题，即如何界定生态环境产权，以明确生态效益的提供者和受益者？由于产权界定不清，导致环境贡献者与环境受益者的成本分担与利益分享存在'非对称性'"。就洱海流域而言，水资源的流动性和开放性决定了

水资源产权界定的难度。但是"谁该补偿给谁"的问题却难以达成共识。在对污染者的认识方面，许多洱海流域群众不认为居住地流域环境的恶化与自己的生产生活有关，他们认为主要的污染都是由工厂、商铺、度假村、游客、城区的居民等外来因素导致的。地处不同地理位置的村民对流域污染的原因也有不同的看法。如下游地区的村民普遍认为污染源来自上游村庄的生活污水和农田污水；位于城郊的居民认为是城市的污水导致了村庄周围环境的恶化；有的村民则认为附近的施工工程是主要污染源等。① 从目前来看，生态补偿的对象主要限于对农民的"三退三还"、企业迁移补偿及部分污染者收费和罚款等。补偿的对象和范围有限，也缺乏严格、法定和统一的认定标准。从实践来看，生态补偿不仅应包括对生态系统本身保护（恢复）或破坏的成本进行补偿，以及对个人和企业放弃发展机会的损失的经济补偿，同时，也应包括对保护生态系统和环境的投入补偿以及对生态系统和自然资源保护所获得效益的奖励。然而，迄今为止，对于流域污染源及生态环境破坏的成本收费仍不能全覆盖，对为流域的生态保护而进行的补偿投入仍非常有限，对流域地方政府、企业和个人的生态奖励很少。

8.3.1.2 生态补偿的数量难确定，补偿标准偏低

从理论上讲，合理的生态补偿要求根据生态系统服务价值、生态保护成本、发展机会成本制订补偿标准。但是，在实践中，无论是生态系统服务价值还是生态损失及保护成本等都难以确定。特别是农业面源污染涉及多个污染者，在一定区域内它们的排放是相互交叉的，加之不同的地理、气象、水文条件对污染物的迁移转化影响，因此很难监测到单个污染者的排放量，也难以准确确定其补偿付费。在环境治理收费的问题上，环保设施建成后，常常要通过受益居民付费来维持这些设施的日常运作。调查发现，洱海流域内的很大一部分居民，尤其农村群众完全没有这种概念，他们提出谁污染谁交钱，自己没有带来什么污染，就可以不用交钱；认为农村产生的垃圾量不大，而且农村有自己的垃圾处理方式，要么烧掉要么作肥料屯肥，基本不存在垃圾污染，垃圾处理付费对他们而言难以接受。下游对上游如何补偿、补偿多少，很难核算。② 从现有的补偿来看，"三退三还"补偿标准主要是依据国家退耕还林等统一政策确定，一些补偿标准偏低。如洱源县右所镇右所村的李耀珍家有3亩多田，原来冬季都种大蒜，虽然蒜种、化肥和劳动力成本高，但每亩毛收入在5000元以上；为了保护洱海，2010年她家改种了蚕豆，亩收入不到1500元。政府对改种蚕豆的农户每亩发100块钱补贴，只能补偿损失的一小部分。苍山洱海为国家级自然保护区和国家级风景名胜区，然而，在大理市93.77万亩公益林中，林权改革确权到农户的公益林62.38万亩，补助标准仅为每亩5元，还不够管护费支出。大量的天保林迄今仍没有公益林补偿。一些基层林业站的工作条件简陋，工作人员的待遇很低，难以保障森林监管和生态修复的工作。

---

① 杨光军. 对洱海流域生态补偿机制的思考和探索. 云南干部教育网，2010-04-07.
② 杨光军. 对洱海流域生态补偿机制的思考和探索. 云南干部教育网，2010-04-07.

8.3.1.3 补偿资金来源比较单一,缺口比较大

目前生态补偿资金主要来自政府投入(包括国债及政府性贷款和融资),尤其是地方财政投入。如退耕还林等主要来自国家财政投入;公益林补偿中,2010 年省级以上负责 24 万亩的天保区补偿,投入 137 万元。州级财政每年为洱源县提供 1500 万元的生态补偿费用。但是,相对于洱海治理及生态保护需求来说,这些政府投入依然不足,尤其是地方财政压力过大,资金入不敷出。仅洱海保护治理所实施的"六大工程"及 34 个子项目,资金概算总投资达 30.0 亿元。其中"十一五"期间计划实施的工程项目 31 项,计划投资达 15 亿元。一些工程仍有相当大的资金缺口,如自 2007 年大理实施新一轮三退三还工程,涉及洱海东岸 1974.31m 高程内的农田及环海公路以西超过 1974.31m 高程,且连片 50 亩以下的农田;海南片金沙洲以外,机场公路以北的区域;海西海北片 1974.00m 高程以内的农田;高程在 1974.00m 以内的全部房屋的退还工作。将拆除房屋 798 栋,安排移民 366 院。根据测算,总资金需求约 3.66 亿元以上。其资金筹措大部分以国债和银行贷款为主(表 8-1),当地政府筹集资金占 15%。但是,即便如此,政府筹集资金 1000 万元,离自筹所需的 5485 万元还差 5 倍左右,缺口巨大。

表 8-1　新三退三还工程资金筹措

序　号	项　目	金额（万元）	比率
1	申请国债资金	25 650.00	70%
2	银行贷款	5 500.00	15%
3	自筹资金	5 485.52	15%
4	合计	36 635.52	100%

　　注: 吴满昌 . 2010. 生态环境建设与农民权益保障问——以洱海三退三还政策为例//生态文明与环境资源法——2009 年全国环境资源法学研讨会（年会）论文集 .

8.3.1.4 补偿实施机制不全

生态补偿涉及多方面的利益,如何根据生态保护的需求,运用政府和市场手段,合理和有效调节生态保护利益相关者之间的利益关系,是补偿机制的核心问题。从目前来看,一方面补偿参与机制不完善,补偿类型、补偿主体、补偿内容和补偿方式主要由政府单方面确定,利益相关者的参与度不够,不可避免造成补偿资金分配失当,导致生态环境的保护者与破坏者、受益者与受害者之间"权、责、利"不一致,保护者得不到应有回报、受害者得不到应有补偿,受益者与需要补偿者相脱节等问题。尤其是洱海治理中涉及大量的农民搬迁,根据《中华人民共和国土地管理法》及相关规定,需要对征收耕地给予耕地补偿费、安置补助费以及地上附着物和青苗补偿费等。但是,在一些耕地补偿费分配中,农民和农户获得的直接补偿有限,往往导致征地矛盾和冲突。不仅如此,洱海流域保护治理工作涉及多个地区、单位和部门,流域内县市、乡镇、村组等行政区划被人为地割裂开

来，各行政部门的职能和考核目标也不一致，常常导致在生态保护权责和利益上的分歧和矛盾，削弱生态补偿的监管能力和执行能力。

8.3.2　劳动力转移面临困难，支持保障力量不足

8.3.2.1　劳动力转移面临诸多困难

从劳动力自身来看，劳动力自身素质偏低，给就业安置带来困难。据我们调查，在劳动力人口中，35 ~ 44 岁人员 5.3 万人，占总数的 23.4%，45 岁以上人员 5.75 万人，占总数的 25.2%。这就意味着有接近一半的劳动力存在年龄偏大的问题；从文化程度看，劳动力中高中以上文凭有 1.13 万人，只占到总数的 4.91%，劳动力的大多数只有初中和小学文化程度。年龄偏大、学历偏低且缺乏专业知识和技能的劳动力难以适应洱海流域产业结构的调整及生产技术改造升级，再就业比较困难。从劳动力转移的外部条件来看，现行户籍、教育、医疗、卫生、社保、就业等城乡二元化的体制依然存在，这些构成了劳动力向城镇转移的制度性障碍。不仅如此，洱海流域是生态脆弱地区，区域环境承载力以及城镇人口承载力有限，给劳动力向城镇转移造成困难。

8.3.2.2　劳动力转移组织化程度不高

根据现有资料来看，流域大部分劳动力在转移方式上仍是靠"亲帮亲、邻带邻"外出谋生，带有更多的自发性、盲目性。缺乏组织引导，转移过程艰难，转移流动成本较高；在转移去向方面还是大量在市里和省内就业，缺乏与其他区域劳动力相互竞争的能力。

8.3.2.3　劳动力转移的稳定性比较差

流域劳动力的转入行业多为建筑业、餐饮业等一些劳动强度较大、技术含量不高而劳动报酬偏低的行业，收入水平一直在低位徘徊，缺乏融入就业地的经济承担能力，只能成为候鸟式的劳动者；由于劳动力自身素质所限，相当多的劳动力缺乏核心竞争力，抵御市场风险的能力较差，一旦遭遇如金融危机等大的市场变动，最先受到影响的往往就是这一部分群体，大量人员被迫回流。

8.3.2.4　劳动力转移的支持力量不足

在劳动力转移过程中，地方政府有关部门做了大量的工作，实施了一些劳动力转移培训工程，引导劳动力有序转移。但是，劳动力转移涉及技能培训、就业安置、创业帮扶、社会保障、跟踪服务等方面，组织和人力资源依然不足。特别是洱海治理涉及大量的农村劳动力的转业、置业和就业，需要大量的资金支持。根据重庆市农村劳动力城镇转移测算，每个"新市民"平均"进城成本"约 6.7 万元，对于洱海地方政府来说，显得力不从心。

8.3.3 农技推广的投入不足，服务网络不够健全

8.3.3.1 技术推广体系网络不健全

目前大理州形成了地、县、乡三级推广网络，但现行的农业技术推广网络仍难以适应农村一家一户、户多面广、分散经营和多种经营的生产经营格局。特别是村级没有专门的推广机构，县乡农业推广机构和人员直接面对分散的农户仍力不从心。虽然各地都在乡村确定有"科技示范户"，但数量少，示范带动作用有限，对于村组农业规模经营整合力、推动力不强。乡镇农技推广机构是农技推广的枢纽。2009 年开始，大理市开始推进农业技术推广体系的改革，不过，乡镇农技推广机构的人、财全部由乡政府管理，与县农业局、县农技中心只是业务上的指导关系，仍属双重管理体制，上下连动不够。特别是由于农技推广人员工作由乡镇统一安排，常常被选派从事乡镇其他非业务性日常和突出工作，农技推广人员的业务工作尤其是进村入户时间得不到保证。

8.3.3.2 技术推广的人力与技能不足

农业技术推广需要与农村生产和经营相适应的专业技能的人才。特别是在洱海的治理及生态保护是一项系统工程，对生产者素质、配套政策、技术含量、市场环节、生态农产品指标等有较高要求。从目前来看，基层农技推广"技术力量严重不足、技术人员少、技术力量弱"。大理州 1000 多人的农技推广队伍中，只有 7 人是副高级技术职称，大学本科毕业的仅 13 人。年龄偏大，结构也不尽合理，专业技术人力不足。如洱源县 2006 年开始实施测土配方施肥工作，到 2010 年，此项目实施了五年，进入项目验收阶段，但是，"精通计算机应用和土肥专业技术的人才缺乏，数据库建设工作完成吃力"。由于"乡镇基层农技人员没有试验示范课题，更没有独立使用经费的权力，没有实际操作的机会。州市组织的农科知识培训不多不细，基层农技人员理论知识和实际生产难以结合，农技人员的技能、经验、解决实际问题的能力得不到显著提高，解决实际生产问题能力欠缺。"此外，在现行农村多种经营格局、多产业发展的背景下，受农技推广人员的人员和专业限制，难以适应多样化的生产和经营的技术指导。不仅如此，由于"农技人员的待遇过低，本科毕业 10 多年了，也才 2000 多元的月工资"，部分农技人员不安心农技推广事业，有的争取跳出"农门"。

8.3.3.3 技术推广的设施和条件简陋

农业技术推广不仅需要专门的技术人才，也必须具备相应的专业技术推广的设施和条件。虽然近几年大理州农技推广体系硬件设施有所改善，但地、县、乡三级推广网络的办公、生活条件仍然十分简陋，特别是乡镇农技推广站，办公、住宿于一体，部分农技站人均占有面积不到 $20m^2$。有的乡农技站由于投资建设较早，随着时间的推移和受自然灾害的影响，已成为危房。除地区外，全州县、乡级农技推广机构缺乏电脑等设施，在信息化

建设高速发展的今天，一些农技人员甚至缺乏基本的电脑网络应用技能，农技推广部门的信息传递仍以纸为媒介，以电话、邮件的形式传输。

8.3.3.4 农业技术推广经费投入有限

投入不足是大理州农技推广体系建设存在的主要问题，由于临沧地、县、乡财政的财力都比较困难，无力配套农技推广体系建设的"拼盘"资金，使项目建设无法按设计规模完成，从而也就对以后的农技推广有一定的投入，但投资较小、资金投入到位情况差。大部分县、乡连吃饭的工资都难按时发放，无力增加农技推广投入。

8.3.4 城乡和区域发展差距较大，社会保障水平偏低

8.3.4.1 城乡和区域发展不平衡，社会保障统筹难度大

2007 年大理州全年可支配收入中，城镇居民为 11 615.88 元，农村居民为 2448.54 元，前者为后者的 4.74 倍；2008 年大理州全年可支配收入中，城镇居民为 12 865.75 元，农村居民为 2850.17 元，前者为后者的 4.51 倍，虽然倍数有所缩小，但绝对数却拉大了 848 元。同时，大理州的城乡收入差距水平高于全国（表 8-2），2007 年全国城乡差距是 3.6 倍，2008 年是 3.59 倍。

表 8-2 大理市 2006～2009 年城乡居民收入状况 （单位：元）

	2006 年	2007 年	2008 年	2009 年
城镇居民人均可支配收入	10 176	11 616	12 866	14 180
农民人均纯收入	3 675	4 010	4 416	4 872
城乡收入之比	2.76	2.89	2.91	2.91

数据来源：大理州统计年鉴、大理市统计公报。

大理市与大理州相比，城乡居民的收入差距要少一些，但是从近年来大理市城乡居民收入增幅来看，城镇居民收入增长趋势要明显高于农民收入增长趋势，农民收入增长乏力。

从区域发展来看，不同县市、不同乡镇及不同区域居民收入差距较大。如大理市 2006 年人均纯收入最高的乡镇是凤仪镇，为 4977 元，是全市最低的双廊镇的 3 倍。总体来说，在大理市，海南高于海北，海西高于海东。而洱源县与大理市相比，在财政收入上两者相差悬殊，在社会保障和就业支出的力度上有较大差异，而农民的收入与消费支出水平也有着明显的差异。

由于城乡和区域发展水平不同，人们的收入及消费差距比较大，给城乡及区域统筹和构建均等化和一体化的社会保障体制造成困难。大理市、洱源县 2008 年相关指标比较见表 8-3。

表 8-3　大理市、洱源县 2008 年度相关指标比较

地区	一般预算收入	社会保障和就业支出	农村住户人均总收入	农村住户消费支出
大理市	103 995 万元	21 248 万元	5 846.90 元	3 999.89 元
洱源县	10 408 万元	7 443 万元	5 671.37 元	2 633.57 元
差距	9.99 倍	2.85 倍	1.03 倍	1.51 倍

数据来源:《大理统计年鉴》,2009 年。

8.3.4.2　城乡社会保障水平严重失衡,农民保障水平较低

以大理市为例,2009 年末参加城镇基本养老保险职工人数 75 884 人,收缴的养老保险基金总额 21 130.8 万元;年末参加农村基本养老保险的人数 4282 人,收缴的养老保险基金总额 1256 万元 (表 8-4);年末参加职工基本医疗保险人数为 95 779 人,收缴医疗保险基金总额 15 963.7 万元;参加失业保险的职工人数 47 500 人,收缴的失业保险基金总额 2739.28 万元,年末城镇居民最低生活保障发放人数 14 700 人,发放金额 2226.2 万元;农村居民最低生活保障发放人数 10 201 人,发放金额 739.3 万元;农村合作医疗参合人数 358 641 人,农村合作医疗参合率 93.27%;城镇居民基本医疗保险参保人数 76 900 人。从这些数字可以看出,最为关键的养老保险,在农村的覆盖面很小,而且保障水平很低;失业保险,农民根本没有;农村合作医疗取得了很大的成绩,但农民对报销比例过低还不满意。在农村调研的过程中,农民普遍对不能参加养老保险表示不理解 (图 8-1)。有的富裕农民表示,自己有这个经济能力参加养老保险,但是政策却不允许他参加,他感到非常无奈。大理州所辖鹤庆县于 2009 年列入全国新型农保试点后,很短时间之内,参保人数达 15.89 万人,参保率 88.6%,可见广大农民的参保热情,可惜试点范围太小,不能满足大理多数农民的期待。

表 8-4　大理市 2009 年末城乡居民养老保险参保情况

项目	参保人数 (人)	收缴养老保险基金总额 (万元)
城镇	75 884	21 130.8
农村	4 282	1 256

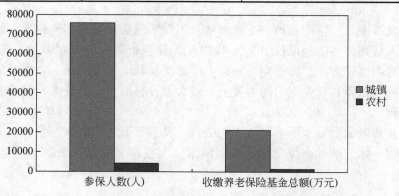

图 8-1　大理市 2009 年末城乡居民养老保险参保情况

8.3.5　资金筹措及财政能力有限，供需缺口很大

8.3.5.1　地方财政能力有限，财政投入力不从心

自2000年以来，各级政府为洱海治理已经投入了近30亿元资金，洱海流域的地方政府也作了巨大努力，不断加大投入，使洱海水质得到持续稳定的改善，使之成为中国城市近郊保护的最好的湖泊之一。但是，相对于洱海治理及生态保护的需求来说，资金筹措依然困难，缺口比较大。云南本身是我国欠发达省区，虽然洱海流域是云南经济相对发达的地区，大理市年度财政收入也过10亿。但是，除大理市之外，洱海流域的一些县市财政收入仍相当有限。2008年洱源县财政收入刚过亿元，难以承担大规模的财政投入。

8.3.5.2　生态保护公益性强，社会融资困难较大

近些年来，洱海流域的地方政府积极拓展洱海治理及生态保护的筹资渠道，通过市场和社会途径获得部分经费支持。但是，由于水环境治理及生态保护工程大都是基础性、公益性的项目，难以获得投资回报，也难以吸引市场和民间资本投入。从2003~2007年洱海治理的投入来看，中央、省投入洱海环境专项治理资金7亿多元，州市县财政从各个渠道投入近7亿元（约占地方财政收入的1/10），从银行获得贷款4亿多元，民营资本投入5000多万元。显然，虽然有金融资本和民间资本投入洱海治理，但投入量不大，尤其是民间资本投入少，政府投入仍占主导地位。

8.4　洱海流域综合保障体系建设的总体思路与基本原则

当前，洱海治理及生态保护进入一个新的时期和新阶段。为了加快洱海流域产业和经济结构的调整，推动农村劳动力有序顺利转移，保障洱海全流域清水方案的实施，实现洱海流域"污染减排"、"经济增长"与"社会和谐"的目标，必须进一步加强和完善洱海流域综合社会保障体系。综合社会保障体系不仅是洱海流域综合治理的重要组成部分，也是生态环境友好的经济社会发展模式及流域人与自然和社会和谐发展及经济社会可持续发展的基础。由于综合保障体系涉及人口、劳力、技术、资本、财政以及政策、制度等多方面的内容，必须坚持生态为先、以人为本、立足现实、着眼长远、统筹规划的原则，科学设计，大力推进。特别是综合保障体系建设是一项政策性、法律性强，资金和技术密集型的大工程，不仅需要加大资金和技术的投入，也要严格依法办事、切实保障和维护公民权利，使综合保障体系具有制度、技术和财力的保障。

8.4.1　统筹协调，共建共享，构建全流域可持续的生态补偿机制

流域生态补偿的构建必须坚持以"三个代表"重要思想为指导，认真落实科学发展

观，以推进生态流域建设、统筹区域发展为主线，以保护和改善生态环境质量为根本出发点，以体制创新、政策创新、科技创新和管理创新为动力，不断完善政府对生态补偿的调控手段和政策措施，促进社会参与和市场运作，逐步建立公平公正、权责统一、积极有效的生态补偿机制。在实际工作中，应当遵循以下原则。

8.4.1.1 坚持受益补偿、损害赔偿的原则

生态环境是珍贵的公共资源，具有稀缺性，要坚持保护者受益、损害者付费、受益者补偿的原则，环境保护者有权利得到投资回报，使生态效益与经济效益、社会效益相统一；环境开发者要为其开发、利用资源环境的行为支付代价；环境损害者要对所造成的生态破坏和环境污染损失作出赔偿；环境受益者有责任和义务向提供优良生态环境的地区和人们进行适当的补偿。

8.4.1.2 坚持统筹协调、共同发展的原则

按照统筹区域协调发展的要求，依据生态补偿原理，多渠道多形式支持江河水系源头地区、重要生态功能区和欠发达地区经济社会发展，促进保护地区与受益地区共同发展，努力实现经济社会发展与生态环境保护的双赢。

8.4.1.3 坚持循序渐进、重点突出的原则

建立生态补偿机制既要立足当前，突出重点，解决实际问题，在充分总结现有生态补偿实践经验的基础上，形成适合当前的补偿模式进行推广；又要着眼将来，循序渐进、先易后难地逐步解决理论支撑和制度设计的问题，深入探索和研究生态补偿的内在发展规律，使生态补偿机制发挥出最佳的整体效益。

8.4.1.4 坚持政府主导、市场参与的原则

要充分发挥各级政府在生态补偿机制建立过程中的主导作用，搭建有助于建立流域生态补偿机制的政府管理平台，建立流域生态保护共建共享机制，努力增加公共财政投入，建立促进跨行政区的流域水环境保护的专项资金，完善政策调控措施，加大重要生态功能区内的城乡环境综合整治力度；同时又要积极引导社会各方参与，逐步建立多元化的筹资渠道和市场化的运作方式。

8.4.1.5 坚持公平公开、权责一致的原则

必须建立科学、公平和公开的补偿机制。尤其是要建立和完善生态环境质量监测和评价体系，形成科学的生态补偿的标准体系，建立阳光运作的补偿程序和监督机制，建立责、权、利相统一的行政激励机制和责任追究制度，形成"应补则补，该补则补，公众监督，奖惩分明"的有效运转体系。

8.4.2 城乡统筹、注重实效，构建多渠道多层次劳动力转移体系

流域劳动力有序转移是产业和经济结构调整的要求和保障，也是降低流域人口承载和环境负荷的重要方式。由于长期形成的二元经济结构的束缚，农民与城镇居民在就业用工、户籍身份、社会保障、教育医疗等方面存在着明显的不平等，流域生态环境对工业、人口及城镇化的承载能力有限，对流域尤其是农村富余和再就业劳动力的容纳能力有限，再加上农村待转移劳动力科学知识、专业技能和市场意识的局限，如何实现流域人口和劳动力的顺利转移，不仅是当前洱海治理和生态保护的重点难点之一，也是实现流域经济发展，人民生活水平不断提高以及保持社会稳定的重大问题。从目前来看，要根据流域社会经济结构调整总体规划内容，结合大理市构建"宜居城市"和洱源县建设"生态家园"的要求，制定流域城镇体系发展及劳动力转移规划方案。以科学发展观为统领，把劳务经济摆在统筹城乡发展的战略位置，统筹城乡劳动力就业，坚持市场就业与政府促进相结合、开发就业与劳务输出相结合、扩大就业与提高素质相结合、强化服务与体制创新相结合的原则，把农村劳动力转移就业与调整产业结构、转变经济发展方式、加快城镇化建设、推进城乡一体化战略相协调，走出一条符合我省实际的农村劳动力转移就业新路子。

8.4.2.1 坚持市场导向、政府支持的原则

劳动力转移既是劳动力市场流动的表现，也是人口社会流动的体现。在劳动力转移过程中，必须坚持市场对劳动力资源配置的原则，鼓励和支持劳动力在市场上自主择业、自由流动。任何社会中，政府都无力完全包揽劳动力转移、流动和安置工作。但是，另一方面，人口及劳动力转移不仅涉及劳动者个人及家庭就业与生活，也直接影响地方经济和社会发展，如何保障劳动力充分就业，以及劳动力的有序转移，使之符合政府社会发展和产业经济发展目标，则是政府的基本责任。正因如此，在劳动力转移中，必须加强政府引导和支持，为劳动力转移创造条件。

8.4.2.2 坚持城乡统筹、城乡一体的原则

迄今为止，城乡之间在户籍、居住、就业、社保、教育、医疗以及土地、产权等方面的二元化制度在相当程度上依然存在，这成为阻碍农村人口和劳动力向城镇转移的制度性障碍。当前我国已进入加速破除城乡二元结构、形成城乡经济社会发展一体化新格局的重要时期，要着力破除城乡二元化的体制，加快建立城乡统一的人力资源市场，形成城乡劳动者平等就业制度，为农村人口向城镇转移和聚集、城乡资源的合理配置提供条件。"十二五"规划要求，要把符合落户条件的农业转移人口逐步转为城镇居民，对暂时不具备在城镇落户条件的农民工，要改善公共服务，加强权益保护。

8.4.2.3 坚持内外结合、多元并举的原则

洱海流域是国家生态保护区，区域生态环境脆弱，区域环境和人口承载量有限，在劳

动力转移过程中，必须坚持内吸外输、内外结合、多渠道转移的方针。尤其是要千方百计地扩大对流域外转移输出的渠道和规模，建立多渠道、多层次的农村劳动力转移就业服务体系，利用各种宣传媒体，教育农民转变择业观念，及时掌握劳动力输入地就业信息，做好输出地与输入地的供需对接，为农民外出打工就业提供及时、准确的就业信息，减少农民外出盲目性。

8.4.2.4　坚持整合资源、注重实效的原则

劳动力转移工作涉及农业、工商、教育、财政等多部门，一些部门都在各自部门的职责范围内参与并承担相关劳动力转移的职责。但是，由于部门多、项目多，往往导致力量分散、资源浪费。为此，必须构建全流域统一的劳动力转移服务体系，整合部门、项目和各种资源，提高劳动力转移的效率和效益。尤其是要进一步完善以市场需求为导向，以提高农民就业能力为前提，以转移就业为目的的全流域流动劳动力转移就业的工作和组织体系，促进劳动力转移就业的政策支持体系，城乡统一、竞争有序的人力资源市场服务体系，市场引导、政府促进、社会参与的培训体系等，使劳动力转移工作更加有序、经济而高效。

8.4.2.5　坚持科学规划、分步推进的原则

为了加快并有序推进洱海流域劳动力的转移，必须根据洱海治理、生态保护、产业发展等的需求对劳动力转移工作进行科学规划。一是以目前流域城镇布局和产业结构调整出的劳动力结构、数量作为规划的基础；二是以重点区域城镇体系建设及劳动力转移（大理市、洱源县邓川–右所个案分析）为主要着力点；三是以流域民族文化特点、居住及生活方式、消费观念及社会需求为指导；四是将既有助于减少和控制污染排放，又可保持和发扬民族特色的城镇体系建设和人口转移方式为战略选择；五是根据流域城镇体系生态化发展水平现状，结合基于水环境承载力的城市最佳人口容量、最适用地规模和流域生态城镇体系的等级结构、职能结构和空间结构，对洱海流域城镇体系及劳动力转移进行规划设计，确定规划方案，在此基础上，确定年度、产业和区域劳动力转移的方向、目标和数量，有序推进劳动力转移工作。

8.4.3　改革创新、健全网络，构建需求导向多元化农技推广体系

农业技术推广体系不仅是农业社会化服务体系和国家对农业支持保护体系的重要组成部分，也是推广新型农业科学技术，提高农民科学文化素质，通过农业技术更新减排控污，实现农业生产和生态环境保护协调发展的基本途径。农业技术推广体系在洱海治理中发挥了不可替代的作用。虽然近些年来，洱海流域的地方政府大力推进基层农业技术推广体系的改革，但是，迄今依然存在着技术队伍不稳、保障措施不力、管理体制不顺、人员素质不高等问题，需要进一步深化农技推广体系的改革，根据新阶段新时期农业农村经济发展及流域治理和生态保护的需要，进一步明确职能、理顺体制、优化布局、精简人员、

充实一线、创新机制，加快构建以社会需求为导向，以政府公益性农业技术推广机构为主导，以农村合作经济组织为基础，农业科研、教育等单位和涉农企业广泛参与，分工协作、服务到位、充满活力的多元化基层农业技术推广体系。

8.4.3.1 强化公益、放活经营，多元并举

近些年来，关于农业技术推广体系的组织性质、功能定位及发展方向仍存在不少分歧和争论。但总的来看，在市场经济背景下，农业技术推广体系的建设应适应市场经济的要求，需要积极探索和建立与市场经济相适应的组织体制和运行机制。中共中央、国务院及农业部在农业技术推广体系改革的要求中就多次明确指出，"在发展社会主义市场经济中，农业技术推广体系建设应当继续坚持国家扶持与自我发展相结合的路子"、"坚持政府主导，支持多元化发展，有效履行政府公益性职能，充分发挥各方面积极性"。

首先，明确公益性职能。"基层农业技术推广机构承担的公益性职能主要是：关键技术的引进、试验、示范，农作物和林木病虫害、动物疫病及农业灾害的监测、预报、防治和处置，农产品生产过程中的质量安全检测、监测和强制性检验，农业资源、森林资源、农业生态环境和农业投入品使用监测，水资源管理和防汛抗旱技术服务，农业公共信息和培训教育服务等。"

其次，放活经营性服务。积极稳妥地将国家基层农业技术推广机构中承担的农资供应、动物疾病诊疗以及产后加工、营销等服务分离出来，按市场化方式运作。鼓励其他经济实体依法进入农业技术服务行业和领域，采取独资、合资、合作、项目融资等方式，参与基层经营性推广服务实体的基础设施投资、建设和运营。积极探索公益性农业技术服务的多种实现形式，对各类经营性农业技术推广服务实体参与公益性推广，可以采取政府订购服务的方式。

最后，发展社会性服务。大力培育多元化服务组织，积极支持农业科研单位、教育机构、涉农企业、农业产业化经营组织、农民合作经济组织、农民用水合作组织、中介组织等参与农业技术推广服务。

8.4.3.2 合理布局、完善体制、重心下移

根据洱海流域农业特色、森林资源、水系、水利设施分布和政府财力情况，要进一步健全地、县、乡、村科技示范户的推广网络，因地制宜地设置公益性农业技术推广机构。可以选择在乡镇范围内进行整合的基础上综合设置、由县级向乡镇派出或跨乡镇设置区域站等设置方式，也可以由县级农业技术推广机构向乡镇派出农业技术人员。公益性农业技术推广机构的设置、人员配备及工作都要立足基层、重心下移、贴近群众。鼓励和支持农业科技人员到生产第一线开展技术服务。根据国家农业技术推广体系改革和建设的要求，应确保在一线工作的农业技术人员不低于全县农业技术人员总编制的2/3，专业农业技术人员占总编制的比例不低于80%。力争使每一村（办事处）有1~2名专职农技推广员。进一步理顺县、乡镇与农业技术推广机构的关系。县级以上各级农业、林业、水利行政主管部门要按照各自职责加强对基层农业技术推广体系的管理和指导。县级派出到乡镇或按

区域设置机构的人员和业务经费由县级主管部门统一管理；其人员的调配、考评和晋升，要充分听取所服务区域乡镇政府的意见。以乡镇政府管理为主的公益性推广机构，其人员的调配、考评和晋升，要充分听取县级业务主管部门的意见；上级业务主管部门要加强指导和服务。

8.4.3.3　需求第一、服务至上、注重实效

农业技术推广的根本目的是为了满足农业、农村和农民群众的需要。在洱海流域农业技术推广体系的改革和建设中，必须以满足农民发展现代农业的科技需求为出发点，以有利于促进农业生产发展和生态环境保护为目标，以服务农民和生态保护的成效为检验标准，建立健全运行高效、服务到位、支撑有力、农民满意的乡镇或区域性农技推广体系。根据洱海地区农业发展和生态保护的需求，当前尤其要加快农业优良品种、品系的繁育推广，集成良种良法及病虫害防治技术，普遍提高粮食单产；在保证粮食稳定增产的基础上，发展优质、生态、营养、安全的特色农产品，如花卉、中药材、蔬菜、马铃薯、水果、干果、食用菌等新兴优势产业；加快转变农业增长方式，大力推进农业工业化、标准化，发展生态农业。在流域农业生产结构调整过程中，加大对转移农民的技术培训，为其再就业提供支持。要进一步改进服务方式和服务方法，继续坚持现行的农技人员进村入户、驻村包点的工作方法，逐步从促进农产品数量增长向提高质量和效益转变，从单纯农业生产率的提高到生态环境协调发展转变，从单一业务服务向综合业务拓展，从以产中业务为主向产前和产后业务延伸，实现全程化农业技术推广和服务。既要搞好产前信息服务、技术培训、农资供应，又要搞好产中技术指导和产后加工、营销服务，通过服务领域的延伸，推进农业区域化布局、专业化生产和产业化经营。根据农民群众的需求采取便捷、有效和多样化的方式，如积极探索科技大集、科技示范场、技物结合的连锁经营、多种形式的技术承包等推广形式，以方便群众，注重实效。

8.4.3.4　稳定队伍、充实人才、提高素质

针对大理州农业科技人员总量不足、素质偏低的实际情况，每年有计划地吸收部分农业院校的大学毕业生，来充实壮大基层农技推广队伍。用请进来、派出去的办法，有计划分批次地对现有的农业科技人员进行知识更新，使在职的农业科技人员的学历结构、专业技术职务结构趋于合理。与大专院校及科研单位合作，聘请有关专家参与流域内农业生产和环境保护的技术研发和推广。同时，要把提高农民的素质作为当前农业及农村工作的主要内容来抓。首先要以农民夜校等形式定期举办农民技术培训班；其次，要充分发挥地区农校、农广校、各县职业技术学校的阵地作用，对回乡的农村初中以上毕业生进行农业职业教育，使他们学成回到农村后，成为科技示范带头人，带动大理州的农业生产。

8.4.3.5　加大投入、改善条件、强化保障

要采取有效措施，切实保证对基层公益性农业技术推广机构的财政投入。地方各级财

政对公益性推广机构履行职能所需经费要给予保证，并纳入财政预算。其中，对乡镇林业工作站承担的森林资源管护、林政执法等公益性职能所需经费也要纳入地方财政预算。积极争取中央财政对重大农业技术项目推广和经济欠发达地区的推广工作的补助。进一步加强农业技术推广的装备水平，提升流域农技研发水平，增强农业技术推广能力。要统筹规划，在整合现有资产设施的基础上，按照填平补齐的原则，加强基础设施建设，改善基层农业技术推广条件。为当前尤其是要完善全流域农业和生态环境的信息监测和反馈系统，建立数据库系统，统一管理，专人负责，定期观测，及时掌握最新动态。要切实保障和提高农技推广人员的待遇，特别是当前要进一步落实好国家、省、地对农业科技人员特别是基层农业科技人员政策待遇，建立合理考核、竞争上岗、按岗定酬、以绩付酬等机制，充分发挥农业科技人员在农业生产和环境保护中的积极作用，为流域农业农村经济全面发展及洱海治理和生态保护提供有效服务和技术支撑。

8.4.4　城乡一体、渐趋均等，构建广覆盖一体化的社会保障体系

社会保障体系是由政府主导、社会统筹而构建的防范和化解经济生活风险，提供生活保障和提升生活质量的全民共享的社会保障制度、体制、机制和网络。健全覆盖城乡居民的社会保障体系，是"十二五"时期保障和改善民生、加强社会建设的一项重要任务，也是实现发展成果由人民共享的重要制度建设。特别是洱海流域既是我国经济社会发展相对落后的少数民族地区和边远山区，居民收入水平不高，社会保障水平较低，洱海治理和生态保护进一步压缩部分产业的发展空间，产业和经济结构调整增加了更多就业无着、生活困难的群体，迫切需要进一步加大投入，完善社保体制机制，增强全流域的社会保障能力。

8.4.4.1　城乡统筹，广覆盖

向人民提供基本公共服务是政府的基本职责。平等享受基本公共服务也是公民的基本权力。党和政府已经明确提出构建"广覆盖、保基本、多层次、可持续"的社会保障体制。从目前来看，首要的工作是进一步扩大洱海流域城乡基本公共服务及社会保障的覆盖面，尽快建立健全覆盖全流域、全社会的育有所补、学有所教、劳有所得、病有所医、老有所养、住有所居、贫有所帮、灾有所援的人人享有的基本社会保障体系，将各类人员都纳入社会保障覆盖范围，实现城乡统筹和应保尽保，让人人享有基本生活保障，促进社会和谐。

8.4.4.2　多元并轨，可转续

迄今为止，基于经济社会发展不平衡的现实，为了尽快让不同群体获得基本的社会保障，我国建立了多类型、多层次及多样化的社会保障和服务体系。如在基本医疗卫生保障制度方面，农村有地方统筹的新农合医疗制度，而城市则设有"城镇职工基本医疗保障制度"、"城镇居民基本医疗保险制度"两种类型。农村内部的养老保险有针对一般农民的

养老保障，还有五保户、失地农民，以及优抚老人、农民工养老保险等类型养老保险。各地区医疗保险政策在保险费征缴比例、偿付标准等方面不统一，导致异地就医报销难，养老保障难以转续的困难，不适应市场化和社会开放背景下人口流动的需要。为此，应加快城乡一体、多元并轨的社会保障体系的建设。加快建立信息互通互联的医疗和社保信息系统和异地转续结算平台。考虑到全国性社保信息系统未能建立，可先立足大理州地方统筹，构建地方信息平台，实现地方医疗和社保多元并轨。一些地方实行城乡范围内的医疗社保"一卡通"服务是一种成功的做法。

8.4.4.3 城乡一体，均等化

鉴于目前经济社会发展不平衡、财政综合平衡能力的困难以及现行的差异化医疗和社会保障政策现实，虽然地方可以构建面向全体居民、城乡一体、制度统一的信息和服务平台，实现多元体制的并轨，为人们医疗社保的转续创造条件，但是，一定时期内仍然会出现"老人老办法、新人新办法"，维持差异化的保障水平。在"一卡通"条件下，城乡之间、不同地区之间以及不同的人群之间享有的基本公共服务水平和质量依然可能存在差别。但是，从长远来看，我们不仅要让人们都享有基本的公共服务，更重要的是，要致力于让人们平等享有基本公共服务。为此，必须逐步消除即消除人们在基本公共服务资源占有、服务设施和条件、服务能力和服务水平既有的差距，真正实现医疗和社保的"政策统一、制度统一、标准统一"。确保人们不因职业不同、地点不同以及身份不同而享有不同的基本公共服务。

8.4.4.4 加大投入，可持续

提供基本公共服务是政府的基本职责，财政投入也是社会保障体系的基础和保障。为了加快全流域一体化和均等化的社会保障体系建设，地方政府必须进一步加大社会保障的投入。与此同时，洱海流域是经济欠发达地区，也是国家生态保护区，地方财政困难，社保资金缺口大，必须进一步加大国家和省级财政的投入，同时，一些发达省市也应给予相应的支持。事实上，洱海保护不仅是洱海自身的保护，也是为我们的国家守住一片蓝天碧水，是国家和民族的共同利益，是社会共同的责任，因此，必须动员全社会力量给予支持，而洱海流域的人民和政府也理应获得相应的补偿和支持。只有各级政府加大投入，社会广泛参与支持，才可能建构可持续的社会保障体系，为洱海治理和生态保护创造条件，提供保障。

8.4.4.5 增量改革，保重点

一体化和均等化的社会保障体系是社会保障体系建设和发展的方面，也是基本的目标，但是，在社会经济发展不平衡、财政资源有限的情况下，一体化和均等化的社会保障体系只能是逐步建设。特别是均等化的社会保障涉及不同人群权力和利益的调整，必须立足现实，注意策略，循序渐进。由于目前城乡保障水平差别比较大，在推进社会保障均等化的过程中，应立足增量改革，保障人们现行的保障水平不降低，同时，加大投入，逐步

提高低收入、低保障人群的保障水平。与此同时，根据当前洱海治理和生态保护的需要，突出重点，加强重点领域和重点人群的社会保障。如针对城乡失衡的保障水平，应加强农村和农民的社会保障；针对洱海治理大量劳动力的转移，应加强转移人口尤其是失地农民和进城务工人员的社会保障；要健全农村低保制度，以政府投入为主，对农村特困群众实施全面有效的生活救助，有效保障贫困人口、老年人、残疾人、孤儿的生活权益，建立完善最低社会保障制度，实现应保尽保；健全农村养老保险制度，按照城乡统筹发展的要求，探索建立与当地经济发展水平相适应、与其他保障措施相配套的农村养老保险制度。鼓励条件成熟的地区先行先试，加大试点的力度，扩大试点的范围。完善被征地农民基本社会保障和养老保险制度，让全部失地农民享受养老保险；不断健全完善新型农村合作医疗救助制度。对救助对象患大病个人难以承担医疗费、影响家庭生活的，要给予及时的医疗救助；引导、鼓励多种形式的民间救助行为。加强敬老院的建设和散养五保对象的危房改造工作；加大五保对象集中供养力度，提高集中供养率。此外，社会保障不仅仅是社会福利和社会救助问题，更重要的是为人们提供基本就业机会和保障，为此，应采取多种措施扩大就业，统筹做好失业人员、城镇新成长劳动力、高校毕业生、复转军人、农村富余劳动力、残疾人的就业工作，建立健全就业援助制度，确保零就业家庭至少有一人就业；努力创造公平、公正的就业环境，逐步形成统一规范的劳动力市场，促进城乡劳动力有序流动。

总之，完善的洱海流域综合社会保障体系不仅是流域经济社会发展的重要条件，也是流域社会和谐稳定的安全网，并为洱海治理和生态保护提供支持和保障。

8.5　结　　语

风光绮丽的洱海，素有"高原明珠"之称，也是大理人民的"母亲湖"。一代又一代的大理人在苍山下劳作、在洱海边生息。洱海哺育了流域的人民，也孕育了大理灿烂的文化。然而，过去的几十年中，人们过度的索取和不检的行为已经使"母亲湖"伤痕累累，不堪重负！越来越多的人意识到"洱海清，大理兴""保护洱海""守护我们的'母亲湖'"日益成为人们共同的心声。值得庆幸的是，当今，洱海的保护和治理不仅被列入当地政府工作的重点，也日益成为人们自觉的行动。流域的人们正在尽其所能，保护自己的"母亲湖"。

"洱海清，大理兴"这是历史的经验，也是历史的教训。为了苍山洱海的青山绿水，至关重要的是我们必须反思自己的行为。尤其是反思我们的生产方式、生活方式以及发展方式！在相当长一段时期，对经济增长的渴望，对物质生活的追求以及对 GDP 的崇拜，让人们失去对自然的敬畏，对环境的珍惜，由此造成对湖泊及生态极大的破坏。"先污染，后治理"则成为自我安慰和非理性行为的借口。然而，历史的经验一再告诫人们，人类本身是大自然的杰作，也是大自然的一部分，不要过高估计人类的智慧，更不能盲目自信现代技术及人的能力。对自然的过度伤害最终会受到大自然的报复。保持对自然的敬畏，改变我们的生存和发展方式，学会与自然和谐相处，这是人类生存和发展之道，也是一个地区、一个流域可持续发展的基础。

从工程治理到综合治理，是洱海治理宝贵的和成功的经验。尤其是当前及今后一段时期，是洱海治理的关键时期，必须继续以稳定改善洱海水质为目标，以流域产业经济结构和布局调整为根本措施，以城镇、农村生活污水处理和主要入湖河流综合治理为重点，加快实施一系列重点工程并使之尽快发挥效益。当然，调整人们的生产和生活方式以及区域发展方式并不容易。其中的难点不仅仅是观念，也不完全是政策，更重要的是利益！洱海流域的综合治理涉及经济结构、产业结构的调整、劳动力的转移、社会保障体制的建设以及财政投入结构的调整，这一切都涉及城乡之间、区域之间、农民之间、部门之间以及政府与农民之间利益的重新调整，并对一些经济、社会和管理体制的改革和创新提出要求。因此，洱海治理不仅仅是人与自然的关系问题，从根本上说，是人与人之间关系的调整，要求我们进一步推进改革，妥善处理好不同利益主体的权益关系，通过一系列体制和机制的创新，用新的制度规范和调整人们的行为，改变现行的生产、生活及发展方式，最终实现人与自然和生态的和谐。

虽然洱海地处云贵高原的大理市和洱源县，但是，洱海治理并不完全是流域所在的政府和人们的责任，而是全国人民共同的责任！生态环境从来就不完全是区域性的，而是全局性的。洱海生态环境也是我国以至整个人类生态环境的一部分。苍山洱海是国家级自然保护区和国家级风景名胜区，洱海保护对于气候调节、生态平衡和保护水生生物多样性等具有不可替代的作用。正因如此，在流域政府加大洱海治理投入的同时，我国中央及各级政府也应给予更大的支持！只有共同努力，全民参与，才有可能为洱海治理提供必需的物资、技术支持，才可能为洱海保护可持续性提供保障。

9 洱海流域生态补偿标准研究及实施方案

9.1 构建洱海流域生态补偿机制的重要性和必要性

生态补偿机制是以保护生态环境、促进人与自然和谐为目的，根据生态系统服务价值、生态保护成本、发展机会成本，综合运用行政和市场手段，调整生态环境保护和建设相关各方之间利益关系的环境经济政策，对于洱海流域的环境保护和生态文明建设具有极其重要的现实意义。

经过多年的综合整治，洱海治理取得了突出的成效，洱海水质连续6年总体保持在Ⅲ类，每年有3个月达到Ⅱ类，洱海已成为全国城市近郊保护得最好的湖泊。洱海治理与过去单纯注重工程治污不同，其成功经验之一就是走出了一条"循法自然，科学规划，全面控源，行政问责，全民参与"，保护与发展并重，环境保护与经济发展协调并进，独具特色的新路子。这充分证明社会科学在水污染治理之中也大有可为。然而，值得指出的是，洱海治理绝不是一劳永逸的，仍然任重道远，如果不理顺上下游之间的关系，解决源头地的发展与补偿问题，洱海污染随时都面临着反弹的危险。因此，加强洱海治理生态补偿标准问题研究显得尤为必要。

9.1.1 建立生态补偿机制有利于洱海的保护与治理

《国务院关于落实科学发展观加强环境保护的决定》要求："要完善生态补偿政策，尽快建立生态补偿机制"。中央和地方财政转移支付应考虑生态补偿因素，国家和地方可分别开展生态补偿试点。建立生态补偿机制是落实新时期环保工作任务的迫切要求。洱海的保护与治理，是大理州全面建设小康社会和发展先进生产力的需要，是建设云南民族文化旅游大州，以及建设投资环境、人居环境最好地区之一的关键举措，是维护最广大人民群众根本利益的具体体现，也是建设滇西中心城市的基础和前提。

9.1.2 建立生态补偿机制有利于洱海流域的可持续发展

环境污染的外部性是造成环境污染泛滥的主要原因，解决这一问题的有效对策是使外部性内部化。在洱海流域建立生态补偿机制很大程度上能实现经济行为的外部性内在化，以此可以逐步改变各行为主体片面追求自身效益而引发的生态问题，是贯彻落实科学发展观的重要举措，它有利于从根本上推动环境保护工作，实现从以行政手段为主向综合运用法律、经济、技术和行政手段的转变，有利于推进洱海水资源的合理利用，有效保障区域可持续发展。

9.1.3 建立生态补偿机制有利于洱海流域和谐社会构建

构建洱海流域和谐社会，必须实现经济与环境协同发展、互动双赢，一方面要充分依靠科技进步，大力发展生态经济；另一方面还必须根据环境承载力与资源分布情况来调整优化生产力布局。在经济发展和产业调整中，基于生态和环境的要求，流域内各区域的发展可能是不均衡的，部分地区需要牺牲一部分发展权。洱海流域内任何一个居民享有水资源的权利是平等的，洱海上游地区为水资源保护区承担着给下游供水、保证下游地区用水安全的生态保育任务。通过市场调节机制，采取合理的方式对上游水资源保护区居民水资源使用权和产业发展权的损失给予补偿，以使其公平地享有水资源效益，这是十分必要的。流域内不同区域应当确保出界水质达到考核目标，并根据出入境水质状况确定横向补偿标准，搭建有助于建立流域生态保护共建共享机制的政府管理平台。

9.2 洱海流域生态补偿的理论、计量与机制构建

生态补偿主要是通过经济手段，保护并可持续地利用生态系统服务、调整不同参与者和利益相关方的成本分摊和效益分配的一种制度。生态补偿的基础是生态系统服务的价值、生态保护成本和机会成本。生态补偿的手段包括政府干预及市场机制，它包括对生态系统和自然资源保护的经济激励以及对生态系统和自然资源破坏所造成环境损害的补偿。

9.2.1 生态补偿的相关理论

理论上有多种不同的学说对生态补偿加以解释，包括公共产品理论、外部性理论、产权理论、生态资本理论、可持续发展理论等，这些理论从不同的角度论述了对环境资源利用进行生态补偿的合理性。其基本思路是通过恰当的制度设计使环境资源的外部性成本内部化，由环境资源的开发利用者来承担由此带来的社会成本和生态环境成本，使其在经济学上具有正当性，在可持续发展上具有公平性和公正性，从而促使其做出对社会和环境最有利的行动选择，这为人们探索代际补偿与代内补偿、国家和地区之间的补偿以及区域之间的补偿新途径提供了理论依据。

补偿标准是生态补偿机制建立的核心内容之一，关系到补偿的效果和可行性，其内容包括标准上下限、补偿等级划分、等级幅度选择、补偿期限选择、补偿空间分配等。生态补偿标准是生态效益、社会接受性、经济可行性的协调与统一，标准决定因子应是多元化的，是成本估算、生态服务价值增加量、支付意愿、支付能力等多方面要素的综合，还需要把握社会心理、道德习惯等影响因素。目前，国内主要将对生态系统服务价值的评估作为补偿标准的依据，采取机会成本法、市场价格法、影子价格法、碳税法、重置成本法等

对生态系统服务价值进行评估，并据此确定补偿额度。

9.2.2　洱海治理生态补偿标准研究

采用何种方法来确定洱海治理的生态补偿标准，必须既有理论支撑，又有现实可行性。在这里我们选取以下国内外通常采用的算法，结合洱海实际情况予以评析。

9.2.2.1　采用生态系统服务价值来计算洱海全流域应得的生态补偿金额

这是生态补偿主体——国家和生态环境受益地区，对特定生态补偿对象——洱海全流域，为其获得的环境收益进行的补偿。按照 1997 年 Robot Costanza 等对全球生态系统服务价值的测算经验值——国民生产总值的 1.8 倍，根据大理市 2008 年全市生产总值（GDP）145.5 亿元和洱源县 2008 年全县生产总值 19.5 亿元的统计数据，可以测算出洱海全流域的年生态系统服务价值为（145.5+19.5）×1.8＝297 亿元。

9.2.2.2　采用机会成本法来测算流域不同区域对特定区域的生态补偿额度

从流域水源区居民角度来看，因保护水资源投入的成本以及限制高耗水、高排污的工业和农业的发展而使其发展权受到了较大的影响，这些损失的直接成本和间接成本必须得到补偿，这样才能使保护和治理工作持续下去。直接成本是指为保护水资源水质水量而投入的成本，包括为改善水量的退耕还林、封山育林、水土流失治理的投入和为改善水质的控制农业面源污染投入、城乡污水处理设施建设投入、水质监测站的投入。间接成本主要是退耕还林、调整工业和农业品种结构从而失去了部分发展权而形成的机会成本（损失）。可以用下面的公式来表示：

$$TC = DC + IC$$
$$DC = TDC + FDC + XDC + SDC + KDC + WDC + JDC$$
$$IC = TIC + LIC + GIC$$

其中，TC 为总成本，DC 为直接成本，IC 为间接成本，TDC 为退耕还林直接成本，FDC 为封山育林直接成本，XDC 为新造林投入，SDC 为水土流失治理的投入，KDC 为控制农业面源污染投入，WDC 为城乡污水处理设施建设投入，JDC 为水质监测站的投入，TIC 为退耕地损失的机会成本，LIC 为限制特定农业发展损失的机会成本，GIC 为限制特定工业发展损失的机会成本。

按照大理市洱海保护管理局编纂的《洱海管理志》的相关数据，我们采用机会成本法大致测算了洱海流域不同区域对特定区域的生态补偿额度。近几年洱海流域每年的生态直接成本为 0.89 亿元，采用类比的方法来分析洱海全流域限制工业、农业发展带来的机会成本每年约在 300 亿元，由上述直接成本和间接成本来估算，按照机会成本测算洱海流域每年的生态补偿总额超过 300 亿元，与按照生态系统服务价值测算出的洱海全流域年生态系统服务价值 297 亿元的结果大体是一致的。

9.2.2.3 单纯采用 GIC 法计算源头地为保护水源所付出的经济代价

洱海流域主要包括洱源县大部和大理市全境，与大理市相比，保护洱海生态，洱源县付出更多而获益更少（表9-1）。因此采用 GIC 法（计算工业发展限制损失的方法），把洱源县的经济发展情况与云南省平均水平比较后得出限制工业发展的损失 GIC。

表9-1 2009 年大理市、洱源县城乡居民收入差距 （单位：元）

地区	城镇居民人均可支配收入	农民人均纯收入
全国	17 175	5 153
云南省	14 424	3 369
大理市	14 179.85	4 872
大理市与全国差距	2 995.15	281
大理市差距	244.15	-1 503
洱源县	11 988	3 049
洱源县与全国差距	5 187	2 104
洱源县差距	2 436	320

注：数据来源：新华网云南频道"2009 年云南农民人均纯收入增收 267 元" http：//www. yn. xinhuanet. com/newscenter/2010-01/22/content_ 18846369. htm；国家统计局"2009 年 12 月份及全年主要统计数据"，http：// www. stats. gov. cn/was40/gjtjj_ detail. jsp？searchword =% C8% CB% BE% F9% BF% C9% D6% A7% C5% E4% CA% D5% C8% EB&channelid =6697&record =81；《大理市人民政府政务信息》2010 年普刊第 5 期。

计算公式为GIC =（云南省城镇居民人均可支配收入–洱源县城镇居民人均可支配收入）×洱源县城镇人口数+（云南省农民人均纯收入–洱源县农民人均纯收入）×洱源县农村人口数。

经计算，大理市对于云南限制工业发展的损失为负数。考虑到大理市的损失可以通过发展旅游等产业得到补偿，而洱源牺牲传统工业发展，在其他方面还找不到支撑自身长远经济发展的关键产业。鉴于洱源与大理的发展差异，因此，我们认为洱海流域的生态补偿以洱源县为主。洱源县相对于云南限制工业发展的损失 GIC 为 21 773.68 万元/年。

9.2.2.4 采用直接成本法补偿流域内因保护水资源产生的直接成本

主要是针对流域内因为保护而支付的直接成本给予补偿，直接成本是指为保护水资源水质水量而投入的成本，包括为改善水量的退耕还林、封山育林、水土流失治理的投入和改善水质的控制农业面源污染投入、城乡污水处理设施建设投入、水质监测站的投入，以及相关的环境工程建设投入等。根据流域产业结构调整生态补偿体系建设规划，近、中、远期主要有如下投入安排（表9-2）。

1）近期（2011～2015 年）：区划启动阶段，属于"十一五"计划末端和"十二五"计划全程；

2）中期（2016～2020 年）：全面突破阶段，也是本区划的最重要阶段，归于"十三五"计划全程；

3）远期（2021～2030 年）：巩固提高阶段，对产业机构调整及生态补偿体系进行完善。

表 9-2　洱海流域农业、工业、旅游业区划投资明细　　（单位：万元）

分项	项目	近期投资额	中期投资额	远期投资额
农业	农业产业削减补偿	500	—	—
	退耕还林、退耕还草建设	250	150	100
	生态农业建设工程	250	900	900
	农业产业替换补偿	450	—	—
	设施农业建设	1 650	—	1 600
	农业产业规模化建设	650	650	1 850
	农业小计	3 750	1 700	4 450
工业	环保示范园区政府引导资金	1 200	1 300	1 500
	工业企业环保设施政府补贴	900	900	1 500
	工业企业搬迁改造政府投入	500	500	600
	工业小计	2 600	2 700	3 600
旅游业	"五都"建设	700	1 300	2 200
	"茶马古道"建设	600	500	200
	"休闲走廊"建设	500	600	200
	旅游业小计	1 800	2 600	2 800
合计		8 150	7 000	10 850

注：1. 禁止发展亚区：农业产业削减补偿按 1000 元/亩的标准进行补偿，四湖周边属于禁止发展亚区耕地约 0.5 万亩。2. 限制发展亚区：农业产业替换补偿标准按油菜 300 元/亩、蚕豆 300 元/亩、大麦 100 元/亩（依据大理市 2009 年洱海保护治理重点工程项目实施方案）计量。3. 优化发展亚区：设施农业建设（简易大棚）标准按 500 元/亩进行补贴。4. 综合发展亚区：农业产业规模化建设，大蒜、蔬菜按 100 元/亩进行补贴，大牲畜按 500 元/头进行补贴。

9.2.3　洱海治理生态补偿标准的现实选择

上述四种补偿计算方式来看，目前的实际情况，按生态系统服务的价值计算"在采用的指标、价值的估算等方面尚缺乏统一的标准，且在生态系统服务功能与现实的补偿能力方面有较大的差距，因此，一般按照生态服务功能计算出的补偿标准只能作为补偿的参考和理论上限值。"[1] 机会成本是洱海生态保护者为保护生态环境而牺牲部分的发展机会的补偿。虽然这种补偿具有合理性和必要性，但是，由于在现实生活中，发展机会更多的是一种可能性，同时，一种发展机会的丧失也可能转化为其他的发展机会，对此的补偿存在一定的非现实性和必然性。

---

① 中国环境与发展国际合作委员会专题报告：《生态补偿机制课题组报告》，中方组长：李文华；外方组长：井村秀文. http://www.lianghui.org.cn/tech/zhuanti/wyh/2008-02/26/content_ 10728024_ 9. htm.

综合以上四种补偿路径，我们认为，一、二两种在理论上可行，但投入过大，且相对于全省其他地区民众来说，明显有失公平，不大适应云南的省情，在实际上也缺乏可操作性。因此，我们可以结合三、四两种路径，即针对源头地给予整体补偿，再针对流域内支付的直接成本给予相应补偿，这在现实上相对可行。其计算结果为：

源头地机会成本 21 773.68 万元×10 年（2011～2020 年，不考虑年增长）+直接成本补偿 15 150 万元（2011～2020 年）= 232 886.8 万元

总计 232 886.8 万元，分 10 年支付，每个五年计划 116 443.4 元，在财力上是可以承受的，因而在操作上相对可行。事实上，这也是洱海流域生态补偿的最低标准。在上述补偿的同时，还应对流域发展机会的丧失、发展方式的转变以及新的产业发展给予政策支持和财政扶持（表9-3）。

表 9-3 各种生态补偿方法比较表 （单位：万元）

补偿方法名称	计算方法	补偿金额	评价
生态服务功能价值补偿法	国民生产总值的 1.8 倍	337.24 亿元/年	实际操作不可行。作为理论上限值
机会成本法补偿法	保护水资源投入的直接成本加发展受限所付出的间接成本	约 300 亿元/年	补偿金额过高，实际操作不可行
单纯源头地机会成本补偿法	（云南省城镇居民人均可支配收入-洱源县城镇居民人均可支配收入）×洱源县城镇人口数+（云南省农民人均纯收入-洱源县农民人均纯收入）×洱源县农村人口数	21 773.68 万元/年	补偿金额合理，具有操作性。但只针对洱源这一源头地。需要下游提高认识
直接成本补偿法	近期预计直接建设成本	8150 万元（2011～2015 年）	标准过低。未考虑机会成本。源头地很难接受
复合补偿法	源头地 GIC 21 773.68 万元×10 年（2011～2020 年，不考虑年增长）+直接成本补偿 15 150 万元（2011～2020 年）	总计 23.29 亿元，分 10 年支付	在财力上相对可以承受，在操作上具有可行性

9.3 洱海流域生态补偿机制构建的总体框架

9.3.1 补偿主体、受偿主体与实施主体

生态补偿主体即生态补偿权利的享有者和义务的承担者，包括补偿主体、受偿主体、实施主体。①补偿主体。生态补偿主体一般以国家为主，也包括有补偿能力和可能的生态受益地区、企业和个人，即明确"由谁补偿"的问题。②受偿主体。生态受偿主体是生态补偿的接受主体，即明确"补偿给谁"的问题。资源开发活动中和环境污染治理过程中因

资源耗损或环境质量退化而直接受害者是生态补偿的受偿主体；生态建设过程中，因创造社会效益和生态效益而牺牲自身利益的主体者也是生态补偿的受偿主体。生态受损主体为了实现生态环境价值而造成了利益减损，生态受益主体对其进行经济补偿体现了"公平"原则。③实施主体。即明确"由谁出面施行补偿"的问题。由于生态补偿自身的特殊性，在生态补偿主体难以对生态受偿主体直接补偿的情况下，生态补偿需要形成并依靠实施主体，而生态补偿的最佳实施主体一般是政府。

9.3.2 补偿方式

生态补偿方式是指生态补偿主体承担生态补偿责任的具体形式，从补偿的运作模式可以大体划分为政府补偿和市场补偿两类方式。政府补偿是指政府以非市场途径对生态系统进行的补偿，包括财政转移支付、专项基金、优惠政策、对综合利用和优化环境予以奖励等，主要形式是资金补偿、政策补偿和智力补偿。市场补偿是由市场交易主体在法律法规的范围内，利用经济手段，通过市场行为改善生态环境活动的总称。可以采用收取生态环境费、实行环境产权市场交易以及发展环保产业、推行环境责任保险等形式。

9.3.3 补偿途径

结合政府补偿和市场补偿两类不同的方式，洱海流域可以通过多种途径来实现有效的生态补偿：一是征收流域生态补偿费与生态补偿税；二是建立流域水资源生态补偿基金；三是实行生态补偿保证金制度；四是开展各级财政生态专项补偿；五是推行优惠信贷。此外还可以通过建立排污权交易市场、组建生态补偿捐助机构、发行生态补偿彩票等形式来多方筹措资金。

一般来说，生态补偿规模越大，涉及的利益相关方就越多，协调他们共同行动的成本也就越高，开发和实施的难度和复杂性就越高。没有任何一种策略对所有地区都有效，真正起作用的补偿机制和补偿途径应该是因地制宜的，需要发挥多种补偿机制的优势综合进行。

9.4 洱海流域构建生态补偿机制的政策措施

在洱海流域健全和完善生态资源补偿机制，将会进一步强化流域生态环境保护，培育区域造血功能，让流域人民很充分地分享全国经济社会发展的成果，有利于在科学发展观的指导下构建洱海流域和谐社会。为此，需要形成洱海流域生态补偿机制构建强有力的政策保障，并制定实施有效的政策措施。

9.4.1 强化政府主导作用，完善生态补偿主体责任机制

生态补偿机制的构建，需要首先解决"谁是责任主体"的问题。按照生态补偿原则

的要求："谁开发谁保护，谁破坏谁恢复，谁受益谁补偿，谁污染谁付费"，谁来付费的问题其实是利益相关者之间的责任问题。"生态补偿"的本质内涵是生态服务功能受益者对生态服务功能提供者付费的行为，付费的主体可以是政府，也可以是个体、企业或者区域。

在现阶段建立生态补偿机制中，要进一步完善政府在流域生态领域公共服务的主体责任。只有政府重视并有一定的财力，生态补偿机制才能迅速建立并不断完善。洱海流域生态效益的获益者向流域各级政府缴纳补偿费用，共同委托其所在地区的政府购买生态效益（形式上表现为支付流域不同种类的生态补偿金）；接受补偿地区的政府负责将补偿金分配给实际为流域保护做出贡献或是因流域保护牺牲利益的单位和个人，完成流域生态补偿的全过程。可以按照国家统一安排，以全国主体功能区划为依据，明确各生态功能的定位、保护的责任和补偿的义务，在生态效益的提供者和受益者的范围界定清楚的基础上，建立起有效的"利益相关者补偿"机制，从而真正实现生态链和产业链上不同区域之间的补偿。

9.4.2 争取政策、利用资源，多渠道筹措生态补偿资金

结合国家相关政策和洱海实际情况，不断改进公共财政对生态保护的投入机制，同时要研究并利用各级各类政策，引导建立多元化的筹资渠道和市场化的运作方式。

9.4.2.1 争取各项政策与利用各类资源

1）原国家环保总局《关于开展生态补偿试点工作的指导意见》（环发〔2007〕130 号）。力争流域生态补偿机制构建工作纳入国家"重要生态功能区生态补偿机制和流域水环境保护的生态补偿机制"的范围。

2）财政部、国家林业局《中央财政森林生态效益补偿基金管理办法》（财农〔2007〕7 号）。

3）云南省财政厅、云南省林业厅《云南省森林生态效益补偿基金管理实施细则》（云财农〔2005〕47 号）。

洱海流域涵养林和其他林地力争纳入财农〔2007〕7 号和云财农〔2005〕47 号的中央补偿基金和云南省森林生态效益补偿基金的补偿范围。

4）洱海流域治理要在纳入"国家水体污染控制与治理科技重大专项"的基础上，力争列入国家或省级生态补偿试点。

5）洱海流域生态补偿项目在纳入中国-欧盟农业生态补偿合作项目示范点的基础上，争取获得更多的中国-欧盟政策对话支持项目。

6）洱源工业区和滇西中心城市的区域和产业发展也要力争进入国家和云南省的产业扶持计划。

此外，还要争取更多的环保和产业项目获得各级政府的倾斜政策，如湿地建设、三退三还、矿区复垦、农村面源污染治理、农村污水收集和垃圾的无害化处理等项目。

9.4.2.2　多方筹措生态补偿资金

(1) 健全财政转移支付制度

实施积极的财政政策，增加对生态保护地区环境治理和保护的专项财政拨款、财政贴息和税收优惠等政策支持；建立生态补偿专项基金，在现有 1500 万元专项资金的基础上，力争每年增加 20%。

(2) 进一步完善洱海水费管理办法，试点开展水权交易

严格落实《国务院办公厅关于推进水价改革促进节约用水保护水资源的通知》，加快推进水价改革，适时开征洱海水资源费，逐步提高水资源费的征收标准，并将部分水资源费划归环保部门管理和使用。

(3) 逐步开征生态税费

在条件成熟的情况下可以在洱海流域内试点开征新的统一的生态环境保护税，建立以保护环境为目的的专门税种，消除部门交叉、重叠收费现象，完善现行保护环境的税收支出政策。"生态税"在内容上需要设置具有典型区域差异的税收体制，补偿生态保护与建设，体现"分区指导、调整利益"的要求。在"生态税"推广中，还可以根据区域实际，采取各种灵活手段逐步推行。在部分区域可以考虑先推出"生态附加税"，采用类似城建税或教育费附加的形式，附在三种主要税种（增值税、营业税、企业所得税）上同步收取；也可以在开征综合"生态税"之前，暂时先开征水资源税和森林资源税，对破坏生态环境的生产、生活方式利用税收手段予以限制，如对木材制品、野生动植物产品、高污染高能耗产品等的生产和销售征税；对环境友好、有利于生态环境恢复的生产、生活方式给予税收上的优惠等。

(4) 探索建立生态环境补偿基金

生态环境补偿基金可由政府拨出一笔专项资金，除优化原有支出项目和新增财力充实以外，还可以通过各种形式的资助及援助，逐步构建以政府财政为主导，社会捐助、市场运作为辅助的生态补偿基金来源体系。筹集的生态补偿基金可用于生态保护区生态建设、移民、脱贫等项目的资助、信贷、信贷担保和信贷贴息等方面。

9.4.3　加强组织领导和政策宣传，不断提高生态补偿的综合效益

9.4.3.1　加强组织领导

各级政府要把建立健全生态补偿机制作为大理生态州建设的有机组成部分，切实加强组织领导，搞好部门之间、区域之间、城乡之间的协调，整合优化政策措施，统筹安排补偿资金。各级生态办和财政部门要切实做好生态补偿各项措施的督促落实，各有关部门要根据生态市建设的职责分工，各司其职，相互配合，形成合力，共同推进生态补偿机制的建立。要加强对生态补偿资金的使用和管理，充分发挥生态补偿机制的积极效应，提高生态补偿的综合效益。

9.4.3.2 建立生态环境评估体系，强化责任考核

科学测度洱海流域和各区域的生态环境价值，研究形成合理有效的生态环境价值评估体系和相关责任人考核办法，完善生态环境补偿基金使用效益评价体系，提高补偿资金使用效率和效益。在流域保护区，要明确各级政府与管理部门获得和使用生态补偿资金应该履行的职能与责任，改革和完善领导干部政绩考核机制，将万元 GDP 能耗、万元 GDP 水耗、万元 GDP 排污强度、交接断面水质达标率和群众满意等指标纳入考核指标并逐步增加其在考核体系中的权重，将落实生态补偿工作作为考核各级各部门领导干部政绩的重要内容。

9.4.3.3 强化各类监督

自觉接受人民代表大会的工作监督和政治协商会议的民主监督，实行生态补偿实施情况年度审计制度；实行信息公开，定期公布生态补偿资金使用情况及相关工程进展情况。切实保障人民群众的知情权、参与权和监督权，促进生态补偿机制建立决策的科学化、民主化。及时总结经验，创新建立健全生态补偿的机制、思路和方法，为进一步完善生态补偿机制提供技术、政策保障。

10 | 洱海流域劳动力转移的政策支持和服务体系研究

10.1 洱海流域基本情况

10.1.1 洱海流域基本情况

洱海流域属澜沧江—湄公河水系，流域面积 2565km²，海拔 1974m，位于大理白族自治州境内，地跨大理市和洱源县的 18 个乡镇以及大理省级经济开发区和大理省级旅游度假区，流域总人口约 83 万，约占大理州人口的 1/4，其中，农村人口约占总人口的 78%，包括白族、汉族、彝族、回族、傈僳族、藏族、傣族、纳西族等 23 个民族。

10.1.2 洱海流域污染源分布情况

近年来，洱海流域基本上扭转了以农业为主体、工业及服务业落后的局面，但其社会经济结构仍处于工业化初级到中级发展阶段，存在低位发展、粗放经营，而且农业排污强度大，总量高，约占入湖量的 70%~80%；农产品结构单一，高污染、高市场风险的农业产业链业已形成；农业效益低、农业就业人口多，导致农业人口人均收入低，流域绝大多数农村居民生活水平刚刚越过温饱线，农业低水平发展与高污染状况共生共存。

流域工业主要以烟草、非金属矿物制品等作为主导产业，虽然从目前的数据来看水污染影响较轻，但是其今后的发展可能受到资源获取能力和市场规模的限制，产业成长空间有限。新兴工业的资源欠缺，产业基础薄弱，节能减排型工业发展不足，高新技术企业较少，循环经济模式尚待构建。在今后一段时间流域传统工业行业包括资源开发型行业可能因为环保限制和资源枯竭丧失发展的基础，而新兴的、资源依赖度低的绿色产业又发展滞后，可能造成在产业结构调整过程中出现居民收入下降和就业减少等严重问题，进而也会制约流域环境保护目标的实现。

洱海流域有着丰富的旅游资源和极高的旅游知名度，其旅游业的发展源远流长。作为流域主要污染源未受控制的农家乐，由于其数量众多、位置临海、缺乏管理，而且污水没有被收集处理，成为旅游业污染的隐患区域。上关、洱海东部也存在同样的情况。

10.1.3 劳动力转移问题的提出

今后洱海流域治理不得不面临以下问题：如何进行洱海绿色流域建设？如何构建低污

染、低市场风险的农业产业链？如何积极利用资源环境优势，推进生态农业、循环农业、设施农业建设，走内涵发展之路，以期实现农业增效、农民增收，且能收到强力控源之效？如何解决当前农村劳动力转移中存在的技能培训、就业信息、市场机制方面的不完善？如何对处于该区域的工业通过排污控制和结构调整手段进行优化，以期有效削减工业产业和城镇污染？如何提高第三产业价值和产业效益，减轻产业低端发展的污染，扩张、扩大该产业对流域富余劳动力的吸纳能力？

一直以来，我们在水污染治理过程中往往只注重自然学科对水本身的研究，而忽视人文社会学科的引入，岂不知从根本上而言，水污染皆是人这一行为主体所造成的。事实证明这种不对人这一水污染的制造者行为进行规范和引导，而仅仅是以头疼医头、脚疼医脚的水污染治理方式是存在问题的，即使有些效果，也往往因为人们意识和行为的偏差没有被纠正而出现反弹。所以在洱海流域水污染治理中我们要从根本上改变这种治标不治本的治理方式，从源头上抓起，这就要求我们在污水治理的同时，一方面要进行产业结构调整，把污染大、生产效益差的产业进行优化升级，另一方面对人的行为进行约束，把产业升级之后多余出来的劳动力转移出来，在污染较少的产业中就业。从上面污染源的分析中我们可以看出，流域的污染主要来自于农业和工业，所以这里的问题就是如何实现农业和工业劳动力有序地向第三产业的转移。

本研究就要针对洱海流域环境治理中技术运用、产业结构调整过程中引发的劳动力转移问题展开研究，主要考察流域产业结构调整所可能引发的劳动力转移需求情况，流域现有劳动力转移机制的现状与问题，未来劳动力转移的特性与趋势，未来劳动力转移可能遇到的问题与困境，从而有针对性地构建未来能够满足流域水污染治理的劳动力转移体系，以期能积极引导实现农村富余劳动力向非农产业和城镇有序转移，以促进社会公平、维护国家和社会稳定为导向，消解和解决未来洱海流域治理中可能出现的矛盾和问题，保障洱海流域环境治理的顺利推进。

因此，本研究从以下几个方面着手展开，通过全面掌握洱海流域劳动力资源的构成情况和分布特征、就业现状及变化趋势，对需要转移的劳动力规模进行具体入微的分析预测研究，从而制定出配套的推进劳动力转移的政策措施，完善相关法规和规范，达到提升劳动力的素质以满足产业调整和转型的需要，实现产业劳动力的平稳转移。

10.2 洱海流域劳动力转移的需求分析

为了保证建立起一种流域长效治理机制，需要首先通过产业政策与结构调整，对流域各产业布局进行优化调整，形成流域低污染、循环发展的生态经济模式，从源头上减少污染物排放量，由此产生一部分劳动力转移的需求。

10.2.1 产业功能区调整规划与劳动力转移

依据"离湖发展，临山增容；生态优先，渐次调优；截流减负，控源保增"的规划战略，按照社会经济发展的圈层理论，在流域水污染综合防治四片七区基础上，采用红线、黄线、蓝线和绿线，划分流域产业发展四类功能控制亚区。

10.2.1.1　禁止发展亚区

在海东湖滨路以西，海西距洱海湖岸最高水位线100m不等范围以内，在洱源县海西海、茈碧湖、西湖湖岸最高水位线100m不等范围以内，划一红线作为流域产业禁止发展亚区。禁止发展亚区是距离流域湖泊和水系最近的区域，是湖滨带的生态敏感区。

由于该区域距离流域湖泊和水系很近，所以不允许任何农业产业以任何形式存在，对目前处在区内的农业种植产业采取退耕还林、退耕还草的方式进行清除；对于处在区内的畜牧养殖产业采取拆迁和转移到其他发展区的方式进行清除。该区域内发展工业会导致工业污染大量发生，即使经过环保处理的工业废水进入水体也会污染洱海水环境，据此在该区域内不允许任何工业产业的发展。

10.2.1.2　限制发展亚区

在洱海东岸海拔2000m以下、南岸360国道以北、西岸省道221（大丽路）以东、北岸上关镇界以内与禁止发展亚区之间的范围，以及洱源县主要河流（包括弥苴河、罗时江、永安江、弥茨河、凤羽河）两岸各200m不等范围以内、洱源县主要湖泊（海西海、茈碧湖、西湖）湖岸线200m不等范围与禁止发展亚区之间范围，划一黄线作为流域产业限制发展亚区。

处于限制发展亚区的农业产业具有较高的污染控制要求。对污染产生量高、污染控制乏力、对流域水环境威胁大的农业产业采取削减规模或者调整转移到外层发展区的方式进行严控；根据国内外相关经验和流域的实践，大力推行高产、优质、高效的生态农业发展模式，具体模式有鱼稻连作、烟豆套种等；在该区实施低污染处理技术工程和生态农业发展工程，进行生态化农业产业改造和整治，具体方式有低污染水处理系统运用、农业水循环利用技术运用、精确施肥等。该区域内的工业产业应该是以零排放的高科技绿色工业为主，可以适当发展创意产业，而对于一般加工业等规模大、排放高的产业严格限制其发展。

10.2.1.3　优化发展亚区

大理市洱海西岸大丽路与国道214之间的范围和洱源县限制发展区与山地涵养林之间的范围，划一蓝线作为流域产业优化发展亚区。

优化发展亚区突出对农业产业结构、布局和种养方式的调整优化。需要对单位数量污染产生量大的养殖业规模进行缩减；需要优化重污染种植业种植方式，选择污染产生量小的种植品种轮作方式进行生产，改露地种植为大棚种植，扩大大棚种植面积。该区域距离流域湖泊和水系的距离较近，工业污染对流域湖泊和水系的威胁较大。目前该区域的工业产业规模不大，但有一些企业污染排放相对严重，今后对处于该区域的工业必须通过排污控制和结构调整手段进行优化，以此有效削减工业产业和城镇污染。

10.2.1.4 综合发展亚区

泛指以上三个亚区以外的其他可供发展区域，即在沿山地涵养林划一绿线作为流域产业综合发展亚区。例如，在洱海西岸，国道 214 与山地涵养林之间的范围即为流域产业发展综合发展亚区。

综合发展亚区突出对经济作物和畜牧家禽的专业化、规模化、标准化种养，应通过政府土地入股、农户农业品种入股、农业企业现金入股等农业股份合作制，或农业专业合作社等形式，建立相应种养基地，并实行农业污染物的集中收集与处理。由于该区域距离湖泊和水系的距离较远或者对流域湖泊水系的污染影响最小，因此可以鼓励工业产业在资源约束条件下适度发展。在此区域内，应该结合实际设置若干重点工业产业发展区（工业组团），通过区域政策、产业政策的引导，逐步培育特色产业园和产业群，构建分区域产业带，形成"以点带面、周边辐射、沿轴扩散"的工业产业区域架构。

10.2.1.5 产业功能区调整与劳动力转移

农业规划不仅仅存在规模削减、布局调整的需要，为了建立长效的生态农业生产机制，还必须积极促进产业升级，优化种养方式，促进流域农业产业规模化生产，以提高面源污染的可控性，为此要通过农业对外开放、招商引资、寻求战略合作伙伴等多种途径，采用土地入股、转租、特色农产品经营合作社等多种形式，建立股份制种养基地。不管是土地流转还是产业优化升级都需要对劳动力进行必要转移。

调整规划从增加工业产业的附加值和增强产业关联度着手，着力于产业链的延伸和产业竞争力的提高，推行工业产业的循环经济并促进绿色工业的发展，力求达到流域工业"做大求强"的目的，积极鼓励突出区域特色和优势的绿色产业的发展，大力扶持生物开发、新能源、新材料、高新科技等"低投入、低污染、低耗能、高效益"的优势产业，培育新兴产业集群。这就对工业产业从业人员在基本文化素质和劳动技能等方面提出更高的要求。

旅游业规划以空间布局调整带动旅游产业结构调整，提出要优先发展购物、娱乐等高产值低污染的旅游形式，增加旅游业效益，控制旅游业污染，削减单位产值的排污量，并完善旅游配套污染物处理设施。在各保障措施的支持下，达到减排既定目标，体现旅游业的经济和环境效益。旅游业是一个劳动密集型产业，可吸纳大量的富余劳动力。

伴随流域产业结构调整和优化的不断深化，很多问题被提上议事日程，如何建立有效措施保障流域人才、资金、技术发展资源在各产业之间顺畅流通？如何确保各产业从业人员素质和技能符合产业发展需要？如何保证劳动力转移的成果能够长期巩固？如何保证产业结构调整不畅带来大的社会冲突和稳定问题？对这些问题在以前的水污染治理实践中常常被忽视，问题的解决可能为洱海流域治理提供新的契机。

10.2.2 城镇体系调整与劳动力转移

根据流域社会经济结构调整总体规划内容，结合大理州根据大理市构建"宜居城市"

和洱源县建设"生态家园"的要求，制定流域城镇体系发展及劳动力转移规划方案。

10.2.2.1 规划原则

对流域城镇体系及劳动力转移进行规划需要遵循以下原则：一是以目前流域城镇布局和产业结构调整出的劳动力结构、数量作为规划的基础；二是以重点区域城镇体系建设及劳动力转移（大理市、洱源县邓川–右所个案分析）为主要着力点；三是以流域民族文化特点、居住及生活方式、消费观念及社会需求为指导；四是将既有助于减少和控制污染排放，又能保持和发扬民族特色的城镇体系建设和人口转移方式为战略选择；五是根据流域城镇体系生态化发展水平现状，结合基于水环境承载力的城市最佳人口容量、最适用地规模和流域生态城镇体系的等级结构、职能结构和空间结构，对洱海流域城镇体系及劳动力转移进行规划设计，确定规划方案。

10.2.2.2 规划目标

以水环境承载力为依据，以污染总量控制为约束条件，根据大理市构建"宜居城市"、洱源县建设"生态家园"的要求及流域未来社会经济发展趋势，突出生态建设，构筑生态文明流域人居环境可持续发展的城镇系统结构及劳动力转移途径。

10.2.2.3 规划内容及步骤

第一阶段（2009~2010年），针对洱源县城镇体系（重点区域邓川–右所、茈碧湖周边）生态化发展水平现状（历史分析——洱源县城乡空间演化进程、区域分析——洱源县城乡空间结构特征、环境分析——洱源县城乡空间变化条件、趋势分析——洱源县城乡空间发展路径），结合基于水环境承载力的城市最佳人口容量、最适用地规模和流域生态城镇体系的等级结构、职能结构和空间结构，进行城镇体系及劳动力转移的规划设计，确定规划方案。

第二阶段（2011~2015年），针对大理市城镇体系生态化发展水平现状（历史分析——大理市城乡空间演化进程、区域分析——大理市城乡空间结构特征、环境分析——大理市城乡空间变化条件、趋势分析——大理市城乡空间发展路径），结合基于水环境承载力的城市最佳人口容量、最适用地规模和流域生态城镇体系的等级结构、职能结构和空间结构，进行城镇体系及劳动力转移的规划设计，确定规划方案。

第三阶段（2016~2020年），针对全流域城镇体系生态化发展水平现状（历史分析——洱海流域城乡空间演化进程、区域分析——洱海流域城乡空间结构特征、环境分析——洱海流域城乡空间变化条件、趋势分析——洱海流域城乡空间发展路径），结合基于水环境承载力的城市最佳人口容量、最适用地规模和流域生态城镇体系的等级结构、职能结构和空间结构，进行城镇体系及劳动力转移的规划设计，确定规划方案。

随着城乡统筹发展战略的进一步落实，合理发展小城镇成为当前一个重大主题，为了保证与流域生态治理相互协调，需要对劳动力的分布格局进行重新调整，以达到有利于社会经济协调发展的最佳条件。

10.2.3 流域劳动力转移具体需求情况

洱海流域人口和农村剩余劳动力测算情况见表10-1。

表 10-1 洱海流域人口和农村剩余劳动力测算（总人口模型的估算误差表）

数据序号	模拟值	残差	相对误差
1	86.373 327	0.043 327	0.050 188
2	87.095 032	-0.004 968	-0.005 704
3	87.822 765	-0.077 235	-0.087 867
4	88.556 581	-0.033 419	-0.037 723
5	89.296 528	0.096 528	0.108 215
6	90.042 657	-0.027 343	-0.030 357

运用灰色系统模型（DM）进行计算，可得如表10-2所示的测算结果。

表 10-2 全流域人口及劳动力预测表（洱源县+大理市）　　　（单位：万人）

年份	总人口	市镇人口	乡村人口	非农业	农业人口	就业人员	城镇	乡村	第一产业	第二产业	第三产业
2003	85.54	32.02	53.52	22.12	63.42	47.42	11.63	35.79	24.17	9.2	14.05
2004	86.33	32.05	54.28	22.59	63.74	50.17	13.67	36.51	24.19	10.9	15.08
2005	87.1	33.48	53.62	22.95	64.15	50.54	13.74	36.8	24.21	11.16	15.17
2006	87.9	34.27	53.63	23.25	64.65	50.89	13.96	36.93	23.76	10.81	16.32
2007	88.59	37.18	51.41	24.47	64.12	51.71	14.88	36.84	23.89	11.41	16.41
2008	89.2	37.65	51.55	25.23	63.97	57.07	19.23	37.84	24.02	13.7	19.35
2009	90.07	39.43	50.64	25.82	64.25	52.08	15.03	37.05	23.68	11.37	17.07
2010	90.8	40.89	49.91	26.58	64.2	52.60	15.44	37.16	23.54	11.49	17.67
2015	94.65	48.23	46.42	30.71	63.94	55.23	17.5	37.73	22.89	12.13	20.76
2020	98.67	55.49	43.18	35.48	63.19	58.01	19.7	38.31	22.26	12.79	24.44

10.2.3.1 洱海流域农村剩余劳动力的存量分析

(1) 从城市化发展的角度估计

纵观人类社会现代化的过程，不难发现，合理的城市化进程是有效吸纳农村劳动力的主要途径。因此，根据特定国家或地区相应经济发展水平下应有的城市化水平与实际城市化水平的差距便可测算出需要转移的农村剩余劳动力的总量。具体估算公式如下：

$$L_s = (U_y - U_s)P_t R_1$$

其中，L_s 为农村剩余劳动力的总量；U_y 为特定区域应有的城市化水平；U_s 为特定区域实际的城市化水平；P_t 为特定区域的总人口；R_1 为特定区域的农村劳动力占总人口的比重。

所研究区域实际的城市化水平可以表示为该区域的非农业人口占年末总人口的比重，该区域的应有的城市化水平可以用以下模型计算得到。

美国斯坦福大学钱纳里教授提出的"工业化发展阶段理论"中关于经济发展和城市化水平之间关系的"标准产业结构"，可以估计两者之间关系的对数曲线相关模型，其数学表达式为：

$$Y = 23.36 \ln X - 94.76$$

其中，Y 表示城市化率，X 是区域内人均国内生产总值（折算为美元）。由于该模型的 R^2 值高达 0.95，总体显著，因此可以以此为基础测算洱海流域农村剩余劳动力的总量（表10-3）。

表10-3　2003～2009年洱海流域农村剩余劳动力的估计（从城市化发展的角度估计）

年份	人口总数（万人）	农村劳动力（万人）	人民币对美元汇率	人均GDP（美元）	应达到城市化水平（%）	实际城市化水平（%）	农村剩余劳动力（万人）
2003	85.54	35.79	8.277	1 233.66	71.51	25.86	16.34
2004	86.33	36.51	8.192	1 346.81	73.56	26.17	17.30
2005	87.1	36.8	7.972	1 558.96	76.97	26.35	18.63
2006	87.9	36.93	7.604	1 867.57	81.19	26.42	20.23
2007	88.59	36.84	6.946	2 337.46	86.43	26.53	22.07
2008	89.2	37.84	6.833	2 708.47	89.88	26.59	23.95
2009	90.07	37.05	6.786	2 960.80	91.96	26.5	24.25

资料来源：2004～2010年大理州统计年鉴。

然后使用无偏灰色系统模型（verhulst）进行预测，有如表10-4所示的结果。

表10-4　使用无偏灰色系统模型的洱海流域农村剩余劳动力估计（从城市化发展的角度估计）

年份	流域总人口（万人）	农村劳动力（万人）	农村剩余劳动力（万人）
2010	90.8	37.16	25.40
2015	94.65	37.73	29.46
2020	98.67	38.31	31.61

其误差情况如表10-5所示。

表10-5　估计误差分析

数据序号	模拟值	残差	相对误差
1	17.78	0.467 251	2.700 873
2	19.18	0.51 911	2.94 745
3	20.56	0.325 745	1.610 208
4	21.88	-0.190 712	-0.864 123
5	23.13	-0.81 531	-3.404 217
6	24.31	0.060 275	0.248 557

（2）从农业生产的角度估计

这里借鉴韩纪江于 2002 年提出的一种测算方法。计算方法如下。

首先，计算全国居民总收入水平。全国居民总收入 S 等于农村居民总收入 A 与城镇居民总收入 B 之和，即 $S=A+B$。农村居民总收入 A 等于农村家庭人均纯收入与农村总人口的乘积，城镇居民总收入 B 等于城镇家庭人均可支配收入与城镇总人口的乘积。

第二步，计算出全国劳动力平均收入水平。即用全国居民总收入 S 除以全国的劳动力总量。

第三步，计算出洱海流域农村必需劳动力的数量，即用农村居民总纯收入（乡村人口数乘以农村居民人均纯收入）除以全国劳动力平均收入水平，得到理想状态下洱海流域农村必需劳动力的数量。

最后计算出洱海流域农村富余劳动力的数量，即用洱海流域农村劳动力的总量减去流域农村必需劳动力的数量（表 10-6）。

表 10-6　2003~2009 年洱海流域农村剩余劳动力的估计（从农业生产的角度估计）

年份	洱海流域农村劳动力总量（万人）	农村必需劳动力总量（万人）	农村剩余劳动力总量（万人）
2003	35.79	15.07	19.71
2004	36.51	13.78	22.01
2005	36.8	13.07	23.00
2006	36.93	12.66	23.75
2007	36.84	11.32	25.52
2008	37.84	10.90	26.94
2009	37.05	10.37	26.68

资料来源：2004~2010 年大理州统计年鉴，中国统计年鉴，通过计算得到。

使用无偏灰色系统模型（verhulst）进行测算，如表 10-7 所示。

表 10-7　使用无偏灰色系统模型的洱海流域农村剩余劳动力估计（从农业生产的角度估计）

年份	农村劳动力	农村必需劳动力总量（万人）	农村剩余劳动力
2010	37.16	9.89	27.27
2015	37.73	8.09	29.64
2020	38.31	6.92	31.39

其误差情况如表 10-8 所示。

表 10-8　估计误差分析

数据序号	模拟值	残差	相对误差
1	13.970 915	0.190 915	1.38 545
2	13.035 682	-0.34 318	-2.62 571
3	12.230 304	-0.429 696	-3.394 123
4	11.529 579	0.209 579	1.851 405
5	10 914 431	0.014 431	0.132 394

10.2.3.2　综合分析流域农村剩余劳动力的变化趋势及特点

为了使计算更加精确，减少误差，这里将把两种算法综合考虑，进而得出了最后的测算结果。计算公式如下：平均估计值＝（第一种算法值＋第二种算法值）/2，最终得出的流域农村剩余劳动力的数值如表 10-9 所示。

表 10-9　2010～2020 年洱海流域农村剩余劳动力的平均估计值

年份	农村剩余劳动力总量（第一种算法）	农村剩余劳动力总量（第二种算法）	平均估计值（万人）
2010	25.40	27.27	26.335
2015	29.46	29.64	29.55
2020	31.61	31.39	31.5

从表 10-5 中可以看出，洱海流域农村剩余劳动力的数量呈逐步上升趋势，由 2010 年 26.33 万人增加到 2020 年的 31.5 万人，增加的幅度比较大，表明近几年来农村劳动力转移的压力非常大。

10.3　洱海劳动力转移的路径与特征分析

任何制度变迁都不可能是在真空中产生的，所以在制定未来劳动力转移体系之前，我们有必要对现有劳动力的特征及劳动力转移的特征进行考察，以便为我们构建新的劳动力转移体系找到现实基础。

10.3.1　大理市经济社会发展情况

大理市下辖 10 镇 1 乡、1 个省级经济开发区（省级高新技术开发区），1 个省级旅游度假区，共有 111 个村委会、32 个社区居委会。全市国土面积 1815m²，全市总人口 61.57 万人，农村人口 38 万人，人均耕地面积 0.3 亩。2009 年，大理市地区生产总值 159.6 亿元，财政总收入 19.19 亿元，工业总产值 170.03 亿元。城镇居民人均可支配收入 14 390 元，农民人均纯收入 4872 元。

10.3.2　现有劳动力转移的特征分析

从已有劳动力转移资料分析，流域劳动力具有以下基本特征。

从年龄结构来看，全市农村总劳动力 23 万人左右，其中 16～24 岁人员 4.6 万人，占 20.4%；25～34 岁人员 7.03 万人，占 30.6%；35～44 岁人员 5.3 万人，占 23.4%；45 岁以上人员 5.75 万人，占 25.2%。

从文化结构看，目前农村劳动力高中以上文凭的有 1.13 万人，占 4.91%；初中以上文凭的有 11.6 万人，占 50.4%；小学及以下文凭的有 10.3 万人，占 44.7%。

从土地保有情况看，到 2008 年 5 月底，全市失地农民总人数 54 368 人，其中年满 16 周岁至不满 60 周岁人数 46 643 人，年满 60 周岁至 75 周岁以下人数 5748 人，年满 75 周岁及其以上人数 1977 人；人均耕地面积小于 0.3 亩人数 17 354 人。2008 年 5 月至今，大理市新增失地（部分失地）农民 16 878 人。

从抵御风险能力看，金融危机爆发以来，大理市共有返乡农民工 7385 人，其中因企业倒闭返乡 53 人，占 0.72%；因企业裁员返乡 603 人，占 8.17%；因企业停产、半停产返乡 693 人，占 9.38%；正常返乡 6036 人，占 81.73%。通过培训和协调、服务，返乡农民工中除 2588 人重新务农外，229 人再次出省就业，3881 人就地转移就业，其他 687 人也逐步实现了再就业。

从收入情况看，2009 年，全市农民外出务工总收入达 2.8 亿元，占全市农业总产值 19.95 亿元的 14%；外出务工人员人均年收入 8027 元。

10.3.3　现有劳动力转移路径分析

从就业途径看，在家生产经营人员 16 万人，在乡村企业人员 2.3 万人，可外出人员有 5.07 万人左右。

从就业去向看，2010 年，全市转移 4276 人，输到省外 570 人，市外 1197 人，市内 2500 人。

从转移方式看，有组织输出 596 人，帮带输出 1122 人，自发输出 2549 人。

从培训情况看，2005 年至 2009 年上半年，大理市共培训农村劳动力 55 600 余人，新增转移就业 42 000 余人，其中省外 2800 余人，市外 11 300 余人，市内 27 800 余人。其中。2009 年利用省、州技能培训结余经费，培训人员 1354 人，其中驾驶与维修类 261 人，建筑装饰类 224 人，餐饮旅游服务类 260 人，社区服务类 319 人，其他类 290 人；2010 年州下达大理市农村劳动力新增培训 10 000 人，新增转移就业 6000 人，根据二季度报表显示，全市已完成培训 5870 人，占任务人数的 59%，新增转移就业 4267 人，占任务人数的 71%。云南省下达大理市省级技能培训专项资金 70 万元，要求新增培训 3500 人。

10.3.4　现有劳动力转移存在的问题

经过对现有劳动力素质特征和劳动力转移路径的分析我们可以看出，现有的劳动力转移中存在以下问题。

10.3.4.1　劳动力素质偏低

从我们收集的资料可以看到，劳动力人口中，35～44 岁人员 5.3 万人，占总数的 23.4%，45 岁以上人员 5.75 万人，占总数的 25.2%。这就意味着有接近一半的劳动力存在年龄偏大的问题；从文化程度看，劳动力高中以上文化的 1.13 万人，只占到总数的

4.91%，劳动力的大多数只有初中和小学文化程度。年龄偏大和学历偏低都使得这一部分劳动力很难具备所从事专业的技术技能，他们中的绝大多数因为缺乏专业技术和较高素质只能从事脏、累、苦、险和低收入行业，高层次就业的比例很低，而且在务工过程中往往缺乏竞争力，难以适应产业升级加快对技术工人的需求，难以找到合适的工作，更难以获取较高的劳动报酬。

10.3.4.2 组织化程度不高

根据现有资料来看，组织化程度不高主要表现为以下几方面。

（1）就业市场的信息不对称

信息对沟通人与人之间的各种经济社会联系起着重要作用，准确的有价值的信息可以给农民工带来经济效益或某方面的成功，而信息不灵不准会给他们带来损失。由于当前大部分劳动力还是靠"亲帮亲、邻带邻"外出谋生，进行着自发的流动，转移过程艰难，转移流动成本较高。主要原因之一就是缺乏组织引导，新制度主义认为任何信息的产生、传播和发挥作用都是需要成本的，具体到劳动力转移而言，在当前信息化时代，文化水平较低的分散农民很难负担起就业信息收集、信息处理及信息利用成本。

（2）劳动力转移缺乏计划性

由于农民组织化程度不高，大部分农民没有受到良好的劳动技能培训，缺乏职业生涯规划，不明确自己的就业方向和就业优势，在就业市场上缺乏竞争力，成为只能从事低端劳务的"万金油"；在面对就业市场混乱，用人单位行为不规范等情况时，没有组织作为后盾来维护劳动者的合法权益，一旦利益受损，他们往往上诉无门；劳动力在务工的整个流程中缺乏有力后盾，没有组织归属感，对社会的认同度不够，一旦产生不良情绪，缺乏有效的救济机制。

（3）没有正式组织

就现有劳动力组织来看，除少部分行业有工会等机构外，行业的专门性组织大都是空白，劳动力群体的凝聚力和动员能力严重匮乏。

10.3.4.3 转移水平不高

（1）转移方式单一

劳动力人口多是季节性打工，转移方式单一，转移地区分布不均。多采用农闲外出打工、农忙时在家从事农业生产，实行季节性打工。男性劳动力多以大车司机、建筑装饰、小买卖为主。转移的主要去向是大理市以内及周边地区，市外、省外占极少数。

（2）就业层次低下

当前流域劳动力的转入行业多为建筑业、餐饮业等一些劳动强度较大、技术含量不高而劳动报酬偏低的行业，收入水平一直在低位徘徊，缺乏融入就业地的经济承担能力，只能成为候鸟式的劳动者。

（3）稳定性差

由于劳动力自身素质所限，相当多的劳动力缺乏核心竞争力，抵御市场风险的能力较差，一旦遭遇如金融危机等大的市场变动，最先受到影响的往往就是这一部分群体，大量人员被迫回流，大部分劳动力缺乏在城市长久居住的信心和能力。

10.3.4.4 劳动力保障体系存在不足

由于洱海流域治理所引发的农民失地和劳动力转移的保障措施缺乏，而就现有的社会保障措施来看，也存在大量的问题，并没有实现应保尽保；从现有的资金投入情况来看，用于劳动力转移培训、政策引导、技能培训、跟踪服务、市场就业、产业培植、创业帮扶、就业信息、培训和指导服务等方面的资金仍然明显不足，具体措施有待改进。劳动者对自己的人身安全、权益能不能得到有效保障顾虑重重，劳动者缺乏外出务工的动力。

10.3.4.5 产业间转移吸纳能力较差

劳动力转移主要是劳动力从第一产业向第二、第三产业的转移。第二、第三产业的劳动力吸纳能力可以通过劳动力区位商指数进行估算。

$$R_1 = \frac{某区域农村农业就业人数}{该区域农村总就业人数} + \frac{全国农村农业就业人数}{全国农村总就业人数} \qquad (10\text{-}1)$$

农村富余劳动力主要集中在农业中，农业劳动力在农村劳动力总量中所占的比例越大，则说明农村富余劳动力转移的压力越大，同时第二产业和第三产业对农村富余劳动力吸纳的能力越弱（表10-10）。式（10-1）将这一比重与全国的平均水平进行了对比，若$R_1 > 1$，则表明该区域劳动力转移的压力大于全国的平均水平（表10-11）。

表 10-10　洱海流域劳动力就业情况 （单位：人）

年份	乡村农业就业人数	乡村总就业人数	流域总就业人数	第一产业	第二产业	第三产业
2003	256 517	347 791	474 200	241 700	92 000	140 500
2004	240 389	357 887	501 700	241 900	109 000	150 800
2005	239 263	360 732	505 400	242 100	111 600	151 700
2006	238 275	369 300	508 900	237 600	108 100	163 200
2007	237 337	368 433	517 100	238 900	114 100	164 100
2008	237 988	378 434	570 700	240 200	137 000	193 500

资料来源：1949～2008奋进的大理——新中国成立60周年统计资料汇编。

表 10-11　中国劳动力就业情况 （单位：万人）

年份	乡村农业就业人数	乡村总就业人数	全国总就业人数	第一产业	第二产业	第三产业
2003	31 206	48 793	74 432	36 546	16 077	21 809
2004	30 768	48 724	75 200	35 269	16 920	23 011
2005	29 733	48 494	75 825	33 970	18 084	23 771
2006	28 631	48 090	76 400	32 561	19 225	24 614
2007	27 691	47 640	76 990	31 444	20 629	24 917
2008	26 872	47 270	77 480	30 654	21 109	25 717

资料来源：中国统计年鉴2004～2009。

$$R_2 = \frac{某区域第二产业的就业人数}{该区域总就业人数} + \frac{全国第二产业就业人数}{全国总就业人数} \qquad (10\text{-}2)$$

由刘易斯的二元经济理论可知，城市工业部门的扩张是农业劳动力转移的前提。第二产业劳动力所占的比重越大，说明第二产业对劳动力的吸纳能力越强。式（10-2）中，如果 $R_2>1$，则表明该区域第二产业对劳动力的吸纳能力大于全国的平均水平，反之，则得出相反的结论。

$$R_3 = \frac{某区域第三产业的就业人数}{该区域总就业人数} + \frac{全国第三产业就业人数}{全国总就业人数} \qquad (10\text{-}3)$$

发展第三产业是促进地区经济增长，扩大就业的重要途径。随着经济的发展，第三产业逐渐成为吸纳劳动力的主要渠道，它不仅可以吸纳农业剩余劳动力，还可以吸纳由第二产业转移出来的劳动力。式（10-3）中，如果 $R_3>1$，则表明该区域第三产业对劳动力的吸纳水平大于全国的平均水平。

通过查阅相关数据，利用上述公式，可以计算出产业的劳动力区位商指数，见表 10-12。

表 10-12　洱海流域的劳动力区位商指数

年份	R_1	R_2	R_3
2003	1.38	0.410 007	0.589 294
2004	1.30	0.442 261	0.606 575
2005	1.28	0.459 312	0.613 656
2006	1.24	0.464 055	0.642 864
2007	1.23	0.488 598	0.640 986
2008	1.20	0.512 501	0.670 975

从表 10-12 可以看出，2003～2008 年，R_1 的数值均大于1，而 R_2、R_3 的数值均小于1，说明洱海流域劳动力转移的压力比较大，而且第二产业、第三产业对劳动力的吸纳能力低于全国的平均水平。从纵向来看，R_1 的数值在逐年减小，表明近几年来洱海流域在农业劳动力转移方面取得了一定的成绩，使得劳动力转移的压力在逐渐减小；R_2 的数值在逐年增大，表明近几年来洱海流域工业经济发展速度迅猛，工业是洱海流域第二产业的主体，流域的工业化和城镇化进程加快，农产品加工等资源开发型产业得到了有效发展，在一定程度上提高了第二产业对劳动力的吸纳能力，但是由于第二产业的产业结构不是非常合理，工业产品大部分属于原料型和初级加工品，而高科技、高附加值产品比例低，劳动密集型企业数量有限，现有的就业机会不能有效地吸纳从第一产业转移出来的劳动力；R_3 的数值也在逐年增大，从 2002 年的 0.589 增加到 2008 年的 0.671，近几年洱海流域凭借其资源优势、交通优势、企业管理优势和多极优势，旅游业发展迅速，提高了第三产业对剩余劳动力的吸纳能力，但是由于旅游产品发展不够充分，没有在温泉资源和气候资源的基础上深度开发休闲度假产品，因此无法创造出更多的就业机会，吸纳更多的农村富余劳动力。

10.4　新的洱海流域劳动力转移机制特性分析

从现有的劳动力转移情况来看，虽然存在诸多问题，但是仍然比较有效地实现了劳动力的成功转移，而我们必须清醒地认识到，未来的洱海流域劳动力转移具有与之前完全不同的特性，主要体现在以下几个方面。

10.4.1　规划性转移

洱海流域的劳动力转移是由于洱海水污染治理所引发的，是政府基于产业结构调整所作出的规划性转移，这不同于之前劳动力转移的特性，之前的劳动力转移是一种农民的自发性行为，即使出现就业市场的波动，农民承担主要责任，而由政府主导的这次劳动力转移是一项系统性工程，政府在其中承担主要责任，这一过程中涉及产业结构调整、土地流转、房屋拆迁、就业转岗、房屋安置、社会保障和公共服务等一系列问题，政府必须提出切实的保障措施，保障被转移群众的根本利益不会受损。否则，农民会把账算到政府头上，如三峡工程和三门峡水利工程中出现的群众与政府的冲突就会在所难免。

10.4.2　时效性

水污染治理是一个系统性工程，需要长期的规划，有步骤、分阶段实施，劳动力转移是整个流域治理过程中的关键一环，劳动力转移的效率和效果直接影响到其他治理措施的展开，例如，需要转移的人口没有从限制发展区及时转出，污水仍然会不断产生并向洱海排放，产业结构调整需要转移的人口如果不能及时转出，调整规划实施就会受到影响，面源污染等问题也就无法得到有效遏制。所以在调整的过程中要考虑到时效性。

10.4.3　不可逆性

这一点也是流域劳动力转移的最大特点，和一般的劳动力转移有所不同，一般的劳动力转移我们可称为流动性转移，即劳动力转出和转入的过程是可逆的，这以劳动力在农村的土地和房屋等财产保有为前提；流域劳动力转移则是一个不可逆的过程，由于受到产业结构调整和区域发展规划的限制，农民一旦转出，将没有途径再回流，所以必须采取有效措施，保证农民转出之后能够在城市安居乐业。所以，我们在制定新的劳动力转移政策的过程中不但要兼顾已有政策的优势，也必须考虑到洱海水污染治理实际的需要，制定出更富于针对性的有效措施。

10.5 洱海流域劳动力转移体系建设

10.5.1 劳动力转移的指导原则

根据新的劳动力转移体系的特性，我们在未来的劳动力转移政策制定中有必要坚持以下原则。

10.5.1.1 改善民生为根本出发点的原则

坚持以"三个代表"重要思想为指导，认真落实科学发展观，以推进生态市建设、统筹区域和谐可持续发展为主线，以改善生态环境质量和提高人民生活水平为根本出发点，以机制创新、政策创新和管理创新为动力，不断完善政府对劳动力转移的调控手段和政策措施，促进社会参与和市场运作有效互动，逐步建立公平公正、权责统一、积极有效的劳动力转移体系。

10.5.1.2 以政治稳定与社会和谐为导向的原则

从政治认同和政治合法性的角度来说，虽然从长远看，生态环境是一种公共资源，其质量的改善对所有人都是有好处的，但是就现阶段而言，由于环境治理所引发的劳动力转移势必会造成一部分人群利益的暂时损失，如未来流域劳动力转移具有不可逆性，就使得一些群众被迫离开他们世代生活的地方而远涉他乡，忍受背井离乡之苦。这就要求我们在制定相关政策和法规时，从政治稳定与社会和谐的大局出发，充分考虑到劳动者的劳动权和其他合法权益，留在第一产业的要保证他们有田可种，转移到第二、第三产业的要保证他们有工可做，有钱可转移，使得涉及的人群能够移得出，稳定住，过得好，能够较之以前更好地安居乐业。

10.5.1.3 坚持公平正义的原则

公平和正义是一种底线伦理。要保证就业政策制定的合理性和有效性，在劳动者基本生活保障方面做到一视同仁的同时，也要充分照顾到不同年龄结构、性别构成、民族构成、文化结构、职业结构、生活习惯、生产方式、收入结构、价值观念、地域分布状况人群的具体情况，对不同群体的就业习惯和生活习惯予以尊重，使得每个群体的就业意愿能得到充分尊重和实现，使得每一个受转移群众都能在新的工作岗位上爱岗敬业，实现经济效益和社会效益的双赢，特别是针对流域少数民族众多的现实，在劳动力转移中要充分考虑到他们的风俗习惯和利益要求。

10.5.1.4 坚持政府主导和群众自主相结合的原则

按照多元治理理论，在劳动力转移中，政府要摆正自己管理者和服务者的位置，不能推卸责任也不能越俎代庖，同时要发挥其他治理主体的作用。按照"劳动者自主择业、市场调节、政府促进就业"的方针，政府一方面要在政策引导、技术支持、平台搭建、信息服务和教育培训等方面多下工夫，为劳动力转移提供高质量的服务和保障，另一方面要充分发挥转移群众的主动性、能动性和创造性，使他们能正确有效地利用好政府的政策引导、技术支持和信息服务等优惠政策，通过自我努力不断实现自我提升，逐渐增强劳动技能和就业能力，逐步成长为适合现代化生产模式的社会主义新型劳动者。

10.5.1.5 坚持城乡统筹发展的原则

国民待遇和公民权利是我们最终的落脚点，就目前情况来看，劳动力转移主要涉及的是第一产业向其他产业转移的问题，而农村劳动力广泛存在劳动力数量过剩，文化素质低下，劳动技能缺乏，适应能力、风险意识、维权意识和市场意识较差等问题，这成为劳动力有序转移的最大瓶颈。需要政府相关部门针对性地提出解决方案，使农民能够尽快适应城镇的生产和生活方式，实现农民向市民的转化，实现城乡一体化统筹发展。

10.5.2 劳动力转移成本分析

在对流域劳动力特性及现有劳动力转移特征进行必要分析之后，我们有必要在制定新的劳动力转移政策之前对劳动力转移成本进行考量。

从流域水污染治理的实际来看，劳动力转移主要是因产业结构调整和发展区域调整所产生，所以对劳动力转移的成本考察主要会涉及以下方面。

10.5.2.1 直接成本

直接成本包括就业成本、迁移成本、生活成本和教育成本等。

就业成本包括劳动力市场上的交易成本及向政府职能部门缴纳的办证费用，包括健康证、就业证、生育证等相关证件的工本费，据估算单这一项每人每年需要承担 500～1000 元的成本。

迁移成本主要产生在劳动力从居住地到劳动目的地所产生的餐旅费和交通费用等。

生活成本包括家庭安置、房屋租赁及日常生活开销等。

教育成本包括子女入学的借读费、赞助费和增容费等。

10.5.2.2 间接成本

间接成本包括机会成本、风险成本、心理成本和信息成本等。

机会成本是指以同样的资源投入不同地方所收获的可能收益，或是指做出一种选择而不得不放弃另外一种选择从而产生的代价，对流域中需要转移的农民而言，转移出去就意味着离开他们长期生产生活的区域，面对陌生的环境，他们需要付出较之以前更多的精力和资源。

风险成本的产生主要来源于当前不完善的社会保障体系和劳动者权益保障制度，劳动者一旦转移进入城市，由于文化素质较差和劳动技能缺乏等原因，往往只能从事苦、累、差的行业劳动，必须面对工伤风险、市场风险和失业风险等。

心理成本主要产生于当前的城乡二元体制和劳动者对陌生环境的适应，在当前二元格局下，农民工等低收入群体很难被城市所接纳，他们就会产生认同错乱，而认同度较高的家乡和亲人却异地相隔，这就使他们在心理方面面临巨大的压力，处理不好可能会产生心理疾病，《全国留守儿童调查报告》显示，全国留守儿童约 5800 万，其中 14 岁以下儿童有 4000 万，这些孩子的父母们在城市里面打工，不得不接受母子分离和父子分离之苦。

在市场化时代，劳动力必须面临较高的信息成本，不管信息的获取还是信息的交换和处理都是有成本的，成本的高低不仅仅取决于政府和社会的信息提供机制，也取决于劳动者本人的信息获取和分析能力，降低信息成本同样需要成本。

10.5.2.3　特殊性成本

上面提到的都是一般性劳动力转移所必须付出的成本。与之不同的是，在洱海流域劳动力转移中，我们还必须考虑到以下特殊性成本。

制度成本。为了尽可能地保证没被转移群众的根本利益，就需要制定出具有针对性的政策措施，这就需要对政策做出有针对性的调整，而任何的制度变迁都是需要制度成本的，这种政策调整也不例外。这里的制度成本主要体现在，为了保证公平我们可能需要制定特殊性的政策，这就可能会使得其他政策受益群体的利益受损，这就成为本次劳动力转移无法规避的成本之一。

公共服务与社会保障所涉及成本新的劳动力转移政策的制定在统筹城乡一体化的背景下展开，要打破城乡界限，实现城乡统筹发展，就必须保证城乡居民基本公共服务的均等化和社会保障的齐平化。

补贴性成本。由于区域发展规划调整等原因，在限制发展区等地区居住的群众需要搬迁，必然会涉及拆迁补偿，对于因丧失土地等生产生活资源的，在转移入城镇之后政府必须承担相应的住房补贴等，这些都必须纳入新政策的考虑范围。

10.5.3　劳动力转移服务与支持体系

从上面对流域劳动力转移成本的分析可知，劳动力转移是一个庞大的系统性工程，其成本之高绝非劳动力本身可以承担，而且新的劳动力转移是在城乡统筹发展和洱海水污染治理的背景下展开的，所以政府有责任和义务对转移成本进行分担，为此，我们将可以从以下方面做出政策调整，来满足流域劳动力转移的需要。

10.5.3.1　资金保障建设

根据流域节能减排和产业结构的资金需求，要推进政府财政投入体制及融资机制的改革，构建新型资金保障体系，保障流域污染减排和经济增长及发展目标的实现，改善洱海流域环境状况并提升人们的生活品质。

劳动力转移的资金需求主要包括以下方面：教育培训费用，社会保障费用和社会福利费用，就业安置费用等。

（1）教育培训费用估算

参照国家《关于做好 2010 年农村劳动力转移培训阳光工程》的相关规定"中央补助资金对东、中、西部地区实行不同的补助标准。原则上按东部人均 248 元、中部人均 360 元、西部人均 410 元的标准进行补助。各地要进一步落实中央有关文件精神，不断加大农村劳动力就地就近转移培训投入，进一步提高培训补助标准。"

如果按照地方补助与国家补助相对等来计算，地方用于培劳动力转移培训的资金也是人均 410 元，两者相加就是人均 820 元，按照前面对于流域第一产业转出人口数量的估算，可以得出如上的资金需求量。

从已采取的措施来看，大理州"2004～2009 年，全州投入农村劳动力培训转移资金 5753.76 万元，完成培训转移 22.8 万人"，平均每个人所需资金是 252.36 元，也就意味着每个人只需要地方政府每年多补贴 158 元（表 10-13）。

表 10-13　农业劳动力转移培训资金需求

规划期	劳动力有序转移目标（万人）	资金需求（万元）
2010 年	26.335	10 797.35
2011～2015 年	29.55	12 115.50
2016～2020 年	31.5	12 915.00

（2）社会保障与社会福利资金估算

要巩固洱海的治理成果，建立洱海治理的长效机制，实现发展与保护的良性互动，有赖于洱海流域，特别是湖滨地区人口的有效转移，以及周边地区的农业产业结构的调整。因此，当务之急是要建立流域城乡一体化的社会保障体系。

关于农民工市民化的社会成本，根据经济发展水平及地域差异，各地标准有所差异。根据搜集到的资料，有以下几种标准（表 10-14）。

表 10-14　分地区分类型下的农民工市民化的社会成本　　　　（单位：元）

类型	城市生活成本	智力成本	社会保障成本	住房成本	基础设施成本	总成本
东部沿海第一代农民工市民化	3 297	920	25 633	47 290	20 652	97 792
东部沿海第二代农民工市民化	3 297	260	14 820	47 290	20 652	86 319
内陆地区第一代农民工市民化	1 886	390	14 276	30 802	9 783	57 137
内陆地区第二代农民工市民化	1 886	110	7 140	30 802	9 783	49 721

人均 6.75 万元——重庆标准。[①] 重庆市于 2010 年 8 月启动引人关注的户籍制度改革，

---

① 重庆农民转户进城人均成本 6.7 万 http：//news.sina.com.cn/c/2010-09-15/065021104413.shtml

重庆市对户籍制度改革进行了审慎的评估,据测算,重庆市仅今明两年集中转户的 300 多万人,以全部整户转移、全部退出土地测算,总的资金需求高达 2010 亿元。其中取得城镇居民身份的"入口端"需要 1241 亿元,解除农村居民身份的"出口端"所需资金 769 亿元。每个"新市民"平均有 6.7 万元的"进城成本",包括农村宅基地、承包地、林地的"退出成本",以及"新市民"的社保、住房、就业、教育等方面的"进入成本"。

10 万元左右——中国发展研究基金会测算标准。[①] 2010 年 10 月 9 日,中国发展研究基金会在上海举行了《中国发展报告 2010:促进人的发展的中国新型城市化战略》发布会。报告提出了关于中国新型城市化的战略目标:从"十二五"开始,用 20 年时间解决中国的"半城市化"问题,使中国的城市化率在 2030 年达到 65%。据课题组调研后测算,每年为解决 2000 万农民工市民化需投入 2 万亿元,到 2030 年基本解决 4 亿农民工及其家属的进城和落户问题,使他们享受与城市原有居民同等的公共服务和各项权利。报告测算,中国当前农民工市民化的平均成本在 10 万元左右。

5 万元左右——云南课题组测算标准。按照云南省《农民工市民化的转换成本与政府公共政策选择研究》课题组测算,内陆城市第一代农民工市民化的社会成本,大概是 60 000 元左右;内陆城市第二代农民工市民化的社会成本,大概是 50 000 元左右。

鉴于大理既非沿海一线城市,也不是内地大城市,只是一个内陆地级市,参照当地生活消费标准,我们将洱海流域第一代农民工的城市化成本为估算为 60 000 万,第二代农民工市民化的成本估算为 50 000 元,取平均值按照 55 000 元计算的话,资金需求如表 10-15 所示。

表 10-15　农业劳动力城镇化资金需求

规划期	劳动力有序转移目标(万人)	资金需求(万元)
2010 年	26.335	144 842.50
2011～2015 年	29.55	162 525.00
2016～2020 年	31.5	173 250.00

10.5.3.2　技术支持服务建设

当前流域内的产业结构单一、产业规模较小,难以提高就业率。针对洱海流域产业调整中农业、工业劳动力大幅减少,第三产业劳动力扩充的问题,贯彻"劳动者自主择业、市场调节、政府促进就业"的方针,探索建立以经济发展促就业,以技术培训促就业,以优惠政策促就业,以完善的信息服务促就业的劳动力转移服务体系,按劳务信息服务的制度化、专业化、社会化要求。

第一,建立信息员制度。以一定数量的劳动力群体为单位,设置就业信息员,由其负责做好调研,建立劳动力档案,对劳动者的技术特长、性别、年龄、就业意向进行登记造册,实行微机管理,省市县乡四级联网,建立起用工信息大平台,为农村剩余劳动力转移

---

① 中国金融网,http://www.zgjrw.com/News/20101010/home/885983683600.shtml

构筑宽广快速通道，进行就业信息的收集、处理和宣传，这些人员可以就是劳动者中的一员，也可以由村组干部兼任，政府部门可以通过补贴方式进行扶持，这主要是在村庄层面等建立职介中心成本过高的地方建立。

第二，建立城乡就业信息电子服务系统。可以尝试建立城乡统一的就业信息数据库，通过电视、手机短信、网络终端、广播等现代化技术手段，实现就业信息的全天候共享，从而降低农民获得就业信息的成本。

第三，扶持就业服务机构。职介行业市场进入门槛较低，完全可以由市场承担，鼓励民间力量进入这一领域，通过建立起城乡一体化、服务延伸到社区、乡（镇）、村或农户的劳动力转移服务网络，从而使洱海城乡富余劳动力转移人员就近得到方便快捷的服务，促进富余劳动力转移的快速发展。

第四，建立和完善就业联席会议制度。升格目前劳动力转移办公室为就业联席会议，吸纳劳动与社会保障、教育、农业、经贸及扶贫等各个部门加入进来，齐抓共管，统筹协调，互相配合，形成劳动力转移的教育、培训和管理一体化服务联动机制，为农村劳动力转移提供全方位服务，保证劳动力由教育到就业所有环节的跟踪式服务。

10.5.3.3 政策支持建设

（1）政策性法规的健全与完善

针对当前洱海水污染防治和产业调整过程中发展规划滞后、政策制定及法律法规缺位的问题，有必要通过建立融合发展规划、政策制定及法律约束的一体化政策支持体系，以保证经济转型和产业调整的顺利实施。其中首要任务是制订和完善全流域水污染综合防治相关法规和政策，尤其是进一步完善《洱海管理条例》、《洱海流域水污染综合防治"十一五"规划》、《洱海流域保护治理规划》，编制《大理州资源节约型和环境友好型社会发展战略规划》、《大理州三次产业结构调整与优化总体设计和分期实施方案》、《基于减排目标的大理州产业空间布局调整总体方案》、《大理州农业产业结构调整及中长期发展规划》、《大理州工业产业结构调整及中长期发展规划》、《大理州旅游业产业结构调整及中长期发展规划》等，将地方社会经济发展规划与洱海保障与治理协调起来。

（2）城乡二元性政策的消除

城乡二元分立体制是目前劳动力转移的最大障碍，很多农民之所以不敢进城务工，进了城待不下去，主要是因为受目前二元体制所限，不能享有和市民一样的国民待遇，所以加速农村富余劳动力向城镇转移的城镇化发展的政策机制，促进城乡劳动力有序流动的劳动力市场机制规范发展，主要在户籍、社会保障及公共服务方面。在上面提到的一系列措施和步骤的基础上还需要做好其他配套性制度建设，在集体土地流转制度、农村社会保障制度、城乡户籍制度、农业金融信贷政策、农产品流通体制、农村综合减灾体系和城乡协调发展等方面建立起相配套的制度安排，做出新的尝试，实现社会保障和基本公共服务的齐平化和均等化将会是未来的努力方向。但是必须强调的是，在这一过程中要坚决杜绝农民"被市民化"现象的出现，类似重庆那样的以土地换社保的掠夺式城市化方式我们要坚决抵制，一定要尊重每一个农民的意愿，并不是每一个农民都想成为市民，我们宁可步子慢一些，也绝不能做出损害农民利益和违背农民意愿的事情来，洱海治理本身就是为了人民群众的根本利益考虑所做出的行为，所以那种掠夺农民的发展我们宁可不要。

（3）制定适当的产业引导政策

针对流域生态环境保护的要求，要积极响应科学发展观的要求，转变发展思路，走人与环境和谐共存的发展道路，要求对重化工业进行限制发展的同时，积极发展农户家庭手工业（砚、扎染、木雕等民族手工品）、观光农业、旅游农业等劳动密集型服务业和各类适合流域发展的中小企业，不但可以增加劳动力就业岗位，而且可以实现生态经济的发展战略，实现发展与环保两大主题的和谐统一。

（4）建立市场导向的就业机制

通过就业基金和就业补贴机制的建立，采取对到规定行业就业的人员提供补贴和免息贷款等方式，鼓励劳动者自主创业和自谋职业，引导云南省乃至大理市大中专毕业生到边远贫困地区和基层工作，做好重点地区、重点行业和困难群体的就业和再就业工作，促进多种形式就业，把就业方向导向污染少、劳动密集的产业去，实现就业方式和社会经济增长方式的转变。

（5）建立就业市场规范机制

针对当前就业市场混乱、就业环境较差等问题，建立就业市场监督机制，增加劳动监管和劳动仲裁机构的数量和人员素质，建立这些部门的目标考核机制，创造他们主动为劳动者服务的环境和氛围；完善劳动市场违规行为的处罚和激励机制，通过建立违规行为与企业税收和贷款信誉等奖惩机制，使得他们的违规行为在巨大的惩罚损失面前望而却步的同时，使用人单位能够在规范自己行为时享受好处，从而形成公平、公正的就业环境和统一规范的劳动力市场，促进城乡劳动力有序流动。

（6）建立劳动力市场预警机制

对劳动力市场供需情况及时进行分析和预测，定时进行相关信息发布，使得劳动者能够对劳动力市场有宏观的把握，从而更准确地制定工作计划，较好地解决就业市场奉献所造成的伤害，就当前而言，就要抓住沿海地区和发达城市劳工短缺的机遇，全方位、大规模地组织劳动力培训，积极开拓国际劳务市场，加大劳务输出的力度。

10.5.3.4　教育培训支持体系建设

从前面对劳动力转移对象的分析来看，新的劳动力转移体制所面临的是大量的低文化程度、劳动技能缺乏、抵御风险能力不强的农民，劳动力转移不仅仅意味着他们能够在其他产业就业的问题，在城乡统筹发展和城乡一体化的格局下，这些劳动力也将面临被市民化的问题。同时，市场经济时代的劳动力市场需求正由单纯的体力型向智力型、技能型转变。从前面的分析可以看出，一个文化素质不高、没有一技之长的劳动力很难就业，即使就业，也不太可能再有效地转移到第二、第三产业。所以加强对流域农民的培训，提高农村劳动力的素质，是加快其向非农业和城镇稳定转移的关键。

（1）提高各级部门认识

《中共中央国务院关于促进农民增加收入若干政策的意见》也提出加强对农村劳动力

职业技能培训的系列政策：要根据市场和企业的要求，按照不同行业、不同工种对就业人员基本技能的要求，安排培训内容。开展好定向培训和订单式培训，切实提高培训的针对性和实用性，推进劳务输出由"劳力型"向"技术型"的转变。但是相当多的部门对这一情势没有准确地把握和认知，认为只要把农民转移出去就算完事，并没有从时代发展要求和行业需求角度出发来处理问题，所以要搞好劳动力就业培训，首先必须提高相关部门的认识观念，让他们明白教育培训的重要性和意义所在。

同时，要改变目前注重职业技能培训，而忽视了基础教育的错误想法。从现有研究成果来看，劳动力受教育程度越高，其思维相对开阔，越易于接受新事物，才会具有更强的自信和更高的收入预期与社会预期，更具创新意识和冒险精神，因而有更宽的择业范围；劳动力受教育程度越高往往具有更为积极的思想意识，对自己转移到城市持有更强信心，容易对城市产生认同感，更容易向城镇转移；受教育程度越高的劳动力，越易学习和掌握先进的知识和技能，工作中的创新性和职业的稳定性越强，越易为非农产业所吸纳。当前流域农村义务教育投入相对匮乏、农村教师待遇不高、师资队伍大量流失、教育管理理念落后、学生大量辍学等问题非常突出，在这种情势下谈职业教育是没有意义的，如果劳动者缺乏必要的文化知识，就失去了获取劳动技能的基本能力，劳动技能培训也就无从谈起，所以在城乡一体化的趋势与待遇和机制统一规划的基础上，建立城乡教育资源的自由流动与共享机制，使得城乡义务教育学生享受均等化的义务教育产品，是劳动力教育培训的基础性条件。

（2）理顺教育培训体制

现行的教育培训管理分属不同行政部门，条块分割、各自为政现象突出，政府教育培训体制统筹协调乏力。主要表现为教育行政部门依托下属各类学校主抓基础知识教育，而再就业职业技术资格的考核、鉴定、发证等工作则由政府劳动就业部门主管，其下属的职业技工学校或就业培训中心开展就业培训。而在行业之间，农、工、建筑、服务业等行业主管部门在各自管辖领域内，各自为政开展自己的教育培训。这样一来，大家都在为了各自利益着想，只能条块分割，各自为政，造成了教育资源浪费。

未来要搞好教育培训工作就要改变这种格局，在目前教育机构较为成熟的情况下，把培训机构纳入到教育机构里面来，不管是什么行业的教育培训机构都是实行统一管理，然后再实现教育培训和劳动力转移机制之间的有机联动，就更能提高劳动者的就业效果和质量。

（3）打破农村劳动力转移培训的制度壁垒

农村劳动力培训是整个劳动力转移过程的关键一环，同样也受到当前不合理的城乡二元体制的束缚，要加大教育培训力度，首先要在制度环境方面做出改善，与前面的政策措施相配套，在户籍制度、社会保障制度实现城乡一体化建制的基础上，在教育培训方面也要做出相应的制度安排，实现义务教育、职业教育和高等教育资源的城乡一体化共享，切实保障农村劳动力及其子女受教育的权利。

（4）建立完善的培训制度

采取多种措施扩大就业，统筹做好失业人员、城镇新成长劳动力、高校毕业生、复转军人、农村富余劳动力、残疾人的就业工作，建立健全就业援助制度，确保零就业家庭至少有一人就业；大规模地组织当地富余劳动力培训，建立劳动力就业岗前培训制度，多方筹措资金，尝试建立劳动力转移培训基金制度，保证培训资金的充足；建立教育培训基金专用制度，通过借鉴其他地区已有的教育培训卡制度，实施一人一卡、专卡专用、不得兑换现金、可以连续累计等规定，确保教育培训经费落到实处；建立"订单式"培训模式，在充分了解市场动向和用人单位意愿的情况下，建立教育培训机构、劳动者和用人单位三者之间有机联动机制，保证教育培训的有效性、农民就业意愿和用人单位用人意向三者之间的有机衔接，从而根本上提高教育培训的质量。

（5）整合资源，建立教育与培训衔接制度

本着将现有教育资源和培训资源效用最大化的原则，研究能够快速提升农村富余劳动力技能素质的教育资源整合机制。一方面要在农村扎实实行九年义务教育，积极发展职业技术教育，延长农村中学适龄青年的在读时间，推迟他们的就业年龄的基础上，加大职业教育投入，保证每一个人都能受到良好的职业教育，使他们学得一技之长；对于其他群体要积极鼓励他们进入职业教育学校学习，通过免费教育、发放教育券和教育补贴等方式，让每一个需要转移的对象都能学到一门或几门技术。

在此基础上，在初高中和职业中学之间建立衔接机制，对未能升学或想较早就业的农村初中生和高中生，及时转入职业培训机构实施必要的职业技能培训，使其掌握一定的职业技能；针对当前高等教育课程设置脱离现实需求的情况，实现职业教育与高等教育之间的配合，可以让职业培训机构把职业技能培训引入地方高等院校，毕业生毕业就可以获得两个方面的资格，一个是高校的学位学历，一个是职业技能资格；尝试积极推进基础教育、职业教育、成人教育"三教"统筹和"农科教"结合发展，长期与短期集中培训相结合的长效机制，尽快提升劳动力的技能素质。

（6）改进教育培训内容

在建立教育与培训有机衔接机制的基础上，对教育培训内容进行更新。市场经济是风险经济，农村劳动力一直生活在熟人社会中，他们对市场风险和社会风险的认知很不高，职业技能培训只能解决技术方面的问题，劳动力从农村进入城市找工作，生活和居住都需要大量的社会性知识和市场性知识来抵御各种风险，所以需要在教育培训中加入文化知识、社会知识、市场知识等方面的培训，已经在做的防艾知识宣传等就做得很好，在此基础上还应该对劳动力生产生活中面临的各种需要的常识进行教育培训，使得他们对社会风险和市场风险加强自觉防范能力，从而尽量降低他们进入城市生产生活的成本；就业市场当前还很不规范，各种违法违规行为大量存在，有必要对劳动力进行必要的法律知识的教育，让劳动者学法、懂法、用法，在遇到劳动纠纷和利益受损时学会用法律的武器维护自己的权益，而不是用自焚和暴力冲突等方式解决问题；开展农村劳动力的专业技能培训、文化培训和职业教育，增强农民工的就业适应能力；针对一些农民恋土情结浓厚，自然经济思想根深蒂固，不愿意出去闯荡，不愿意接受新鲜事物的状况，要采取各种形式，开展有效的宣传，让他们明白市场经济时代的生产生活的转变是历史的必然，生产生活方式的社会化是大势所趋，他们要顺应这一时代潮流，紧跟时代脉搏才不会被抛弃。

（7）教育培训模式方式要创新

当前教育经费严重短缺，九年义务教育难以保证，当然更无暇顾及成年农村劳动力的教育培训，完全依靠政府出钱是不可能的，虽然我们在前面对农村劳动力转移经费保障方面对教育培训经费有所涉及，但这肯定是不够的。同时，农民收入本来就相对较低，完全由转移人员自费培训，难度很大。所以，解决教育培训经费问题只有走教育培训投资机制创新之路，广辟财源，建立多元化投融资渠道。地方政府在增加对农村公共教育的投资的同时，我们还应该积极引导、吸引社会力量办学，让市场力量为政府分担教育培训任务；对于职能技术培训，可以采取国家、用工单位和个人共同支付的办法，对企业对员工的培训建立机制，对其进行引导和鼓励，让劳动者在劳动中不断地增强劳动技能；可以尝试发行教育彩票等方式筹集部分资金，建立教育投资基金，创造投资、收获的良性机制，提高农村劳动力教育培训的效益，从而刺激社会资金和劳动者本人投资教育培训的积极性。

10.6 结　　语

我们不但要做好劳动力转移的社会保障体系建设，也要做好教育培训等工作，处理好"输血"与"造血"的关系，建立长效机制，实现流域劳动力的有序转移，从而保证产业结构调整的顺利展开，只有在规定的时间内，应该转移出去的人都转移了，转移出去的人都在新的岗位上开始了新的生产活动，开始在新的居住地稳定生活了，才能从根源上断绝污染的源头，洱海中的水在被净化后才不会又一次被污染，对于大理这样一个旅游产业作为主导产业的地区而言，到那个时候"洱海清，大理兴"才能够真正成为现实。

全国其他水域也在进行水污染治理，也有很多水利工程已经开展或正在开展，但是从现有的资料来看，很多项目之所以投入很大，但效果甚微，主要就是因为没有考虑到项目实施中人的因素，而洱海水污染治理的理念是"水污染治理的目的是为了实现流域社会和经济的发展，社会经济发展最终取向是人的发展，以人为出发点，以人为核心，以人为落脚点"。正是从这一理念出发，我们制定了本章的规划，相信如果后期运作得当，洱海水污染治理中对于劳动力转移的妥善安排将会为全国甚至世界上其他项目的运行提供一个良好的典范和榜样，并将可能成为人类治污史上的里程碑。

11 洱海流域农业技术推广服务体系研究

11.1 构建全流域农业技术推广体系的重大意义

　　农业污染是导致洱海水质富营养化的三大危害之一。目前，洱海流域农业产业仍在低位发展、粗放经营，农业排污强度大、总量高，超过入湖污染总量的一半。特别是洱海流域的农村生活污水和污染物、养殖业污染及农村面源污染情况较为严重。因此，引入新的生产、生活技术，对于洱海水质富营养化治理有着十分重要的意义。

11.1.1 农村生活污水污染物分析

　　目前，洱海流域农业人口总计 64.22 万人，其主要分布在北部片区和西部片区。洱海流域农村生活污水污染物产生量及入湖量见表 11-1。

表 11-1　洱海流域农村生活污水污染源产生量及入湖量[①]

乡镇	农村人口数	产生量（t/a）			入湖量（t/a）		
		COD	TN	TP	COD	TN	TP
双廊镇	18 342	435.2	80.3	6.7	140.6	23.4	1.9
挖色镇	22 559	535.2	98.8	8.2	172.9	28.8	2.3
海东镇	23 563	559.0	103.2	8.6	180.6	30.1	2.4
凤仪镇	71 137	1 687.7	311.6	26.0	233.7	38.9	3.1
大理镇	73 304	1 739.1	321.1	26.8	401.3	66.9	5.4
银桥镇	30 963	734.6	135.6	11.3	169.5	28.3	2.3
湾桥镇	26 244	622.6	114.9	9.6	143.7	23.9	1.9
喜洲镇	65 881	1 563.0	288.6	24.0	360.7	60.1	4.8
牛街乡	23 699	562.3	103.8	8.7	26.0	4.3	0.3
三营镇	39 417	935.2	172.6	14.4	43.2	7.2	0.6
此碧湖镇	22 849	542.1	100.1	8.3	50.0	8.0	0.7
凤羽镇	31 949	758.0	139.9	11.7	35.0	5.8	0.5

---

　　① 大理市具体参考数值如下：COD 65g/（d·人）、TN 12g/（d·人）、TP 1g/（d·人）。根据村落地理位置、污水处理和排放方式对农村生活污水入湖量进行了估算，入湖系数 0.1~0.7 不等。

乡镇	农村人口数	产生量（t/a）			入湖量（t/a）		
		COD	TN	TP	COD	TN	TP
右所镇	53 850	1 277.6	235.9	19.7	176.9	29.5	2.4
邓川镇	16 420	389.6	71.9	6.0	53.9	9.0	0.7
上关镇	42 206	1 001.3	184.9	15.4	323.5	53.9	4.3
合 计	562 383	13 342.5	2463.2	205.3	2 511.5	418.6	33.5

从此表不难看出，洱海流域的生活污染是洱海治理的重要挑战。

11.1.2 养殖业污染现状与分析

据调查，流域内共饲养大牲畜 141 435 头，其中奶牛 93 864 头，猪 342 267 头，鸡 2 070 906 只。洱海流域畜禽养殖污染物产生量及入湖量估算见表 11-2。

表 11-2 洱海流域畜禽养殖污染物产生量及入湖量估算

	数量	产生量（t/a）			入湖量（t/a）		
		COD	TN	TP	COD	TN	TP
牛	118 286	29 358.6	7 227.3	1 191.1	880.8	216.8	17.9
猪	342 267	9 107.7	1 543.6	581.9	273.2	46.3	8.7
羊	80 925	356.1	184.5	36.4	10.7	5.5	0.5
合 计	541 478	38 822.4	8 955.4	1 809.4	1 164.7	268.7	27.1

11.1.3 农田面源污染分析

根据调查，洱海流域总耕地面积 383 836 亩，园地 108 047 亩。洱海流域主要种植作物包括，大春作物：烤烟、水稻、玉米等；小春作物：蚕豆、大麦、大蒜、小麦、油菜等。洱海流域不同耕地利用类型分布情况见表 11-3。

表 11-3 洱海流域不同耕地利用类型分布

地区	乡镇	耕地面积（亩）		耕地、园地面积（亩）			园地（亩）
		旱地	水田	平地	缓坡地	陡坡地	
大理市	下关镇	244	11 490	6 700	3 721	2 937	1 624
	大理镇	1 229	23 430	24 659	0	0	0
	凤仪镇	4 333	23 456	36 476	0	3 079	11 766
	喜洲镇	5 534	22 592	24 746	3 413	0	33
	海东镇	2 591	6 998	9 715	6 144	2 280	8 550

地区	乡镇	耕地面积（亩）		耕地、园地面积（亩）			园地（亩）
		旱地	水田	平地	缓坡地	陡坡地	
大理市	挖色镇	4 893	4 783	14 376	2 052	0	6 752
	湾桥镇	606	15 703	16 309	660	0	660
	银桥镇	350	19 625	19 975	471	0	471
	双廊镇	4 957	4 339	3 157	13 054	0	6 915
	上关镇	4 080	16 155	16 155	7 174	1 151	4 245
	开发区	209	4 947	5 199	88	0	131
洱源县	茈碧湖镇	12 633	25 827	29 872	18 965	14 623	25 000
	邓川镇	4 800	8 171	12 418	2 102	0	1 549
	右所镇	12 533	24 240	28 240	13 533	7 986	12 986
	三营镇	16 846	34 413	40 198	11 261	1 558	1 758
	凤羽镇	9 037	24 225	24 225	9 037	14 576	14 576
	牛街乡	13 988	14 580	11 045	19 877	8 678	11 032

流域内主要施用的肥料有：尿素、碳铵、硝酸铵、复合肥；普钙、钙镁磷肥、氯化钙；氯化钾、硫酸钾肥、磷酸二氢钾；硫酸锌；叶面肥和厩肥（牛粪、猪粪、鸡粪、羊粪等）。污染物的产生量及入湖量因区域、不同轮作模式及不同入湖途径而不同，农田面源污染物的产生量及入湖量估算见表11-4。

表11-4 洱海流域农业面源污染的产生量及入湖量

耕地面积（亩）	产生量（t/a）			入湖量（t/a）		
	COD	TN	TP	COD	TN	TP
383 836	11 107.5	7 676.7	1 919.2	2 090.8	297.6	31.4

从以上分析可以看出，农业污染是洱海水质富营养化的主要原因之一。目前，洱海的治理正处于关键时期。由于洱海水质的治理是一项系统性工程，而新型生态农业建设是十分重要的一部分。要加快生态农业的建设，关键是抓好环洱海流域农业技术推广体系建设。

此外，构建全流域农业技术推广体系也是发展现代农业的需要。农业技术推广体系，是科教兴农支撑体系的重要组成部分，是农业科技成果和实用技术应用于农业生产的主要途径，是提高农业科技创新和成果转化能力、促进农业科技进步、提高农业综合生产力的重要手段和组织保证。基层农业技术推广体系是设立在县乡两级为农民提供种植业、畜牧业、渔业、林业、农业机械、水利等科研成果和实用技术服务的组织。长期以来，基层农业技术推广体系在推广先进适用农业新技术和新品种、防治动植物病虫害、搞好农田水利建设、提高农民素质等方面发挥着重要作用。

农业技术推广体系是建设现代农业的需要。现代农业（modern agriculture）是相对于传统农业而言，是广泛应用现代科学技术、现代工业提供的生产资料和科学管理方法进行的社会化农业。现代农业必不可少的是一整套建立在现代自然科学基础上的农业科学技术的科研和推广体系，使农业生产技术由经验转向科学，如在植物学、动物学、遗传学、物理学、化学等科学发展的基础上，使育种、栽培、饲养、土壤改良、植保畜保等农业科学技术得到迅速提高和广泛应用。

11.2　洱海流域农业技术推广需求

近些年来，洱海流域水质已从 20 世纪 90 年代的 Ⅱ 到 Ⅲ 类发展到现在的 Ⅲ 类水临界状态，正处于由中-富营养向富营养化转变的关键时期，因此，在农业生产中需要采用相应的污染物控制与治理技术，提高减排效率与能力，以遏制水质恶化。流域技术推广服务体系的目的是，根据流域节能减排和产业结构的技术需求，推进政府技术推广服务体制及机制的改革，构建新型技术推广服务体系，保障流域污染减排和经济增长与发展目标的实现，改善洱海流域环境状况并提升人们的生活品质。因此，根据洱海流域农业结构调整规划，现阶段农业技术推广体系的建设要面临两大类技术需求。

11.2.1　新型生产技术，包括农业生产过程中新技术和新工艺的应用推广

洱海流域水污染防治"十五"计划及 2010 年规划中对洱海流域点源治理提出了明确的要求，流域点源治理力度较大，而且已经取得了十分显著的成绩。但非点源污染未受到控制，湖周大量农田过量施用化肥农药，农田污染日益加重；畜牧业污水与湖周村镇污水大多未经处理直接排放入永安江，最终进入洱海污染洱海水质。

以畜牧业为例，畜牧业是流域内的传统支柱产业，右所镇 2006 年末大牲畜存栏数达 10 044 头，生猪存栏 8615 头；邓川镇邓川现有黑白花奶牛存栏 3000 头、年产鲜奶 2500t，生猪存栏 8615 头，羊存栏 3500 只；上关镇 2006 年乳牛年末存栏数达 10 602 头。畜牧业的污染物排放均未得到有效治理，农村生产生活污染物无序排放，由于纳管率低而直接排入河道；农作物秸秆和水生植物被抛弃在河道、湖泊，自然腐败形成了新的水体污染；在湖泊、池塘中过量的水产养殖增加了水体的污染压力。

因此，要大力引进新型生产技术，在提升农业技术水平、促进经济发展的同时，控制和减少农业生产污染排放（表 11-5）。

表 11-5　国家鼓励发展的环保生产技术

技术名称	技术内容	适用范围
A²/O 污水处理技术	采用分离池形的反应池，单独设立缺氧池（除磷时还应设厌氧池）及好氧池，并采取内部循环的混合液回流（除磷时还应设剩余污泥的回流），采取鼓风微孔曝气或射流曝气方式，也可以采取表面曝气机械。要求 COD 的去除率≥85%，BOD 的去除率≥95%，N-NH₃ 的去除率≥90%，TN 的去除率≥75%，SS 的去除率≥95%，处理出水达到《城镇污水处理厂污染物排放标准》（GB18918—2002）一级标准	污水处理

续表

技术名称	技术内容	适用范围
氧化沟活性污泥法污水处理技术	采用环形廊道反应池和推流式延时曝气，曝气设备可采用鼓风微孔曝气方式，也可以采用表面曝气机械。包括奥伯尔氧化沟、卡鲁塞尔氧化沟、三沟式氧化沟等变形工艺。要求 COD 的去除率≥85%，BOD 的去除率≥95%，N–NH$_3$ 的去除率≥90%，TN 的去除率≥75%，SS 的去除率≥95%，处理出水达到《城镇污水处理厂污染物排放标准》（GB18918—2002）一级标准	污水处理
序批式活性污泥法污水处理技术	采用带有选择器的反应池和鼓风微孔曝气（射流曝气、表面曝气），包括经典型 SBR 法、CASS 法、CAST 法等变形工艺。要求 COD 的去除率≥85%，BOD 的去除率≥95%，N–NH$_3$ 的去除率≥90%，TN 的去除率≥75%，SS 的去除率≥95%，处理出水达到《城镇污水处理厂污染物排放标准》（GB18918—2002）一级标准	污水处理
曝气生物滤池污水处理技术	采用曝气生物滤池处理，要求出水 COD$_{Cr}$≤60mg/L、BOD$_5$≤20mg/L、N–NH$_3$≤15mg/L，达到《城镇污水处理厂污染物排放标准》（GB18918—2002）一级标准	生活污水、市政污水的深度处理
膜生物反应器污水处理技术	采用放置了中空纤维超滤膜或微滤膜的生物反应器（曝气池），在反应器内同时实现微生物对污染物的降解和膜对污染物的过滤，要求出水达到《城镇污水处理厂污染物排放标准》（GB18918—2002）一级标准	生活污水、市政污水的深度处理
人工湿地污水处理技术	采用快速渗滤床、植物床、氧化塘等工艺，进一步净化城市污水的二级处理出水。净化后出水 COD≤30 mg/L，BOD≤10 mg/L，达到《地表水环境质量标准》（GB3838—2002）三类水标准	温暖地区的生活污水、市政污水的深度处理
污泥稳定化处理技术	①污泥厌氧消化技术：在密闭的消化槽内，保持 30°C 下，储停 15～20 天，定期排泥，当 vss/ss 比值在 45±5% 时，污泥经厌氧消化达到稳定 ②污泥高温好氧消化技术：曝气池中 MLSS 的 BOD$_5$ 负荷一般应在 0.05kg/（kg·d）左右，污泥龄在 25 天以上，pH 保持 7～8，污泥自身需氧量为 0.0015～0.06m^3/（m^3·min） ③自热式高温好氧消化技术（ATAD 工艺）：pH 可保持在 7.2～8.0，有机物的代谢速率可以达到 70%，污泥停留时间 5～6 天	污水处理厂污泥的稳定化处理
屠宰废水处理技术	采用"混凝气浮+厌氧+好氧+混凝沉淀/混凝气浮"为主体的处理工艺。应加强预处理，去除废水中悬浮物和油脂以降低后续处理工艺单元负荷；厌氧+好氧生化处理工艺提高了氧的利用效率，可降低运行能耗 20%～30%，同时增强脱氮效果，并有效避免污泥膨胀，确保出水达标排放。处理出水达到《肉类加工工业水污染物排放标准》（GB 13457—1992）的要求	肉类加工企业及屠宰厂的废水处理

技术名称	技术内容	适用范围
医院污水处理技术	采用"二级处理（好氧生物处理）+消毒"的处理工艺。使废水的 COD 去除率≥95%，BOD 去除率≥95%，N-NH₃ 去除率≥90%，TN 去除率≥75%，SS 去除率≥95%，同时可保障消毒效果。出水达到《医疗机构水污染物排放标准》（GB 18466—2005）	医院污水和小区生活污水处理及回用
畜禽粪污资源化处理技术	①固体粪污肥料化处理技术：采用生物发酵法，即微生物利用畜禽粪便中的营养物质在适宜的 C/N、温度、湿度、通气量和 pH 等条件下大量生长繁殖，在发酵的过程中降解有机物，同时实现脱水、灭菌，将粪便转化为肥料 ②粪污能源化处理技术：利用畜禽粪污有机污染物浓度大的特点，以厌氧发酵制取沼气为核心，沼气用于发电或作为燃料利用，固体粪污进行堆肥	畜禽养殖企业粪污处理利用
危险废物固化、稳定化技术	采用水泥、沥青、石灰、塑性材料、有机聚合物等材料对危险废物进行固化、稳定化处理。处理后应达到如下要求：①控制污染物的毒性；②有效抑制污染物的迁移；③改变污染物的反应性；④增容率≤5%；⑤固化、稳定后浸出液 pH 为 7.0～12.0；⑥固化、稳定后浸出液中任何一种有害成分浓度均低于危险废物允许进入填埋区的控制限值	具有毒性或强反应性等危险废物、焚烧飞灰等残渣的无害化处理

11.2.2 生活环保技术，包括农民生活中的清洁能源、污水处理及废物回收等技术

农村中基本上没有建立制度化的生活垃圾清运制度，生活垃圾一般就地填埋和随地堆放，河道正在被各种废弃物填埋，水体受到污染。根据 2006 年的统计资料，永安江流域城乡居民人数为：右所镇 52 878 人，邓川镇 163 000 人，上关镇 40 788 人每年产生氮 20 673t、磷 1286.5t 及 393 万亩水稻田每年流失氮 2949t、磷 181t 等营养盐均未经处理直接入湖，对入湖河流及湖区造成较大程度的污染。因此，引进新型生活环保技术，在提升人们的生活和生存质量的同时也减少和控制城乡生活污染。

11.3 洱海流域技术推广体系与运行机制现状分析

县、乡两级基层农技推广服务机构，是我国公益性农业服务体系中的最基层单位，是农业技术试验、示范、培训推广工作的重要基石，是农业科技推广实践的主干力量。长期以来，农技推广工作在推动农业技术进步、培训指导农民素质提高、促进农业产业结构调整，特别是粮食产量的逐年增长方面发挥了极其重要的作用；在实现科技兴农、促进农业增产增效、促使农民增收，在实现社会和谐进步和共同富裕等方面，起到了极为重要的推动作用。

11.3.1 大理州农技推广体系建设情况简要回顾

农技推广机构设置演变情况：20 世纪 60 年代初到 70 年代中期为地、县两级农技推广网络，即 1 个地区农业科学研究所，14 个县农业科学研究所（部分县为农技推广所）。70 年代中后期到 80 年代中期，大理州增设了种子管理站、植保植检站、土壤肥料工作站、农技推广站。80 年代中后期，大理州各县相继成立了农技推广中心、种子管理站，乡镇成立了农科站。90 年代初，根据国家农技推广机构改革精神，成立大理州农业科学研究所，为正科级事业单位。乡镇农技站也进行"定编、定性、定员"的三定工作，正式定为乡股所级的事业单位。目前乡镇农技站的机构改革也随乡政府的机构改革基本结束。整个农技推广体系已形成了州、县、乡三级网络。

11.3.2 现有县级核心农技推广中心

11.3.2.1 大理市农技推广中心

大理市农技推广中心，为大理市农业局下属的全民所有制事业单位，主要负责全市土壤肥料新技术的开发研究应用技术、测土配方施肥技术研究推广，高稳农田建设等技术指导工作；负责全市农作物良种选育、繁育、示范、推广和栽培技术试验、示范、推广工作；负责为全市农业生产提供新型肥料及施用技术和农作物新良种及栽培技术中的农业科技配套服务工作；负责全市农业生产新技术措施的科技培训、指导和咨询服务工作；负责为全市各乡（镇）农科站农业科学技术的实施提供指导。

11.3.2.2 洱源县农技中心

洱源县农技中心，为洱源县农业局下属的全民所有制事业单位，主要负责全县的农业生产试验、示范、推广、培训、物资配套服务，不断研究和引进一些新品种、新技术、新项目，并进行开发和利用，走高产、优质、高效、低耗农业的路子，把科技成果尽快转化为生产力，组织实施产业结构调整，规划产业化发展项目论证报告，制定各种农作物大、小春栽培技术措施，田间管理措施，提交阶段性小结和年终总结材料，指导下级农业技术机构、群众性科技组织和农民技术人员的农业技术推广活动，提供农业技术信息服务。

11.3.2.3 大理州农业技术推广工作概况

十一届三中全会到"八五"期末，随着农技推广网络的逐步完善，大理州的农技推广工作也发生了深刻的变化，全州农技推广体系认真学习"科学技术是第一生产力"的方针，探索技物配套服务，重视"两杂"良种及其配套技术推广，结束了以粮食为主的农产品长期短缺的历史，粮食总量基本达到自求平衡，丰年有余。"八五"以来，全州的农技推广部门调整服务模式和积极探索订单农业等适应社会主义市场经济的农业生产新方式，成果丰硕，专用小麦、脱毒马铃薯、优质稻米、优质玉米等生产开创了新局面。近年来，随着洱海污染的加重，治理洱海污染成为全州的主要工作之一，大理农业技术推广体系的工作重心也逐渐转向了推广新型环保技术，取得了一定的成绩。随着综合保障体系建设的开展，农技推广体系将在治理污染工作中大有可为。

例如，大理州人民政府 2009 年度安排的第二批洱海保护及生态文明建设重点工程项目资金和计划中，用于农业面源污染综合治理资金达 2000 多万元，主要用于洱海周边部分地区农业种植、养殖业对生态环境污染的治理。此笔专项资金的投入，在涉及洱海源头的大理、洱源两县市有关地区和相关单位，主要要办好十件事。

一是推广应用控氮减磷测土配方施肥技术 10 万亩。

二是举办测土配方施肥示范样板 7000 亩。

三是重点进行样品监测，分析测试土壤、植物样品试验，不同作物种植模式监测 11 组，大田示范试验 40 组，主要以水稻–蚕豆、麦类、油菜、大蒜模式，玉米–蚕豆、大蒜模式，烤烟–大蒜、麦类模式，常年豆科牧草模式，常年水田模式，常年蔬菜模式为主。

四是完成缓释 BB 肥 "3414" 试验 24 组，生物有机肥与缓释 BB 肥配合施用试验 12 组。

五是进行新作物引进筛选试验研究及示范、环保型作物品种选育及优化栽培技术推广。

六是引进农业部认证推广的 "RP–410"、"UV–1600" 型农药快速检测仪，在州、县、市植保站设置 2 个农残快速检测点，开展农药残留快速检测。

七是设立观测点，在规模养殖场进行畜禽养殖、牧草种植、畜禽粪尿处理、循环利用模式定点试验监测，监测畜禽粪尿在不同环境中 BOD、氮、磷的含量。

八是在上关、喜洲、邓川、右所 4 个镇，33 个村委会的 100 个自然村进行生态沟渠建设，共建堆肥发酵池 3.67 万 m^3。对规模奶牛养殖场粪便进行无害化处理，在 20 个奶牛场建设堆肥发酵池 2700m^3，收集发酵牛粪 2 万 t，干燥处理牛粪 3000t；建设沉淀发酵池 2700m^3，收集处理牛尿及冲洗水 3 万 t，对 9 个规模养猪场、3 个适度规模养猪农户、4 个重点镇农户进行畜禽粪便收集和处理，主要进行生物发酵零排放自然养猪法试验、示范、推广。

九是在大理金泰、欧亚 2 个奶牛场投资建设 2 个菇棚约 2000m^2，进行牛粪种植双孢菇样板示范及推广。

十是建设大理上关镇河尾畜禽粪便收集站，对奶牛场、养猪场、鸡场的畜禽粪便收集及清运，对大理鸡鸣江种鸡养鸡场异地搬迁，对九园有机肥加工厂改扩建等项目。

上述治污项目工程的组织实施，离不开农技推广体系的支持。若在各个部门的配合下，农技推广部门能顺利完成好这些工程，将对保护洱海源头清洁、提升入海水质、缓解洱海污染压力、改善洱海生态结构等诸方面起到不可估量的促进作用。

案例一：云南省大理州 2009 年农业技术推广结硕果。

大理州农业技术推广成绩斐然。2009 年，大理州参加云南省农业技术推广奖申报评选，9 个农业技术推广项目获奖，其中大理州土肥站、农环站的《洱海流域推广应用测土配方施肥技术增效显著》和巍山县动物疫病预防控制中心的《巍山县农业血防综合治理成果推广与巩固》项目荣获二等奖，获奖项目、获奖单位、获奖等级见表11-6。

表11-6　大理州所获农业技术推广奖励

项目名称	获奖单位	获奖等级
洱海流域推广应用测土配方施肥技术增效显著	大理州土肥站、大理州农环站	二等奖
巍山县农业血防综合治理成果推广与巩固	巍山县动物疫病预防控制中心	二等奖
2万亩马铃薯高产创建示范成效显著	鹤庆县农业技术推广中心	三等奖
大理州生物发酵床养猪技术试验示范推广成效显著	大理州畜牧工作站	三等奖
大理市万亩玉米高产创建成效显著	大理市种子管理站	三等奖
推广电脑农业技术，10万亩芸豆效益显著	剑川县农业技术推广站	三等奖
祥云县2009年10万亩间套种成效显著	祥云县农业技术推广中心	三等奖
现代生猪养殖优质高效节能环保模式试验示范	鹤庆县畜牧工作站	三等奖
祥云县现代农业发展生猪标准化生产技术推广	祥云县畜牧局	三等奖

注：此表来自大理州农业局科教法规科。

案例二：云南省大理市上关镇大排村推广水稻测土配方施肥技术有成效

实践经验证明，大理市推广测土配方施肥技术的作用一是提高肥料利用率；二是提高产量、品质，降低生产成本；三是减轻农业面源污染对洱海水质的影响。因此地处洱海源头的上关镇必须全面推广测土配方施肥技术。

在水稻作物上推广测土配方施肥技术，就是要让水稻作物吃上"营养套餐"，做到"土壤缺什么，补什么"，"作物需要什么，施什么"，使作物"吃饱而不浪费"。

大理市上关镇大排村委会去年水稻面积1425亩，平均亩产达700kg。今年水稻栽种面积与去年相同为1425亩。其中高肥力田（目标产量≥650kg/亩）面积1300亩，中肥力田（目标产量≥600kg/亩）面积80亩，低肥力田（目标产量≥550kg/亩）面积45亩。

为开展对科技示范户及周边农户的技术指导培训工作，根据当地的土壤类型、肥力状况以及水稻高产（≥700kg/亩）创建工作的需要，拟定如下水稻测土配方施肥技术建议模式及施肥方法。

（1）施肥技术建议模式

1）高肥力田：目标产量≥650kg/亩，每亩施有机肥1000~1500kg作基肥，推荐单质化肥配方为：亩施尿素12~15kg，普钙18~20kg，硫酸钾8~10kg。推荐三元复混肥（14∶6∶5），亩施35~40kg。

2）中肥力田：目标产量≥600kg/亩，每亩施有机肥1200~1500kg作基肥，推荐单质化肥配方为：亩施尿素13~15kg，普钙20~25kg，硫酸钾8~10kg。推荐三元复混肥（14∶6∶5），亩施40~50kg。

3）低肥力田：目标产量≥550kg/亩，每亩施有机肥1500~2000kg作基肥，推荐单质化肥配方为：亩施尿素15~18kg，普钙25~30kg，硫酸钾8kg。推荐三元复混肥（14∶6∶5），亩施50~55kg。

（2）施肥方法

有机肥在犁田时翻压入土。用单质化肥的磷、氮肥用量的 80%～90% 作为中层肥，其余 10%～20% 的氮肥视苗情作分蘖肥或穗肥施用。钾肥在生长中期（栽后 45 天左右）施用；用复混肥的，复混肥作中层肥一次施用；对冷浸缺锌田块，每亩基施硫酸锌 1～1.5kg 或在水稻生长前期每亩用 0.1%～0.2% 的硫酸锌溶液，喷施 2～3 次，间隔 7～10 天喷一次。水稻施肥的前作是大蒜田块，水稻移栽后不提倡施氮磷化肥，只施钾肥。

案例三：洱源县推广水稻旱育秧套种包谷新技术受欢迎

近年来，洱源县农业部门坚持农技推广要适应现代农业发展要求，大力推广水稻旱育秧套种包谷新技术，深受农民欢迎。这种新技术已在邓川镇的旧州、下邑、百岁坊、新州、文笔，右所镇的温水等自然村全面推广，育秧面积达 500 多亩，移栽水稻大田 8000 多亩，旱种包谷 500 多亩。

推广"水稻旱育秧套种包谷"是严格按水稻肥床、旱育的技术要求实施，并同期将包谷按每亩 2.5kg 播种，定向点播成行，苗期充分利用育秧田块的肥力，小秧拔用后转入施提苗肥、培土、中后期正常管理，亩增产包谷 100 多 kg。目前，该技术新模式已在邓川、右所得到广泛应用，有几大比较优势：一是可以提高耕地利用率，增加单位面积产量，减轻病虫害的发生；二是抢节令，包谷成熟期提前，青包谷提前上市卖好价；三是不影响旱育秧苗长势，有利于水稻旱育秧推广，又提高了保护地设施的利用率；四是既节约水资源，又解决了茬口矛盾。

通过试验示范的统计表明，它既是一种省时、省力、省钱节种的新技术，又是一项较为理想的经济、增产的新技术，值得在农业生产中大面积推广运用。

11.4 洱海流域现行农业技术推广体系的问题与不足

多年来，大理农技推广体系在推动农业生产和环保生产技术方面发挥了重要作用，做出了突出贡献。但随着市场经济体制的不断完善及洱海治理任务的加重，大理农业技术推广体系也暴露了一些与现代化农业发展不适应的问题，特别表现在机构空缺、有编无人、队伍老化等问题尤为突出，在相当程度上影响和制约了农技推广体系建设水平的进一步提高。

2006 年，国务院下发《国务院关于深化改革加强基层农业技术推广体系建设的意见》（国发〔2006〕30 号）。2007 年，云南省下发了《云南省人民政府关于深化改革加强基层农业技术推广体系建设的实施意见》（云政发〔2007〕85 号）。2008 年，《大理白族自治州人民政府关于深化改革加强基层农业技术推广体系建设的实施意见》（大政发〔2008〕51 号）。从 2009 年开始，大理州农业技术推广体系的深化改革全面铺开。但从目前来看，仍然存在如下亟待解决的问题。

11.4.1 机构设置齐全但不够科学

从机构设置上看，虽全州每个乡镇都设有基层农业推广机构，但设置不够科学。经调查，全州基层农业推广站目前管理运作模式主要有以下三种：一是以县管为主，即人、财、物、事由县农业行政部门管理，乡镇政府仅管日常工作；二是以乡镇管理为主，即人、财、物、事由乡镇政府管理，县市农业行政部门仅负责业务指导；三是县乡共管，即县农业行政部门管理人事和业务，乡镇政府管理财务和日常工作。从调查座谈走访中我们发现，基层站管理模式以县市管理或乡镇管理为主各有利弊，但都不够高效。县级推广机构设置分散，没有设立综合性农技推广中心，且职能交叉重叠现象较为严重；乡镇综合服务站的设置不利于向上争资上项，不利于上下业务对口指导和服务。村级没有推广机构，农户中虽有部分科技示范户，但数量少，示范带动作用不明显。另外，乡镇农技推广机构是农技推广的枢纽和联系千家万户的桥梁，但因体制的原因，现在乡镇农技推广机构的人、财权全部由乡政府管理，与县农业局、县农技中心只是业务上的指导关系，且大部分农业科技人员大部分时间都在从事乡镇的计划生育等其他工作，难以专事农技推广。而地、县农技推广机构与乡镇科技推广机构也没有利益上的衔接，只是业务上的指导关系。这种本来就不健全的松散型结构，不利于整体功能的发挥。

11.4.2　虽有编制经费但不能保障

目前，我国农业技术推广投资的体制为地方负责技术推广人员的工资与基本事业费。据调查统计，全州农业推广人员工作经费县市之间差异较大，人均为 1000～4000 元，部分县市没有工作经费。投入不足是大理州农技推广体系建设存在的主要问题，由于县、乡财政的财力都比较困难，无力配套农技推广体系建设资金，使项目建设无法按设计规模完成，从而也就对以后的农技推广有一定的投入，但投资较小、资金投入到位情况差。大部分县、乡连基本工资都难按时发放，无力增加农技推广投入。即使最终到达农业技术推广单位的项目经费，由于技术推广人员的事业费等经费缺口较大，很大部分也被用作技术推广人员的工资或招待费等，用于培训与试验的经费很少，用于技术推广人员进修提高的更少。

11.4.3　人员队伍庞大但不够精干

农技推广工作是在烈日、风雨中完成的，需要付出艰辛的劳动。付出和待遇与社会上的其他行业相比，形成了极大的反差，部分农技人员不安心农技推广事业，甚至产生了跳出"农门"的念头，导致高学历的专业人才比重低；在编人员中，中高级职称不足 25%，基层农业推广单位缺乏高学历、高职称、高素质的推广人才，且学历、专业技术职务、年龄结构也不尽合理。另外，农技推广部门是农业部门管辖的事业单位，长期以来，事业单位在资金和各种资源的分配上处于弱势地位，导致广大农技推广专业技术人才心里不平衡。这种情绪会对农技推广工作的建设产生较大的负面影响。

11.4.4 硬件建设跟不上

几年来，大理州农技推广体系多渠道争取资金，硬件设施有所改善，但我们在调查中发现，地、县、乡三级推广网络的办公、生活条件仍然十分简陋，离"五有"标准（有较好的场所、有齐全的办公设备、有先进的技术服务手段、有一处较好的培训场所、有一定规模的试验示范基地）相距甚远，严重影响农业推广事业的发展。特别是乡镇农技推广站，办公、住宿于一体，部分农技站人均占有面积不到 $20m^2$。有的乡农技站由于投资建设较早，随着时间的推移和受自然灾害的影响，已成为危房。除地区外，全州县、乡级农技推广机构都没有配备计算机，在信息化建设高速发展的今天，大理州的农技推广部门的信息传递仍以纸为媒介，以电话、邮件的形式传输，这无疑使得农技推广工作无法跟上时代的步伐。

11.5 推进洱海流域农技推广体系建设的思路与政策

农技推广是促进农业技术进步和增强农业竞争能力的重要措施，是洱海治理工作的重中之重。在流域生态农业的建设过程中，必须快速建立有效运转的技术推广体系，迅速将新技术运用于项目工程并产生良好的经济和社会效益，通过明确职能、理顺体制、优化布局、精简人员、充实一线、创新机制等一系列改革，逐步构建起以国家科学技术推广机构为主导，社会企业及各类合作经济组织为基础，科研、教育等单位和企业广泛参与、分工协作、服务到位、充满活力的多元化新型技术推广体系，为洱海流域的生产生活环保化做贡献。

11.5.1 加强对农技推广体系建设重要性的认识

农技推广是公益性的社会事业，特别是在洱海治理任务不容放松的情况下，推广新型环保生活生产技术显得尤为重要。要围绕实施科教兴农战略和提高农业综合生产能力，在深化改革中增活力，在创新机制中求发展。目前，应当按照强化公益性职能、放活经营性服务的要求，加大基层农业技术推广体系改革力度，合理布局国家基层农业技术推广机构，有效发挥其主导和带动作用。此外，还要充分调动社会力量参与农业技术推广活动，为农业农村经济全面发展提供有效服务和技术支撑。

11.5.2 多渠道争取资金

由于大理州地、县、乡财政财力状况在短期内不可能有大的改观，要大幅度增加财政对农技推广工作的投入是不现实的。因此，在洱海流域综合保障体系的建设中，应当为农业技术推广列出专项资金。党委和政府要加强对农技推广工作的领导，农技推广部门要用工作实绩来多渠道、多层次争取资金，改善农技推广体系的"软"、"硬"件设施环境。地、县、乡也要有计划、有比例地对农技推广体系建设逐年增加投入，使洱海全流域的生产生活环保化得到质的飞跃。基层农技站、所不仅条件艰苦、设备简陋、事多繁杂，而且经费保障相当紧张，这也是不可回避的客观事实，对于经济条件稍好一点的地区，地方财政为站所安排的办公经费还适当宽松一点，对于那些相对较为贫困的地区而言，办公经费就相当紧张了。近年来，作为农业实施项目，不管是中央还是省级安排的，基本上没有相应配套的工作经费，地方配套又难以保证和兑现，所以，由于经费保障存在较大困难，一些农技推广正常工作的开展和落实受到了制约。党中央、国务院历来都十分重视"三农"工作。作为地方各级政府，抓好"三农"工作是我们的主要职责，是干好一切工作的前提和基础，一定要认清搞好农技推广在做好"三农"工作中的地位、作用和意义，在安排农技站（所）工作经费上，要因地制宜，不断加大投入力度。在资金安排上，切忌只挂在嘴上、不落在纸上的行为，防止"说起来重要、忙起来次要、做起来不要"的态度。

11.5.3 健全农技推广网络，提高队伍素质

要进一步健全地、县、乡、村科技示范户的推广网络，力争使每一村（办事处）有1~2名专职农技推广员。另外，要注重引进高科技人才。队伍老化，知识陈旧已跟不上形势发展的要求，已成为制约农技推广的瓶颈，在农业战线上，人少事多的矛盾时有显现。因此，在机构编制调整时，在政策许可范围内，应结合不同地区的工作特点，在人员、岗位编制上对基层农技推广机构适当给予倾斜，保证基层农技站所有事就有人，有人就有责，有位就有岗。同时，结合国家对高校毕业生到基层任职锻炼的优惠鼓励政策，分批次把那些专业对口、思想过硬、作风扎实、乐于扎根山区的优秀毕业生吸收录用到基层农技科技队伍中来，形成梯次配备，逐步让基层农技队伍走向年轻化、专业化、知识化。针对大理州农业科技人员总量不足、素质偏低的实际，每年有计划地吸收部分农业院校的大学毕业生，来充实壮大基层农技推广队伍。还要注重"请进来、派出去"，有计划、分批次地对现有的农业科技人员进行知识更新，使在职的农业科技人员的学历结构、专业技术职务结构趋于合理。同时，要把提高农民的素质作为当前农业及农村工作的重要内容。首先，要以农民夜校等形式定期举办农民技术培训班；其次，要充分发挥地区农校、农广校、各县职业技术学校的阵地作用，对回乡的农村初中以上毕业生进行农业职业教育，使他们学成回到农村后，成为科技示范带头人，带动大理州农业生产生活的环保化。

11.5.4 加强科研工作

就目前农业技术推广体系的具体工作内容而言，首先，要加快农业优良品种、品系的繁育推广，集成良种良法及病虫害防治技术，普遍提高粮食单产；其次，在保证粮食稳定增产的基础上，发展优质、生态、营养、安全特色农产品，如花卉、中药材、蔬菜、马铃薯、水果、干果、食用菌等新兴优势产业；再次，转变农业增长方式，大力推进农业工业

化、标准化，发展生态农业；最后，加快发展太阳能、风能、地热、生物质能等可再生能源，推广太阳能热水器、太阳灶、太阳能电池等新技术和新产品，发展光伏发电。在科研过程中，应当充分注重与大专院校及科研单位合作，聘请有关专家对流域内各种技术资源进行彻底调查，开展对流域环境效益的研究、人类活动影响下流域环境变化规律的研究、被破坏流域的恢复技术研究、流域的保护与合理利用模式研究。此外，还要强化信息管理的能力，健全流域监测体系，设专人负责，定期观测，建立数据库统一管理，通过掌握最新动态和消长变化，为流域的保护与合理开发利用提供科学依据。

11.6 推进洱海流域农技推广体系建设的财政需求分析

加大财政对科技研发的投入和支持政策以推动科研进步研究。不仅要加大中央和地方政府的财政投入和支持力度，还要寻求国际经济金融组织的帮助，在充分发挥国内科技力量的基础上，积极学习和引进国外的先进技术，控制并治理水体污染，推动相关技术与科学的研究和发展（表11-7）。

表 11-7 大理市 2009 年农业技术推广项目表　　　（单位：万元）

项目名称	项目内容	项目经费	责任部门
建设小型焚烧设施	建设 50 个小型焚烧设施	500	各区、镇
农户污水收集处理设施	在 36 个自然村，因地制宜建设形式多样的农户污水收集处理设施	2 064.25	各区、镇
推广测土配方、平衡施肥	以喜洲、上关为重点实施测土配方、平衡施肥 4 万亩	650	各区、镇、市农业局
堆肥发酵池建设	将 17 个规模化奶牛养殖场全部建设畜禽粪便收集处理设施	200	市畜牧局、各区、镇
种植业结构调整	加大水改旱力度，进行种植业结构调整	800	市农业局、各区、镇
大理市养鸡场搬迁	将大理市养鸡场进行搬迁	3 000	市畜牧局、大理旅游度假区
生态卫生旱厕建设	2010 年前完成全市 84 825 户农户的生态卫生旱厕普及工作	11 000	市环保局、沿湖各镇
农村公厕建设	2 010 年前继续新建公厕 500 座，完成百村百厕工程	3 960	市环保局、沿湖各镇
太阳能牛粪温处理系统建设	建设奶牛规模养殖场牛粪中温处理系统示范点 18 个	300	市环保局、沿湖各镇
优化种植结构	2008 年调整种植产品结构、水改旱 5000 亩，2009 年 7500 亩，2010 年 7500 亩	30	市农业局 沿湖各镇
无公害农产品基地建设	2007 年开始建设，到 2010 年累计建成 10 万亩生态无公害农产品生产基地	50	市农业局 沿湖各镇

项目名称	项目内容	项目经费	责任部门
测土配方、平衡施肥和种植业结构调整	完成"测土配方、平衡施肥"19 万亩，2007～2010 年每年完成 10 万亩	120	市农业局沿湖各镇
植保新技术开发应用	主要推广性诱荆、生物农药、物理诱杀等措施，铸生物农药性诱荆及物理诱杀设施引进开发推广	15	市农业局沿湖各镇
首期工作培	方案编制、论证、评审、会议、检查、验收、资料、宣传等前期工作，培训科技人员 50 人次，培训农民 5 万人次	40	州农业局
合　计		22 729.25	

注：数据来源于《洱海保护治理大事记》。

在洱海流域综合保障体系建设过程中，新技术的引进、推广和应用不仅是实现洱海治理和污染减排的必要条件，也是推动区域经济可持续发展、提高流域居民生活品质的重要手段。因此，在"十二五"和"十三五"中，要加大农业技术推广体系建设。

农业技术推广体系建设资金投入主要涉及农技推广体系改革、技术平台建设、农技人员的培训以及农技推广工作等方面。

11.6.1　建设一支技术过硬的农技推广队伍

农业技术推广关键是人才，加强农业技术推广人员队伍建设是一项重要工作。这支队伍的主体包括两个部分，一是专业的农业技术推广员，二是依据《农业技术推广法》的规定，每个村都应该选配一名农民技术员，以解决了农技推广"最后一公里"的问题，提高推广工作效率。要加大对农业技术推广人员的技术培训考核和资格认证制度，重点培养信息采编人员和信息分析人员，不断提高信息采集的数量、质量和利用水平，逐步在建立一支专业技术和分析应用相结合、精干高效、干事创业的农村技术员队伍（表 11-8 和表 11-9）。

表 11-8　各地农民技术员工资标准

山东济南[1]	新疆伊宁[2]	莆田[3]	福建延平	陕西黄陵[4]
误工补助 2400 元每年	全脱产 800 元每月，兼职误工补助 3000 元每年	100 元每月	补助 80 元每月	100 元每月

---

[1] 新华社：济南出现首批享受财政补助的农民技术员，http://news.163.com/08/0326/16/47VOOBCE000120GU.html
[2] 伊宁聘请农民技术员为菜农提供技术服务，http://city1.cri.cn/29464/2010/09/03/4185s2524493.htm
[3] 莆田市农民科技教育培训工作迈上新台阶，http://www.putian.gov.cn/a/20101031/56600014.html
[4] 黄陵县公开选聘村级果业技术员，http://www.guoye.sn.cn/guoye/show_article.php?id=1912&typeid=11

表 11-9　农业技术人员工资及工作经费投入

农技队伍建设	配置标准	数量	工资标准	工作经费	合计
农业技术推广员	依据法规政策来[①]	49.91 万（流域乡村人口）× 7‰，结果为 350 人	2400 元/月[②]	1200 元/（年·人）[③]	567 万元/年
农民技术员	依据法规政策来源[④]	158 人（流域共有 158 个村）	3000 元/年	无	47.4 万元/年

因此，每年的工资经费为 567+47.4＝614.4 万元。

我们认为对于洱海流域来说，当前继续加强农业技术推广工作，而不能像其他地方那样，通过改革分流安置农技推广人员，因为对洱海流域来说，加强农技推广工作，不仅有经济效益、社会效益、还有生态效益，洱海发展生态农业的条件得天独厚，洱海环保生态压力巨大，这急切需要通过发展新型生态、环保、高效益的农业来促进，因此洱海流域的农业技术推广体系改革的目标不是要削弱，而是要加强，重点是加强农技推广网络，提高农技推广人员素质，调动他们的积极性创造性。

加强农技推广培训工作是一项重要的工作。农业技术推广工作人员、农民技术员都应纳入年度培训计划，同时，也应积极培训农民，使他们通过培训，掌握先进、生态的农业生产技术（表 11-10）。

表 11-10　年度培训资金安排

培训对象	农技推广人员	农民技术人员	普通农民
培训形式	异地研修和县乡集中办班	现场实训	现场实训
次数及标准	每年一次，1000 元/人	每年 2 次，300 元/人次	每村每年集中培训一次，1000 元/次
小计	35 万元	9.48 万	15.8 万
合计	60.28 万元		

因此，"十二五"期间的人员及培训经费支出见表 11-11。

---

① "农业人口的万分之七"，这是国内农业技术应用比较发达的潍坊市的配备情况经调查，潍坊市的蔬菜种植全国闻名，其所辖的寿光市几乎供应了整个北京的蔬菜需求。潍坊市 2008 年年底共有农业人口总数 589.7 万人，农业技术推广人员 4693 人。以同年潍坊市农业技术推广人员数来计算，2008 年潍坊市平均每万名农业人口中拥有农业技术推广人员 7 人。详情参见中国农业科学院孟伟硕士论文《潍坊市农业科技推广现状及发展对策》。

② 大理市 2010 年人均行政人员工资收入 2200 元/月，农业技术推广人员应该实行财政激励，高于普通行政人员工资水平 10% 左右。

员工应该实行财政激励，高于普通行政人员工资水平 10% 左右。

③ 这里是辽宁辽阳的标准，参见《随农业技术推广法执法检查组赴辽宁采访日记》，http：//news.163.com/10/0904/09/6FNQTU6100014AEE.html

④ "每村一名"，参见《农业技术推广法》。

表 11-11 "十二五"期间人员及培训经费支出

经费类别	经费需求
农业技术人员工资及工作经费	614.4 万元
年度培训资金	60.28 万元
年度合计	674.68 万元
"十二五"合计	3373.4 万元

11.6.2 加大基础设施硬件投入，为流域农技推广工作提供良好的工作环境

主要是新扩建农业综合服务站办公楼，按照统一规划、统一标准、统一风貌、统一标识、统一配置设备"五统一"的要求，在流域的每个乡镇建设农业综合服务站，服务站办公桌椅、电脑、投影仪、兽残和农残检测设备配备到位。预计投入如表 11-12 所示。

表 11-12 农业综合服务站投入预算

办公用房	办公设施	车辆	合计
80 万/个×16	20 万×16	20 万/台×16	1920 万元

11.6.3 加大信息化建设，为流域农技推广提供较好的信息服务平台

11.6.3.1 基础设施建设

要加电脑、服务器、数据库软件等基础传输设施建设，建立在专业计算机信息网络、电信业务网络和广播电视业务网络建设，实现村村通。

11.6.3.2 网络体系建设

以县农业信息中心为基础，争取在 5 年内全面完成网络平台建设，使之成为具有较强凝聚力和信息集散能力的全县农业核心网站。一方面要向广大农户传播农业信息，更加有效地引导农民调整产业结构。另一方面要组织本地农产品上网销售，达到解决农产品卖难、增加农民收入的目标。根据大理州的情况，应投入 30 万元人民币作为网络体系建设经费（表 11-13）。

表 11-13 机房建设投入

	项目	数量	金额（万元）
机房建设内容	1. 服务器	1 个	1.1
	2. 服务器操作系统	1 个	0.9
	3. 防火墙软件	1 个	0.5

	项目	数量	金额（万元）
机房建设内容	4. 数据库软件	1 个	1.04
	网络设备小计	—	3.54
	5. 空调	1 个	0.6
	6. ups	1 个	0.6
	7. 防火防磁文件柜	1 个	1
	8. 机房布线	—	0.2
	9. 静电地板	15m²	0.6
	10. 灯光	2 个	0.1
	11. 装修	1 个	0.3
	12. 机柜	1 个	0.45
	13. 防火门	1 个	0.35
	14. 防火控制器及烟、温探头；灭火器	—	0.7
	15. 配电箱	1 个	0.15
	机房建设小计	—	5.05
	合计	—	8.59

因此，"十二五"期间两项内容建设所需经费如表 11-14 所示。

表 11-14　基础设施建设与网络体系建设所需经费

经费类别	经费需求
机房建设经费	137.44
网络体系经费	30
合计	167.44

11.6.3.3　重点建设一批农技推广相关的工程项目，提高农技服务水平

重点建设一批农技推广相关的工程项目，提高农技服务水平，主要有以下安排（表 11-15 和表 11-16）。

表 11-15　农业技术推广体系 2011~2015 规划项目[①]

项目名称	项目内容	项目经费（万元）	责任部门
建设小型焚烧设施	建设 50 个小型焚烧设施	500	各区、镇
农户污水收集处理设施	在 18 个自然村，因地制宜建设形式多样的农户污水收集处理设施	1000	各区、镇

---

① 2016~2020 年规划与此相同，在此不赘述。

项目名称	项目内容	项目经费(万元)	责任部门
推广测土配方、平衡施肥	以喜洲、上关为重点实施测土配方、平衡施肥 4 万亩	650	各区、镇、市农业局
种植业结构调整	加大水改旱力度，进行种植业结构调整	800	市农业局各区、镇
生态卫生旱厕建设	2015 年前完成全市 42400 户农户的生态卫生旱厕普及工作	5500	市环保局沿湖各镇
太阳能牛粪温处理系统建设	建设奶牛规模养殖场牛粪中温处理系统示范点 18 个。	300	市环保局沿湖各镇
优化种植结构	调整种植产品结构、水改旱每年 5000 亩	150	市农业局沿湖各镇
无公害农产品基地建设	2011 年开始建设，到 2015 年累计建成 10 万亩生态无公害农产品生产基地	50	市农业局沿湖各镇
测土配方、平衡施肥和种植业结构调整	"测土配方、平衡施肥"，2011—2015 年每年完成 10 万亩	120	市农业局沿湖各镇
植保新技术开发应用	主要推广性诱荆、生物农药、物理诱杀等措施，铸生物农药性诱荆及物理诱杀设施引进开发推广。	45	市农业局沿湖各镇
合计		9115	

表 11-16 农业技术推广体系建设资金需求总表 （单位：万元）

经费类别	"十二五"经费需求	"十三五"经费需求
人员经费	3 373.4	3 373.4
基础设施建设经费	1 920	0
信息化建设	167.44	0
重大项目经费	9 115	9 115
合计	14 575.84	12 488.4

12 | 洱海流域社会保障体系需求与对策

党的十七大报告提出："加快建立覆盖城乡居民的社会保障体系，保障人民基本生活"。2010 年的中央一号文件要求提高农村社会保障水平，逐步提高新型农村合作医疗筹资水平、政府补助标准和保障水平。强调继续抓好新型农村社会养老保险试点，鼓励有条件的地方加快试点步伐。积极引导试点地区适龄农村居民参保，确保符合规定条件的老年居民按时足额领取养老金。要求合理确定农村最低生活保障标准和补助水平，实现动态管理下的应保尽保。还特别提到落实和完善被征地农民社会保障政策。

对于洱海流域来说，推进城乡一体化的社会保障体系建设尤为必要。这是因为要巩固洱海的治理成果，建立洱海治理的长效机制，实现发展与保护的良性互动，有赖于洱海流域，特别是湖滨地区人口的有效转移，以及周边地区的农业产业结构的调整。因此，必须建设洱海流域城乡一体化社会保障体系，为劳动力顺利转移、产业结构调整及全流域社会和谐与稳定提供保障。不过，不能抱着洱海治理的目的去设计社会保障体系，洱海治理本来就是为了促进洱海流域人与自然和谐发展，最终目的也是为了洱海流域广大人民的利益。我们必须充分尊重城乡人民改善生活质量的朴素愿望，妥善处理经济发展与环境保护、当前利益与长远利益、长远规划与现实可行性之间的关系。这样才能使洱海流域经济社会实现如胡锦涛总书记所倡导的"包容性增长"。

12.1 洱海流域社会保障体系建设的现状

这些年，洱海流域内的社会保障工作取得了突出的成效。

从大理市的情况看，大理市围绕"人人享有社会保障"的发展目标，不断完善社会保障体系建设。经过多年发展，目前大理市以养老、医疗、失业、工伤和生育保险为主要内容，资金来源多元化、保障制度规范化、管理服务社会化，独立于企事业单位之外，相互衔接、互为补充、覆盖城乡、较为完善的社会保障体系框架已经形成并发挥积极作用。

养老保险得到巩固发展。到 2010 年 5 月，全市参加养老保险企业 903 户、76 864 人；1 ~ 5 月，发放企业离退休人员基本养老金 13 669 万元。全市企业退休人员，全部移交乡镇、社区实行社会化管理服务，基本养老金全部实行社会化发放。大理市企业退休人员社会化管理服务模式走在全国前列，作为典型经验在全省推广。

医疗保险稳步推进。到 2010 年 5 月，市辖区内城镇职工基本医疗保险参保单位 918 户、参保职工 95 962 人，全市城镇居民基本医疗保险参保人数达 78 195 人。1 ~ 5 月，支付城镇职工基本医疗保险费 6650 万元；城镇居民累计住院 2327 人次，累计报销 397 万元；城镇居民累计发生门诊 2327 人次，累计报销 6 万元；城镇居民累计发生生育 117 人次，累计补助金额 16 万元。

失业保险作用明显。到 2010 年 5 月，全市失业保险参保单位 834 户、参保人数 48 413 人；1~5 月，累计发放失业救济金 318.56 万元。

工伤、生育保险同步发展。到 2010 年 5 月，全市工伤保险参保单位 899 户、参保职工 37 320 人，全市生育保险参保单位 896 户、参保职工 32 566 人。1~5 月，发生工伤事故 91 件、96 人次，支付工伤保险金 77 万元；发生女职工生育 269 例，支付生育保险金 157 万元。

农村养老保险顺利推进。到 2010 年 5 月，全市农村养老保险参保人数达 4273 人，领取养老金人数 278 人，累计发放养老金 35 万元。

社会保障覆盖面不断拓宽。大理市在原有险种基础上，先后启动实施了农村社会养老保险、在职在编村（居）"两委"干部社会保险、被征地人员基本养老保险、城镇居民基本医疗保险。保障面不断拓宽，受惠群众不断增加。

大理市基本实现老有所养、病有所医、失有所补和工伤、生育、农保、居民医保及村（居）"两委"干部有保障的目标。社会保障真正成为全市社会发展的"稳定器"、经济运行的"减震器"和实现社会公平的"调节器"。

新农合发展快。大理市共 11 个乡镇 111 个行政村，总人口为 613 741 人，2010 应参合农业人口数是 382 329 人，实参合 376 768 人，参合率 98.55%。筹资标准提高到人均 140 元，住院报销最高封顶线提高到每人每年累计 3 万元，周、市和乡镇定点医疗机构住院报销比例分别提高到 40%、70%、80%。

12.2 洱海流域社会保障体系建设存在的主要问题

12.2.1 城乡收入悬殊，成为制约城乡社会保障一体化的症结

2007 年大理州全年可支配收入，城镇居民为 11 615.88 元，农村居民为 2448.54 元，前者为后者的 4.74 倍；2008 年大理市全年可支配收入，城镇居民为 12 865.75 元，农村居民为 2850.17 元，前者为后者的 4.51 倍，虽然倍数有所缩小，但绝对数却拉大了 848 元。同时，大理州的城乡收入差距水平高于全国，2007 年全国城乡差距是 3.6 倍，2008 年是 3.59 倍。大理市城乡居民收入情况见表 12-1 和图 12-1。

表 12-1 大理市近年来城乡居民收入状况 （单位：元）

	2006 年	2007 年	2008 年	2009 年
城镇居民人均可支配收入	10 176	11 616	12 866	14 180
农民人均纯收入	3 675	4 010	4 416	4 872

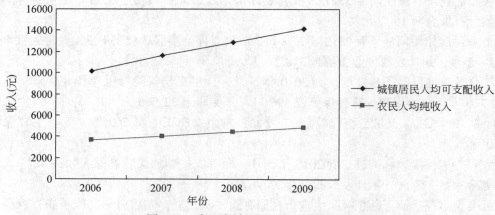

图 12-1　大理市城乡居民收入增长趋势

　　大理市与大理州相比，城乡居民的收入差距要少一些，但是从近年来大理市城乡居民收入增幅来看，城镇居民收入增长趋势要明显高于农民收入增长趋势，农民收入增长乏力，这是一个值得注意的信号。总的来说，区域内城乡收入差距越大，推进城乡一体化的社会保障工作就越困难。这就需要推动更多的资源向农村集中，势必也将加大地方政府的财政压力。

12. 2. 2　区域间发展不平衡，加大了城乡社会保障一体化工作的难度

　　在洱海流域，从乡镇人均纯收入来看，不同乡镇之间收入差距明显。全市 2006 年人均纯收入最高的乡镇是凤仪镇，为 4977 元，是全市最低的双廊镇的 3 倍。总体来说，在大理市，海南高于海北，海西高于海东。而洱源县与大理市相比，在财政收入上两者相差悬殊，在社会保障和就业支出的力度上有较大差异，而农民的收入与消费支出水平也有着明显的差异。而洱源县作为洱海流域源头县，在洱海治理上投入多而收益少；大理市则是主要的收益地（表 12-2）。怎样平衡两地的利益，力争在两地城乡社会保障一体化方面有所突破，对于洱海的治理是尤为必要和迫切的。

表 12-2　大理市、洱源县 2008 年度相关指标比较

地区	一般预算收入（万元）	社会保障和就业支出（万元）	农村住户人均总收入（元）	农村住户消费支出（元）
大理市	103 995	21 248	5 846.90	3 999.89
洱源县	10 408	7 443	5 671.37	2 633.57

数据来源：大理统计年鉴，2009 年。

12.2.3 现有社会保障政策不能满足农民的需要，远远不能满足农民的期待

在农村调研的过程中，农民普遍对不能参加养老保险表示不理解。有的富裕农民表示，自己有这个经济能力参加养老保险，但是政策却不允许他参加，他感到非常无奈。大理州所辖鹤庆县于2009年列入全国新型农保试点后，在很短时间之内，参保人数达15.89万人，参保率88.6%，可见广大农民的参保热情。可惜试点范围太小，不能满足大理多数农民的期待。

12.3 洱海流域社会保障体系建设对策研究

总体思路：推进洱海流域城乡一体化的社会保障体系建设，必须立足于当地的实际，从统筹城乡发展的高度，发挥当地旅游产业的优势，优先发展服务业，扶持生态观光农业的发展，调整农业结构，打响高原绿色农产品品牌。大力培训农民、转移农民，减少农民，实现富裕农民的目的。促进土地的有效流转，加大城镇化力度，促进农民工的市民化，实现有效城镇化。多方筹措资金，加大投入力度，提高农民的社会保障水平。

12.3.1 提高城镇化水平，让农民共享城市化成果

洱海流域地处高原，生态环境非常脆弱，当前，农业氮、磷排放是洱海主要的污染来源。要有效减少排放，遏制周边的农业污染，紧缩农业生产规模，减少农业人口，促进人口向城镇集聚，提高城镇化水平，是一条主要的治本之策。大理市经过多年的努力，城镇化水平有了很好的基础。城镇人口逐年递增，到2009年年末，城镇化率达53.6%，比上年提高1.6个百分点。按照这个速度，10年后，大理市的城镇化率将达到70%。每年将新增1万人左右的就业规模。

12.3.2 保障农民工的合法权益，实现有效城镇化

现在囿于城乡二元体制、观念障碍和财力限制，一部分转移到城镇的劳动力，还不能有效融入城市，农民工在社会保险、住房、子女上学等方面还存在着歧视。中央农村工作领导小组副组长、办公室主任陈锡文认为"目前，从统计数据上看，中国城镇化率达到46.6%。但是，中国的城镇化率实际上被大大高估了。因为在目前统计的6亿城镇人口中，包括1.5亿农民工在内，至少有2亿人并没有享受市民的权利。"[①] 大理市的情况也与全国的情况差不多。因此，应根据统筹城乡发展的要求，走体制创新的路子，破除陈旧观念，不把农民工当包袱，而是当作财富看待。排除阻碍城镇化进程的障碍，进一步改革深

---

① 财新网，http://policy.caing.com/2010-08-07/100167691.html.

化小城镇政策措施,对户籍、土地、就业、社保、财政、教育、卫生、公共服务等方面的政策措施进行清理,促使农民工进得来、留得住,并逐步转变为城镇居民,真正实现农村人口向城镇的有效转移。

12.3.3 促进富余劳动力转移,帮助农民增收

第一,加速农村富余劳动力向城镇转移的城镇化发展的政策机制,促进城乡劳动力有序流动的劳动力市场机制规范发展,研究抓住沿海地区和发达城市劳工短缺的机遇,全方位、大规模地组织当地富余劳动力培训,积极开拓国际劳务市场;第二,采取多种措施扩大就业,统筹做好失业人员、城镇新成长劳动力、高校毕业生、复转军人、农村富余劳动力、残疾人的就业工作,建立健全就业援助制度,确保零就业家庭至少有一人就业;第三,积极发展农户家庭手工业(砚、扎染、木雕等民族手工品)、观光农业、旅游农业等劳动密集型服务业和各类适合流域发展的中小企业,努力增加就业岗位;第四,建立市场导向的就业机制,鼓励劳动者自主创业和自谋职业,引导云南省乃至于大理市大中专毕业生到边远贫困地区和基层工作,做好重点地区、重点行业和困难群体的就业和再就业工作,促进多种形式就业;第五,努力创造公平、公正的就业环境,逐步形成统一规范的劳动力市场,促进城乡劳动力有序流动;完善保护劳动者合法权益的相关法律法规,规范企业等市场主体的用人行为,促进劳动关系和谐稳定;第六,抓住沿海地区和发达城市劳工短缺的机遇,全方位、大规模地组织劳动力培训,积极开拓国际劳务市场,加大劳务输出的力度。开展好定向培训和订单式培训,切实提高培训的针对性和实用性,推进劳务输出由"劳力型"向"技术型"的转变。加强组织协调工作,鼓励依法成立劳动力资源开发中介组织,拓宽输出渠道(表 12-3)。

表 12-3 洱源县凤羽镇劳务输出重点村情况调查表

行政村	输出劳力	输出渠道	主要分布地	主要从事行业
凤翔	1200 多人	主要通过劳动就业部门介绍	昆明、下关、丽江、中甸、德钦	饮食服务、采矿业、经商
庄上	650 多人	主要通过劳动就业部门介绍	广东、深圳、福建、上海	加工业、饮食服务业
源胜	500 多人	大部分由群众自发组织	深圳、广州、兰坪、梁河、中甸、下关	采矿业、饮食服务业

数据来源:大理州社会主义新农村建设典型经验汇编。

12.3.4 鼓励土地依法合理有效流转,从社会保障着手解除农民的后顾之忧

促进农业的规模化、产业化经营,是建立现代农业的发展方向,同时也是防止分散化经营造成污染不可控的有效措施。此外,还对提高农民收入,促进富余劳动力转移很有帮

助。洱海流域目前土地流转的形式主要有转包、出租、互换、入股等形式。截至 2010 年 5 月 31 日，大理市土地流转面积达 14 899 亩（表 12-4）。土地流转主体逐渐多元化，越来越多的种植大户、涉农企业和农民专业合作经济组织成为租赁农村土地承包经营权，投资经营农业的新力量。农村土地流转范围不断拓宽，经营内容也由种粮逐步转向烤烟、蔬菜、花卉、苗木乃至观光农业等高效益农业领域。同时，土地流转也存在着一些问题：一是流转的区域分布不平衡，交通便利的地区流转快，落后山区流转慢；二是土地流转的行为机制不规范，自发流转多，规范流转少，很少签订正规合同，留下纷争隐患；三是流转的服务管理滞后。针对这些问题，首先应加强组织领导，尽快出台相关实施细则，积极稳妥地推进土地流转工作；第二，提高农民流转的积极性，保障农民的合法权益，使农民真正得实惠；第三，最关键的是要完善农村社会保障体系，因为土地对农民来说具有社会保障的功能，只有降低农民对土地的依赖程度，农民才能安心将土地流转出来。

表 12-4　大理市土地流转情况（截至 2010 年 5 月）

流转形式	转包	出租	互换	入股	其他
面积（亩）	4019	10608	91	50	128
比例	26.97%	71.19%	0.62%	0.34%	0.86%

12.3.5　坚持广覆盖、保基本、可持续的原则，不断提高农村的社会保障水平

完善的社会保障体系是经济社会发展的重要保障，也是社会和谐稳定的安全网，更是洱海治理可持续的关键一环。洱海流域应该在经济发展的基础上逐步建立覆盖城乡居民的社会保障体系，坚持广覆盖、保基本、多层次、可持续，加强社会保险、社会救助、社会福利的衔接和协调，不断提高社会保障水平。一是健全农村低保制度。以政府投入为主，对农村特困群众实施全面有效的生活救助，有效保障贫困人口、老年人、残疾人、孤儿的生活权益，建立完善最低社会保障制度，实现应保尽保。二是健全农村养老保险制度。按照城乡统筹发展的要求，探索建立与当地经济发展水平相适应、与其他保障措施相配套的农村养老保险制度。鼓励条件成熟的地区先行先试，加大试点的力度，扩大试点的范围。完善被征地农民基本社会保障和养老保险制度，让全部失地农民享受养老保险。三是不断健全完善新型农村合作医疗救助制度。对救助对象患大病个人难以承担医疗费、影响家庭生活的，要给予及时的医疗救助。四是引导、鼓励多种形式的民间救助行为，加强敬老院的建设和散养五保对象的危房改造工作，加大五保对象集中供养力度，提高集中供养率。

12.4　洱海流域社会保障体系建设制度安排及资金保障

鉴于实现城乡一体化的社会保障体系是一个长期、渐进的过程，一个比较积极稳妥的方案是，先集中一段时间将已经在城市长期就业的农民工逐步市民化，解决他们的社会保

障问题，同时对于每年新增的从农村转移出的人口给予同等的社会保障。对于不能转出的农业人口，按照国家相关政策要求，要逐渐提高他们的社会保障水平，当前最迫切的是参照新农保标准，为符合条件的农民办理养老保险。

12.4.1　纳入城乡一体化社会保障体系的城乡人口变动趋势

对于今后流域的人口增长状况我们有一个总体的评估，根据过去四年的人口变动数据，拟采用灰色系统理论来预测今后一段时期洱海流域的城乡人口变动状况，灰色系统理论是研究灰色系统有关建模、控模、预测、决策、优化问题的理论。在需求预测方面应用得较多的灰色系统模型是关于一个变量、一阶微分的 GM（1，1）数列预测模型（刘思峰和邓聚龙，2000）。

假设原始时间数据列：$X^{(0)} = (x^{(0)}(1)，x^{(0)}(2)，\cdots，x^{(0)}(n))$，

则 GM（1，1）模型的预测步骤如下：

步骤一：灰生成 $X^{(1)} = (x^{(1)}(1)，x^{(1)}(2)，\cdots，x^{(1)}(n))$，其中 $x^{(1)}(i) = \sum_{k=1}^{i} x^{(1)}(k)$，$i = 1，2，\cdots，n$

步骤二：建立白化微分方程。

对 $X^{(1)} = (x^{(1)}(1)，x^{(1)}(2)，\cdots，x^{(1)}(n))$ 建立微分方程：$\frac{\mathrm{d}x^{(1)}}{\mathrm{d}t} + ax^{(1)} = b$

该方程的离散解为：$x^{(1)}(k+1) = [x^{(0)}(1) - b/a] \cdot e^{-ak} + b/a$

GM（1，1）模型中系数 a 称为发展系数，参数 b 称为内生灰作用量。根据灰色理论，发展系数能在某一程度上反映灰色系统的发展趋势，当 a 小于零的时候，且越小，系统发展速度就越快；否则，系统发展越慢。而内生灰作用量，则主要体现数据的变化关系。

步骤三：参数求解。

应用最小二乘原理求解，并令参数列 $\hat{a} = [a，b]^T$，则有 $\hat{a} = (B^T B)^{-1} B^T Y$，其中：

$$B = \begin{bmatrix} -\frac{1}{2}(x^{(1)}(1) + x^{(1)}(2)) & 1 \\ -\frac{1}{2}(x^{(1)}(2) + x^{(1)}(3)) & 1 \\ \cdots \\ -\frac{1}{2}(x^{(1)}(n-1) + x^{(1)}(n)) & 1 \end{bmatrix}$$

$Y = [x^{(0)}(2)，x^{(0)}(3)，\cdots，x^{(0)}(n)]^T$（注：$x^{(1)}(1) = x^{(0)}(1)$）。

步骤四：灰色预测。

将参数 a，b 的值代入式

$$x^{(0)}(k+1) = x^{(1)}(k+1) - x^{(1)}(k) = (1 - e^a)\left(x^{(0)}(1) - \frac{b}{a}\right) e^{-ak}$$

其中 $k = 1，2，\cdots，n$，即得预测值。

步骤五：残差检验。利用公式：$\varepsilon(k) = \dfrac{x^{(0)}(k) - \hat{x}^{(0)}(k)}{x^{(0)}(k)} \times 100\%$

可得 2010 年、2015 年、2020 年的预测数据（表 12-5）：

表 12-5　流域城乡人口变动趋势表（洱源县+大理市）　　（单位：万人）

年份	总人口	市镇人口	乡村人口	非农业	农业人口	就业人员	城镇	乡村	第一产业	第二产业	第三产业
2003	85.54	32.02	53.52	22.12	63.42	47.42	11.63	35.79	24.17	9.2	14.05
2004	86.33	32.05	54.28	22.59	63.74	50.17	13.67	36.51	24.19	10.9	15.08
2005	87.1	33.48	53.62	22.95	64.15	50.54	13.74	36.8	24.21	11.16	15.17
2006	87.9	34.27	53.63	23.25	64.65	50.89	13.96	36.93	23.76	10.81	16.32
2007	88.59	37.18	51.41	24.47	64.12	51.71	14.88	36.84	23.89	11.41	16.41
2008	89.2	37.65	51.55	25.23	63.97	57.07	19.23	37.84	24.02	13.7	19.35
2009	90.07	39.43	50.64	25.82	64.25	52.08	15.03	37.05	23.68	11.37	17.07
2010	90.8	40.89	49.91	26.58	64.22	52.60	15.44	37.16	23.54	11.49	17.67
2015	94.65	48.23	46.42	30.71	63.94	55.23	17.5	37.73	22.89	12.13	20.76
2020	98.67	55.49	43.18	35.48	63.19	58.01	19.7	38.31	22.26	12.79	24.44

数据来源：根据大理州统计局提供数据测算。

12.4.2　推进城乡一体化的社会保障体系的具体步骤

12.4.2.1　推进路径及标准选择

方案分为两个阶段。

2011～2015 年为第一个阶段，将重点推进有条件的农村户口的城镇居民转为市民，解决在城镇有稳定职业和住所的农民工及其家属的户口问题，同时解决 2010～2015 年间新增转出人口的社会保障问题。

第二个阶段是 2016～2020 年，在此期间，常态化解决每年向城镇转移人口的社会保障问题，稳步推进城镇化比例，逐步形成自由互通、权益公平、城乡一体的户籍制度体系。

大理、洱源主城区的农民变市民需要申请人在主城区务工经商 3 年以上，或者投资兴办实业，3 年累计纳税 5 万元或一年纳税 2 万元以上。此外，居住在乡镇的农村居民只要自愿，就可以就近就地转为城镇居民。

为了保证农民变市民后与城镇居民享有同等待遇，尽快适应城镇生活，重庆市政府为农民转户进城设计了一套"335"政策。第一个"3"为"三年过渡"，转为城镇市民的农民，最长 3 年内可以继续保留原有的承包地、宅基地的使用权和收益权。第二个"3"是三项保留。首先是可以继续保留农村林地的使用权；其次是可以继续享受计划生育扶助政策；最后，农民目前享受的各种农村种粮直补、农机补贴等惠农政策，在农民自愿退出承包地经营权之前仍继续保留。"5"指的是农村居民转户后，可享受到城镇的就业、社保、住房、教育和医疗政策，实现转户进城后"五件衣服"一步到位。

农民的利益是，如果是农民宅基地复垦的，农民可得到三项收益：农民的房屋及其构附着物按当地征地拆迁补偿标准进行补偿；按复垦区县100m² 乡镇房屋市场价的20%给予农民购房补助；复垦增加的耕地仍由该农户承包耕种。如果是集体经济组织的土地（如乡村公用设施或乡镇企业废弃的建设用地），则按照乡镇国有土地出让金标准给予所有权补偿，主要用于村民的社会保障；在收益中还将拨付给复垦区县一笔耕地保护基金或用于农村基础设施建设的专项基金。

关于农民工市民化的社会成本，根据经济发展水平及地域差异，各地标准有所差异。根据搜集到的资料，有这么几种标准：

人均6.75万元——重庆标准。[1] 重庆市于2010年8月启动引人关注的户籍制度改革，重庆市对户籍制度改革进行了审慎的评估，据测算，重庆市仅今明两年集中转户的300多万人，以全部整户转移、全部退出土地测算，总的资金需求高达2010亿元。其中取得城镇居民身份的"入口端"需要1241亿元，解除农村居民身份的"出口端"所需资金769亿元。每个"新市民"平均有6.7万元的"进城成本"，包括农村宅基地、承包地、林地的"退出成本"，以及"新市民"的社保、住房、就业、教育等方面的"进入成本"。

10万元左右——中国发展研究基金会测算标准。[2] 2010年10月9日，中国发展研究基金会在上海举行了《中国发展报告2010：促进人的发展的中国新型城市化战略》发布会。报告提出了关于中国新型城市化的战略目标：从"十二五"开始，用20年时间解决中国的"半城市化"问题，使中国的城市化率在2030年达到65%。据课题组调研后测算，每年为解决2000万农民工市民化需投入2万亿元，到2030年基本解决4亿农民工及其家属的进城和落户问题，使他们享受与城市原有居民同等的公共服务和各项权利。报告测算，中国当前农民工市民化的平均成本在10万元左右。

5万元左右——云南课题组测算标准。[3] 按照云南省《农民工市民化的转换成本与政府公共政策选择研究》课题组测算，内陆城市第一代农民工市民化的社会成本，大概是60 000元左右；内陆城市第二代农民工市民化的社会成本，大概是50 000元左右（表12-6）。

表12-6 分地区、分类型下的农民工市民化的社会成本　　　　（单位：元）

类型	城市生活成本	智力成本	社会保障成本	住房成本	基础设施成本	总成本
东部沿海地区第一代农民工市民化	3 297	920	25 633	47 290	20 652	97 792
东部沿海地区第二代农民工市民化	3 297	260	14 820	47 290	20 652	86 319

---

① 重庆农民转户进城人均成本6.7万 http：//news. sina. com. cn/c/2010-09-15/065021104413. shtml

② 中国金融网，http：//www. zgjrw. com/News/20101010/home/885983683600. shtml

③ 张国胜：基于社会成本考虑的农民工市民化：一个转轨中发展大国的视角与政策选择，《中国软科学》，2009年第4期。

类型	城市生活成本	智力成本	社会保障成本	住房成本	基础设施成本	总成本
内陆地区第一代农民工市民化	1 886	390	14 276	30 802	9 783	57 137
内陆地区第二代农民工市民化	1 886	110	7 140	30 802	9 783	49 721

鉴于大理既非沿海一线城市,也不是内地大城市,只是一个内陆地级市,参照当地生活消费标准,我们将大理农民市民化标定为 55 000 元每人(表 12-7)。

表 12-7 洱海流域内城镇化人口估算

历史遗留有待完全城镇化人口(截至 2009 年底)	2010 年	2011～2015 年	2016～2020 年
15.07 万人	1.46 万人	7.34 万人	7.26 万人

12.4.2.2 具体步骤及资金需求

1)先用 5 年时间解决历史遗留的有待完全城镇化的人口。

资金需求测算:(15.07 万人+1.46 万人+7.34 万人)×55 000 元/人=1 312 850 万元(表 12-8)。

成本分摊:中央、省级支持 30%,393 855 万元,分五年支出,每年支出 78 771 万元;个人分摊 30%,393 855 万元,人均支出 1.65 万元;(主要用于社会保险个人缴纳部分及公租房租金支出);州市级支出 40%,525 140 万元,分五年支出,每年支出 105 028 万元。

表 12-8 城乡一体化社会保障体系建设任务及资金需求表

任务期限	2011～2015 年	2016～2020 年
需纳入人数	23.87 万人	年均 1.452 人
资金需求	1 312 850 万元	79 860 万元

注:这个数字是考虑比较圆满情况下的资金需求,事实上很多资金短期内需求并不大,比如农民工大部分是年轻人,暂时政府并不需要支付养老金,而且每年政府还可从企业及农民工个人那里收取养老金。比较硬性且急迫的支出是政府必须建设大量的公租房,保证他们每个人住有所居。

州市级资金筹措:一是财政资金,政府每年新增长的财政收入,每年约 1.2 亿元;二是每年城市建设中产生的征地补偿、房地产土地收益,每年约 4.5 亿元;三是转户农民的宅基地进入市场置换取得的收入。每年约 2.25 亿元;四是拟征收旅游资源税。2009 年旅游社会总收入完成 42 亿元,按增幅的 5% 左右计算,每年约 2.1 亿元;合计约 10.05 亿元。

这四个方面的资金同样分步骤进行,随着改革的推进,宅基地流转等其他资金也将不断注入。通过户籍制度改革这个突破口,进行配套改革,实现城乡统筹,使农民工特别是多年进城已在城市居住的农民工，能够得到真正的实惠，逐渐缩小附着在户籍制度上的一些不公平待遇。

2）从 2016 到 2020 年，常态性解决 7.26 万人，每年平均 1.452 万人左右农转非人员的社会保障问题。

资金需求测算：1.452 万人×55 000 元/人＝79 860 万元。

成本分摊：可以主要由地方财政和农民自筹解决。

3）对于其他自愿继续保留农民身份，继续在乡村耕种的农民，要逐渐提高他们的社会保障水平，当前最迫切的是参照新农保标准，为符合条件农民办理养老保险。

按照已经参加试点的鹤庆县的标准，乡村人口 50.64 万人中，60 周岁以上人员参保人数为 6 万人左右，年发放养老金 4000 万元左右。对于洱海流域来说，实行并不困难。

参 考 文 献

安晨光, 曹旭东. 2008. 集体土地征用中土地入股问题的探索与思考. 内蒙古科技与经济, (8): 304-307

白建坤. 2003. 大理洱海科学研究. 北京: 民族出版社

白小虎. 2010. 生态文明建设的产业基础: 产业生态化转型. 中共浙江省委党校学报, (5): 37-41

包群, 彭水军. 2006. 经济增长与环境污染——基于面板数据的联立方程估计. 世界经济, (11): 48-58

包晓斌. 2004. 循环经济的科学发展之路. 江西社会科学, (8): 35-40

鲍宏光, 杨月高, 赵映香. 2009. 大理市失地农民社会保障问题调查研究. 大理学院学报, (8): 19-21

毕美家. 2010. 中国特色现代农业制度研究. 北京: 人民出版社

薄建平. 2008. 浅析循环经济. 中国经贸, (24): 133

蔡继, 董增川, 陈康宁. 2007. 产业结构与水资源可持续利用的耦合性分析. 水利经济, 25 (5): 45-48

蔡金续. 2000a. 中国区域工业生产率的评价与分析. 经济与管理, (4): 11-3

蔡金续. 2000b. 我国地区工业生产率的测定与比较分析. 数量经济技术经济研究, (11): 72-74

曹小明. 2004. 以"土地换保障"——嘉兴失地农民社会保障体系建设的探索、实践与发展思考. 资料通讯, (9): 23-25

陈德敏, 王文献. 2002. 循环农业——中国未来农业的发展模式. 经济师, (4): 7-9

陈华, 姜征宇. 2006. 有效的财税政策是循环经济发展的主要驱动力——国外的经验及其对中国的启示. 红旗文稿, (10): 34-36

陈辉. 2010. 崇阳县农业结构调整问题研究. 长沙: 湖南农业大学硕士学位论文

陈森发, 王义宏, 张文红, 等. 2003. 试论江苏省生态工业的发展模式. 南京林业大学学报: 人文社会科学版, 2003 (1): 10-13

陈颐. 2000. 论"以土地换保障". 学海, 3: 95-96

程文娟, 史静, 夏运生. 2008. 滇池流域农田土壤氮磷流失分析研究. 水土保持学报, 22 (5): 52-55

程怡儿. 2004. 循环经济的国际经验. 宁波经济 (财经视点), (2): 30-31

初丽霞. 2004. 循环经济的理论与实践研究. 山东经济战略研究, (9): 36-40

楚爱丽. 2010. 循环经济与企业可持续发展. 北京: 北京师范大学出版社

崔凤军. 1995. 本溪产业结构的环境生态评价. 城市环境与城市生态, 8 (2): 31-36

崔磊. 2007. 国际循环经济立法比较研究. 华东理工大学学报 (社会科学版), (2): 109-113

崔铁宁. 2004. 循环型社会及其规划理论和方法的研究. 南开大学学报, (3)

崔胤东. 2008. 基于情景规划的水源热泵技术产业化前景分析. 北京: 北京工业大学硕士学位论文

崔兆杰, 张凯. 2008. 循环经济理论与方法. 北京: 科学出版社

崔志清, 董增川. 2008. 基于水资源约束的产业结构调整模型研究. 南水北调与水利科技, 6 (2): 60-64

大理白族自治州工业经济联合会. 2007. 大理州工经联 2007 年调研报告

大理白族自治州经济委员会. 2007. 大理州"十一五"新型工业化重点课题研究报告

大理白族自治州人大常委会. 2004. 云南省大理白族自治州洱海管理条例

大理白族自治州人大常委会农业与环保工作委员会. 1998. 云南省大理白族自治州洱海管理条例

大理白族自治州人民政府. 2006. 洱海流域水污染综合防治"十一五"规划

大理白族自治州统计局. 2010. 大理统计年鉴

大理苍山洱海国家级自然保护区管理处. 2003. 大理苍山洱海国家级自然保护区总体规划 (1996-2010)

大理州洱海管理局.1991.云南省大理白族自治州洱海管理条例

大理州农业局.2010.大理州"十二五"现代农业发展规划(草案)

大理州人民政府.2009.大理生态州建设规划(2009-2020)

丁维亮,林昕.2010.全面推进循环经济建设打造专业化生态产业园——永春县循环经济生物医药示范园区建设构想.能源与环境,(5):75-77,84

董国胜.1991.大理震害.大理科技,(2):73-76

董利民,李璇.2011.洱海水污染动态模型的构建及分析研究.生态经济,(9):386-390

董利民,梅德平,叶桦,等.2009.基于水环境承载力的融合的产业结构和体系构造——以洱海流域为例.//中国环境科学会.2009.第十三届世界湖泊大会论文集.北京:中国农业大学出版社,1770-1776

董利民,彭婵,陈志红.江汉平原水资源环境保护与利用潜力研究[J].Proceedings of 2011 The Conference on Water Resources Protection, Prevention of Water Pollution and Ecological Restoration Technology Seminar,美国科研出版社,2011年版:165-169

董利民等.2011.洱海流域农业非点源污染负荷分析及防治对策研究.湖北农业科学,(17):3535-3539

杜宝汉.2006.大理州环境保护思考与对策.北京:作家出版社

洱源县人民政府,云南省环境科学研究院.2009.洱源生态县建设规划(报批稿)

樊小钢.2003.土地的保障功能与农村社会保障制度创新.财经论丛,(4):9-11

樊小钢.2004.城市化进程中的社会保障制度创新.经济学动态,(3):46

方俊华,刘海舰,翟俊.2004.重庆渝北御临河流域水体污染现状及防治对策.重庆建筑大学学报,(3):61-64

冯久田.2005.基于循环经济的生态工业理论研究与实证分析.武汉:武汉理工大学博士学位论文

冯小叶,王蔚.2012.旅游资源与开发.北京:北京大学出版社

冯之浚.2004.循环经济导论.北京:人民出版社

付晓东.2007.循环经济与区域经济.北京:经济日报出版社

傅丽芳.2002.黑龙江省农业产业结构调整优化模型及方案的DEA综合评价研究.哈尔滨:东北农业大学硕士学位论文

傅蔚冈.2010.靠不住的"土地换保障".农村经营管理,4:33-35

高慧荣.2009.论发展循环经济对构建绿色GDP核算体系的意义.商业时代,(24):70-71

高金龙.2005.流域生态效益补偿与循环经济理念的创新思考——来自江西省东江源头区域生态环境保护和建设的启示.江西社会科学,(10):144-147

高鹏飞.2007.基于情景分析方法的流域水污染控制决策支持系统研究.哈尔滨:哈尔滨工业大学硕士学位论文

葛察忠,段显明,董战峰,等.2012.自愿协议——节能减排的制度创新.北京:中国环境科学出版社

葛察忠,王新,费越,等.2011.中国水污染控制的经济政策.北京:中国环境科学出版社

龚琦,董利民,王雅鹏.2010.基于水环境承载力的洱海流域社会经济结构调整与支持体系构建,第十三届世界湖泊大会论文集(下卷).北京:中国农业大学出版社,2135-2138

龚琦,王雅鹏,董利民.2010.基于云南洱海流域水污染控制的多目标农业产业结构优化研究.农业现代化研究,(7):475-479

龚琦.2011.基于湖泊流域水污染控制的农业产业结构优化研究——以云南洱海流域为例.武汉:华中农业大学博士学位论文

巩前文,张俊飚,李瑾.2008.农户施肥量决策的影响因素实证分析——基于湖北省调查数据的分析.农业经济问题,(10):63-68

郭军华，李帮义．2010．中国经济增长与环境污染的协整关系研究——基于1991~2007年省际面板数据．数理统计与管理，29（2）：281-293

国家环境保护总局．2001．畜禽养殖污染物排放标准．北京：中国环境科学出版社

海热提．2009．循环经济与生态工业．北京：中国环境科学出版社

韩涛，彭文启，李怀恩，等．2005．洱海水体富营养化的演变及其研究进展．中国水利水电科学研究院学报，3（1）：73-75，80

贺雪峰．2010.12.21．土地换保障宜审慎，急速城市化应叫停．中国劳动保障报，

胡小贞，叶春，金相灿，等．2007．云南洱海桃溪河口净化工程的设计思路及初步净化效果．湖泊科学，（2）：50-54

黄初龙，邓伟．2008．农业水资源可持续利用评价指标体系构建与应用．北京：化学工业出版社

黄少安，孙圣民，宫明波．2005．中国土地产权制度对农业经济增长的影响——对1949~1978年中国大陆农业生产效率的实证分析．中国社会科学，（3）：38-47

黄文佳，吴秋君，董利民．2012．江汉平原水资源保护机制研究．湖北农业科学，51（9）：1755-1758

黄贤金．2004．循环经济：产业模式与政策体系．南京：南京大学出版社

蒋舟文．2008．水资源约束下西北地区农业结构调整研究．西安：西北农林科技大学硕士学位论文

金涌，Jakob de Swaan Arons．2009．资源·能源·环境·社会——循环经济科学工程原理．北京：化工工业出版社

柯高峰，丁烈云，董利民，等．2010．洱海流域绿色保障体系之路怎么走？环境保护，（21）：53-54

柯高峰，丁烈云．2009．洱海流域城乡经济发展与洱海湖泊水环境保护的实证分析．经济地理，（9）：1546-1551

克洛德·阿莱格尔．2003．城市生态，乡村生态．北京：商务印书馆

黎春梅，董利民．2011．基于水环境保护下的洱海流域农业产业结构调整．湖北农业科学，（2）：426-429

雷纳A. J.，D. 科尔曼主编．2000．农业经济学前沿问题．孔祥智译．北京：中国税务出版社

李爱军．2007．进一步推进农业结构调整的思考．产业经济，（8）：236

李长松．2006．浅析农业结构调整的影响因素．宿州学院学报，（4）：12-14

李海鹏．2007．中国农业面源污染的经济分析与政策研究．武汉：华中农业大学博士学位论文

李禾．2004．有关专家指出：中国过量使用化肥和农药已到极限．现代农业装备，（12）：64

李厚．1999．云南洱海的环境沉积学：表层沉积物的粒度分布、水流方向和能量．沉积学报

李吉进．2010．环境友好型农业模式与技术．北京：化学工业出版社

李加加．2009．基于情景分析的概念创新设计方法．北京：北京服装学院硕士学位论文

李克锋．2009．我国农村土地保障与基金保障的对比及取舍分析．濮阳职业技术学院学报，（22）：135-136

李凌宜，彭婵，田原，等．2012．江汉平原水污染防治的国外经验借鉴．价值工程，（8）：318-320

李培林．2003．农民工——中国进城农民工的经济社会分析．北京：社会科学文献出版社

李萍萍，刘继展．2009．太湖流域农业结构多目标优化设计．农业工程学报，（10）：208-213

李荣刚，夏源陵，吴安之．2000．江苏太湖地区水污染物及向其水体的排放量．湖泊科学，12（2）：147-153

李小红．2009．基于资源基础的恩施州农业结构调整对策研究．武汉：华中农业大学硕士学位论文

李璇，董利民．2011．洱海流域农业非点源污染负荷分析及防治对策研究，湖北农业科学，（9）：88-92

李娅．2006．循环经济财税激励机制：国外的经验及中国的选择．中国矿业大学学报（社会科学版）（2）：70-74

李郁芳．2001．试析土地保障在农村社会保障制度建设中的作用．暨南学报（哲学社会科学），（6）：62-63

李云霞，杨萍．2006．试论循环经济与循环型旅游业．经济问题探索，（4）：114-116

李作战．2008．科技型中小企业创业园区的产业链结构和价值分析——基于工业生态学的视角．现代管理科学，（9）：80-81

廖小军．2005．中国失地农民研究．北京：社会科学文献出版社

廖媛红．2010．循环经济四层次模型研究．资源与产业，（1）：119-123

林斌．2007．比较优势理论：文献综述．全国商情（经济理论研究），（1）：97-99

林毅夫，刘培林．2003．经济发展战略对劳均资本积累和技术进步的影响——基于中国经验的实证研究．中国社会科学，（4）：18-32，204

林毅夫．2000．比较优势与发展战略．北京：北京大学出版社

刘光辉，张士云，陈莉．2005．浅谈基于化肥价格上涨情况下农民收入的增加．科技情报开发与经济，15（17）：106-107

刘海．2002．不同地区农业结构调整模式选择．山西农经，（6）：36-39

刘会晓．2008．基于循环经济的钢铁产业评价指标体系研究．天津：河北工业大学硕士学位论文

刘继展，李萍萍．2009．江苏太湖地区多目标的农业结构优化设计．农业现代化研究，（2）：49-52

刘庆广．2007．甘肃省循环经济发展模式研究．兰州大学学报，（6）

刘秋平，刘红．2010．试论土地入股后农民利益的保护．商品与质量，（7）：77

刘荣章，翁伯琦，曾玉荣．2007．农业循环经济：政策与技术．北京：中国农业科学技术出版社

刘守英．2003．按照依法、自愿、有偿的原则进行土地承包经营权流转．求是，（5）：36

刘思华．2002．经济可持续发展的生态创新．北京：中国环境科学出版社

刘思华．2002．经济可持续发展论．北京：中国环境科学出版社

刘天齐等．2001．区域环境规划方法指南．北京：化学工业出版社

刘振昌．2009．绿色设计——面向人-机-环境关系的优化设计．机械研究与应用，（1）：89-90，93

卢海元．2003．土地换保障：妥善安置失地农民的基本设想．中国农村观察，6：53-54

卢海元．2004．走进城市：农民工的社会保障．北京：经济管理出版社

陆钟武．2003．关于循环经济几个问题的分析研究．环境科学研究，（5）：3-7，12

罗小娟，曲福田，马淑怡，等．2011．太湖流域生态补偿机制的框架设计研究——基于流域生态补偿理论及国内外经验．南京农业大学学报社会科学版，11（1）：87-94

罗毅，魏晓琳．2005．日本建立循环型社会的主要做法及启示．中国环保产业，（6）：20-23

马骥．2006．农户粮食作物化肥施用量及其影响因素分析——以华北平原为例．农业技术经济，（6）：36-42

马小勇，薛新娅．2004．中国农村社会保障制度改革：一种"土地换保障"的方案．宁夏社会科学，5（3）：62

马艳，董利民．2010．基于3R原则的洱源县地热水资源开发利用模式研究．湖北农业科学，（10）：2609-2613

马艳，董利民．2011．洱海流域农村面源污染对水环境的影响及其控制对策．华中师范大学研究生学报，（3）：150-153

马银芳．2005．土地征用补偿的"理论、原则及标准"之解读．甘肃农业，（10）：35-36

马勇，李玺，李娟文．2004．旅游规划与开发．北京：科学出版社

孟赤兵．2005．循环经济要览．北京：航空工业出版社

孟函勇，王绍斌．2006．产业结构对生态脆弱区环境的影响．农业经济，（6）：44-45

宓小雄．2009-7-29．土地换保障：化解农村社保困局．中国经济时报

苗丽娜 . 2003. 绿色经济与可持续发展——兼论英国发展"绿色经济"的几点启示 . 小城镇建设,(12): 45-46

明庆忠 . 2007. 旅游开发影响效应研究 . 北京:科学出版社

聂呈荣 . 2008. 农业环境资源保护 . 北京:化学工业出版社

彭珂珊 . 2004. 对生态经济系统建设的几点思考 . 宁波职业技术学院学报,(2): 23-27

彭文启,王世岩,刘晓波 . 2005. 洱海水质评价 . 中国水利水电科学研究院学报,(3): 35-41

皮尔斯,等 . 1996. 世界末日 . 北京:中国财政经济出版社

钱程,苏德林,姚瑶 . 2006. 情景分析法在黑龙江省水环境污染防治工作中的应用 . 环境科学与管理,(1): 82-84

乔琦,傅泽强,刘景洋,等 . 2006. 生态工业评价指标体系 . 北京:新华出版社

乔晓阳 . 2000. 立法法讲话 . 北京:中国民主法制出版社

秦晖 . 2002. 中国农村土地制度与农民权利保障 . 探索与争鸣,(7): 16-17

秦晖 . 2007-11-26. 土地与保障以及"土地换保障". 经济观察报

秦士由 . 2007. 商业保险参与被征地农民养老保障体系建设:重庆模式 . 中国金融,12: 17-19

邱君 . 2007. 我国化肥施用对水污染的影响及其调控措施 . 农业经济问题,(S1): 75-80

秋实,杨一帆,林冰 . 2008. 失地农民的补偿安置实践与经验 . 甘肃农业,(6): 14-16,18

曲天娥 . 2004. 农民失地的原因分析及对策 . 中国国土资源经济,(3): 23-24

冉芸 . 2010. 基于水环境承载力的区域产业发展战略调控分析研究 . 北京:清华大学硕士学位论文

任正晓 . 2009. 生态循环经济论 . 北京:经济管理出版社

芮黎明 . 2003. 农业结构调整研究 . 中国农业出版社

沈能,刘凤朝,赵建强 . 2007. 中国地区工业技术效率差异及其变动趋势分析——基于 Malmquist 生产率指数 . 科研管理,(4): 16-22

石建平 . 2006. 良性循环的理论及其调控机制 . 北京:中国环境科学出版社

石静儒 . 2010. 基于循环经济模式的煤炭工业园区规划研究 . 石家庄河北科技大学硕士学位论文

宋明岷 . 2007. 失地农民"土地换保障"模式评析 . 福建论坛(人文社会科学版),(7): 32-33

宋文新 . 2003. 我国农业结构战略性调整研究 . 天津:天津大学博士学位论文

陶洪,戴昌钧 . 2007. 中国工业劳动生产率的省域比较——基于 DEA 的经验分析 . 数量经济技术经济研究,(10): 100-107

汪萍 . 2010. 中国失地农民问题研究:主题转换与未来走向 . 安徽农业大学学报(社会科学版),19: 2-4

王国林 . 2005. 农民失地原因调查 . 农村经,(1): 45-46

王浩 . 2010. 湖泊流域水环境污染治理的创新思路与关键对策研究 . 北京:科学出版社

王洪会,尹小平 . 2010. 日本发展循环经济的财税政策支持体系研究 . 长春:长春理工大学学报(社会科学版)(4): 92-94

王继军,谢永生,彭珂珊 . 2003. 生态经济学理论在环境恢复与重建中的应用 . 四川林勘设计,(4): 3-9,26

王建华 . 1999. 基于 SD 模型的干旱区城市水资源承载力预测研究 . 地理学与国土研究,15(2): 19-23

王金南,李娜 . 2003. 推进日本建立循环社会的法律体系 . 中国发展,(1): 9-13

王军 . 2005. 国外发展循环经济的主要对策 . 环境经济,(1)

王军 . 2007. 循环经济的理论与方法 . 北京:经济日报出版社

王军民 . 2009. 中部地区农业产业结构调整研究 . 武汉:中国地质大学出版社

王力 . 2008. 环境约束下江苏省产业结构优化研究 . 无锡:江南大学硕士学位论文

王瑞雪 . 2007-12-18. 慎言土地换保障 . 中国改革报

王睿 . 2010. 失地农民"土地换保障"政策研究 . 改革与开放,(8):124-125

王彤,夏广锋 . 2010. 基于水资源环境承载约束的工业结构调整模型研究 . 四川环境,29(6):71-75

王彤 . 2009. 德日两国循环经济政策比较 . 科教文汇,(6)

王新霆,王明照 . 2010. 土地入股效益高——沛县张庄镇潘庄村土地股份合作社调查 . 江苏农村经济,31(7):54-55

王星懿,董利民 . 2010. 中国木本油料与生物质能源发展问题研究 . 江汉论坛,(4):24-26

王兆华,尹建华 . 2007. 工业生态学与循环经济理论:一个研究综述 . 科学管理研究,25(1):1-12

温铁军 . 2007. 农民社会保障与土地制度改革 . 农业经济导刊,(3)

文化 . 2009. 农业发展规划编制的方法与案例 . 北京:中国农业科学技术出版社

吴满昌,杨永宏 . 2009. 洱海流域水环境政策的发展 . 昆明理工大学学报:社会科学版,(3):7-10

吴秋君,黄文佳,董利民 . 2012. 基于日内瓦模式的梁子湖旅游开发研究 . 价值工程,270(31):3-4

吴玉鸣,李建霞 . 2006a. 基于地理加权回归模型的省域工业全要素生产率分析 . 经济地理,(5):748-752

吴玉鸣,李建霞 . 2006b. 中国区域工业全要素生产率的空间计量经济分析 . 地理科学,(4):4385-4391

吴玉萍,董锁成 . 2001. 环境经济学与生态经济学学科体系比较 . 生态经济,(9):9-12

武宗杰,桑金琰,周涛 . 2007. 从传统经济到循环经济的产业转型研究 . 北京:人民出版社

西奥多·W. 舒尔茨 . 1999. 改造传统农业 . 梁小民译 . 台北:商务印书馆

西南林学院 . 2009. 大理生态州建设规划(2009~2020)

夏训峰,张巧利,雷宏军,等 . 2010. 基于环境优化经济的聊城市工业发展模式研究//湖泊重题组 . 国家水体污染控制与治理科技重大专项湖泊富营养化治理与控制技术及工程示范主题2010年学术研讨会议论文集

谢恩魁,张俊杰,黄天柱 . 2002. 关于农业结构调整几个问题的思考 . 西北大学学报(哲学社会科学版),32(4):91-93

谢立鹤,董云仙 . 2003. 论洱海流域可持续发展 . 云南环境科学,(4)

徐持平,董利民,王右辉 . 2012. 长沙市都市农业土地利用问题与对策研究 . 湖北农业科学,51(17):253-256,261

徐连蕴 . 2006. 循环经济——中国工业可持续发展的必然选择 . 经济金融观察,(8)

徐庆龙 . 2007. 徐州市贾汪区农业结构调整的研究 . 南京:南京农业大学硕士学位论文

徐中民 . 1999. 情景基础的水资源承载力多目标分析理论及应用 . 地理学与国土研究,21(2)

许海玲,李珊,付秀平等 . 2007. 蟹岛循环经济示范区水资源化处理模式与应用 . 地球信息科学,(1):107-111

宣亚南,欧名豪,曲福田 . 2005. 循环农业的含义、经济学解读及其政策含义 . 中国人口 . 资源与环境,5(2):27-31

薛宏金 . 2011. "土地换保障"的喜与忧 . 中国财政,15:62-63

严安 . 2008. 生态工业——新型工业化的必由之路 . 社科纵横,(12)

严碧蓉 . 2006. 湖南省农业产业结构调整策略研究 . 长沙:国防科学技术大学硕士学位论文

阎占定 . 2005. 当前我国农业结构调整的动力因素分析 . 学术论坛,168(1):93-96

颜昌宇,金向灿,赵景柱,等 . 2005. 云南洱海的生态保护及可持续利用对策 . 环境科学,26(5):38-42

颜昌宙,叶春,刘文祥 . 2003. 云南洱海湖滨带生态重建方案研究 . 上海环境科学,22(7):459-464

颜鹏飞,王兵.2004.技术效率、技术进步与生产率增长:基于 DEA 的实证分析.经济研究,(12):55-65

杨翠迎,黄祖辉.2004.失地农民基本生活保障制度建设的实践与思考.农业经济问题,(6):14-16

杨海,董利民.2009.环保目标约束下洱海流域农业产业结构调整的初步研究——基于 2009 年 7 月首批农户问卷调查的分析//中国环境科学会.第十三届世界湖泊大会论文集.北京:中国农业大学出版社:399-402

杨玲.2007.适度规模家庭经营——我国农业微观经济组织改造的目标模式.合肥:安徽大学硕士学位论文

杨曙辉,宋天庆.2006.洱海湖滨区的农业面源污染及对策.农业现代化研究,27(6):428-431

杨曙辉,宋天庆.2008.洱海湖滨区的农业面源污染问题及对策.资源科学,30(1):78-85

杨文举.2006.技术效率、技术进步、资本深化与经济增长:基于 DEA 的经验分析.世界经济,(5):73-83,96

杨文举.2008.基于技术能力的技术追赶:理论及中国的经验分析.科学经济社会,(1):50-55

杨小萍.2004.我国农村社会保障现状分析.晋东南师范专科学校学报,(21):10-11

杨一帆.2008.失地农民的征地补偿与社会保障——兼论构建复合型的失地农民社会保障制度.财经科学,(4):119-123

于文武.2008.德国循环经济发展的特征及经验借鉴.经济师,(9)

余德辉,王金南.2001.循环经济 21 世纪的战略选择.再生资源研究,(5)

袁维海.2006.着力构建适合循环经济良性运行的政策体系.技术经济,(1)

云南省大理白族自治州人民政府.2010.云南洱海绿色流域建设与水污染防治规划

曾国平,曹跃群,李雪松.2009.第三产业发展促进城乡协调研究.北京:科学出版社

曾鸣,谢淑娟.2007.我国农业生态环境恶化的制度成因探析.广东社会科学,(4):59-64

张春霞.2002.绿色经济发展研究.北京:中国林业出版社,2002

张大弟,张晓红,戴育民.1997.上海市郊 4 种地表径流污染负荷调查与评价.上海环境科学,(9):7-11

张帆,李东.2007.环境与自然资源经济学.上海:上海人民出版社

张静.2009.绿色 GDP 线性规划模型构建及其解的政策启示.延安:延安大学硕士学位论文

张立平,钟涨宝.2007.土地入股:失地农民利益保护的有效方式.统计与决策,(10)

张利国.2007.我国农业结构调整的现状及影响因素分析.科技与经济,(12):44-48

张林秀,黄季焜,乔方彬.2006.农民化肥使用水平的经济评价和分析//朱兆良主编:中国农业面源污染控制对策.北京:中国环境科学出版社

张培刚.2002.农业与工业化(中下合卷)农业国工业化问题再论.武汉:华中科技大学出版社

张时飞,唐钧,占少华.2004.以土地换保障:解决失地农民问题的可行之策.红旗文稿,8:34-35

张卫峰,季玥秀,马骥.2008.中国化肥消费需求影响因素及走势分析Ⅲ人口、经济、技术、政策.资源科学,30(2):213-220

张燕.2006.浅析我国农业结构调整.安徽农业科学,(7):1438-1439

张泽一.2009.产业政策与产业竞争力研究.北京:冶金工业出版社

郑国强,于兴修,江南,等.2004.洱海水质的演变过程及趋势.东北林业大学学报,(1):100-103

郑国强,于兴修.2004.洱海水质的演变过程及趋势.东北林业大学学报,32(1):99-102

郑健壮.2009.产业集群、循环经济与可持续发展.上海:上海三联书店

郑雄飞.2010.破解"土地换保障"的困境——基于"资源"视角的社会伦理学分析.社会学研究,(6):22-23

郑雄飞. 2010. 完善土地流转制度研究：国内"土地换保障"的研究述评. 中国土地科学，24（2）：79

周彬. 2010. 旅游循环经济框架体系的构建及其实现途径. 统计与决策，（10）：73-77

周洁. 2005. 企业实施循环经济的战略探讨. 四川环境，（2）

周静，唐焱，薛仲. 2011. "土地换保障"研究综述. 安徽农业科学，39（4）：2494-2496

周珂，迟冠群. 2005. 我国循环经济立法必要性刍议. 南阳师范学院学报，（1）：14-19

周淑春. 2007. 小城镇水环境与产业结构优化模型研究——以万州区分水镇为例. 重庆：重庆大学硕士学位论文

朱祥波. 2009. 水环境约束下的洱海流域工业产业结构优化研究//中国环境科学会. 第十三届世界湖泊大会论文集. 北京：中国农业大学出版社，491-494

诸大建. 1998. 可持续发展呼唤循环经济. 科技导报，（9）

诸大建. 1998. 循环经济：上海跨世纪发展途径. 上海经济研究，（10）

诸大建. 2004. 上海建设循环经济型国际大都市的思考. 中国人口资源与环境，（1）

Bain, Joe S. 1959. Industrial Organization. New York：Harvard University Press

Bruce F J, John W M. 1961. The Role of Agriculture in Economic Development. American Economic Review, 51（4）

Chambers. 1996. Baking Soda Technology Cleans GasTurbines Quickly. Power Engineering, 100（13）：51-53

Dale W J. 1961. The Development of a Dual Economy. Economic Journal，（6）

Deininger K, Jin S. 2009. Securing property rights in transition：Lessons from implementation of China's rural land contracting law. Journal of Economic Behavior & Organization, 70（1-2）：22-38

Demsets H. 1973. Industry Structure, Market Riavlry, and Public Policy. Jounal of Law and Economics, 16（1）：1-9

Dong L M. 2006. An analysis on risk of urban land consolidation（ULC）project based on Principal-Agent Theory. In：Zhang H, Chen L, Gao Y. Proceedings of international conference on management science and engineering. Qrient Academic Forum, 661-665

Dong L M. 2006. Path selection of china's small and medium-siazed enterprises to avold ERP black hole. In：Zhang H, Chen L. Proceedings of the eighth West Lake international conference on SMB. Qrient Academic Forum, pp. 343-347

Dong L M. 2006. On the establishment of china's screit guarantee system for small and medium-sized enterprises. In：Zhang H, Chen L. Proceedings of the eighth West Lake international conference on SMB. Qrient Academic Forum, pp. 1561-1564

Dong L M. 2007. Environment re-construction is sustainable strategy for developing poor regions in central and western china. International Conference on Management Science and Engineering

Dong L M. 2009. Model formulation for analyzing social structure, economic development and environmental protection in Erhai Lake Basin 2009. Proceedings for the "Euro-Asian Conference on Environment and Corporate Social Responsibility（4rd）"

Dong L M. 2009. Modelling of inexact multi-objectiove programming for planning for economic development and environmental protection in Erhai Lake Basin. Proceedings for the "International Conference on Engineering Management and Service Sciences"

Dong L M. 2010. Land ecological security assessment for bai autonomous prefecture of dali baser using PSR model-with data in 2009 as case. 2010 International Conference on Energy, Environment and Development, (5)：2172-2177

Dong L M. 2010. Technology design for controlling cultivation contamination in erhai basin based on the theory of recycling economy, 2010 International Conference on Energy, Environment and Development, 2219-2223

Dong L M. 2011. Research on the soil and water conservation division management mode in Erhai Lake Basin. 4th International Conference on Intelligent Computation Technology and Automatiom: 158-161

Fahey L, Randal R M. 1998. Learning from the future: competitive foresight scenarios. NewYork: Wiley: 52-55

Fares Gustavo. 1994. Theoretical Fables: The Pedagogical Dream in Contemporary Latin American Fiction. Revista de Estudios Hispanicos-St. Louis, 28 (2): 305-307

Hove, Hogne. 1984. Compensation for expropriation of cultivated land in Southeast Norway in the period 1970-1982. Kart og plan, 44 (3): 217-221

Hrlieh, Anne H. 1996. Looking for the Ceiling: Estimates of the Earth's carring capacity. American Seientist, Research Trinagle Park, 84 (5): 494-499

Hugues De Jouvenel. 2000. A brief methodological guide to scenario building. Technological Forecasting and Social Change, 65 (1): 37-48

IUCN, UNEP, WWP. 1992. 保护地球——可持续性生存战略. 北京: 中国环境科学出版社

Kumar, Russell. 2002. Technological Change, Technological Catch-up, and Capital Deepening: Relative Contributions to Growth and Convergence. The American Economic Review, 92 (3): 527-548

Li X, Deng B T, Ye H. 2011. The research based on the 3-R principle of Agro-circular Economy Model——the Erhai Lake basin as an example. Energy Procedia, (1)

Little I M D. 1982. Economic Development: Theory, Policy and International Relations. NewYork: Basic Books

Munasinghe M, Mcneely J. 1996. Key concept and terminology of sustainable development, defining and mesuring sustainability. The Biogeophysical Foundations

Nosal E. 2001. The taking of land: market value compensation should be paid. Journal of Public Econmics. 82 (3): 431-443

Odum. Howard T. Odum. B. 2003. Concept sand methadof eeological engineering. Eeologie Engineering, 20 (5): 339-361

Ranis G, John C H F. 1961. A theory of economic development. American Economic Review, 51 (4)

Timmer C P, Falcon W P, Pearson S R. 1983. Food Policy Analysis, Baltimore: Johns Hopkins University Press. For the World Bank

WECD. 1997. 我们共同的未来. 长春: 吉林人民出版社